AK Trivia Book 48

스나이퍼

오나미 아츠시 ǀ지음 이상언 ǀ옮김

머리말

이 책은 「스나이퍼」라 불리는 이들이 어떤 생각과 판단 기준에 따라 행동하면서 저격 임무를 완수하는지 설명하며 저격 임무의 테크닉과 다양한 장비 등에 대해 알기 쉽게 다루고 있다.

스나이퍼들의 행동은 당사자 이외의 사람들에게는 「상상할 수 없는」 것으로 비치는 경우가 많다. 미군의 전설적인 스나이퍼였던 「카를로스 헤스콕」이 작전 중에 은밀성을 유지하기 위해 엎드려서 바지를 입은 채로 용변을 봤다는 이야기는 유명하다. 얼핏 듣기엔 어째서 그렇게까지 해야 할까 싶은 행동도, 전장의 저격이 사냥의 연장선상에 있다는 점을 생각한다면 이해하기 쉽다. 목표물이 사고 능력을 가진 「살아 있는 존재」인 이상 사격장의 표적 사격처럼 잘 조준해서 쏘는 것만으로는 부족하다. 상대방이 무엇을 생각하며, 어떻게 행동할지를 예측하여 한 수 앞을 내다보지 않는다면 탄환을 명중시키는 것은 불가능하다. 상대방이 인간이라면 저격의 위험성은 더욱 높아진다. 특히 상대방이 같은 저격수일 경우, 이쪽이 먼저 발각되어 거꾸로 탄환에 맞을 수도 있다. 살아남기 위해, 스나이퍼는 자신의 기술과 지식을 총동원하지 않으면 안된다. 또한 전장 이외의 장소에서 저격 임무를 수행하는 경찰이나 테러의 수단으로 저격을 행하는 자의 입장에서도 긴장을 풀 수는 없다. 그들이 목표물의 반격으로 생명을 잃는 경우는 거의 없지만, 저격에 실패할 경우 사회적으로 매장당하거나 정신적인 죽음을 맞는 경우가 적지 않기 때문이다.

스나이퍼는 결코 섣불리 행동하지 않으며 신중하게 자신이 가진 역량을 총동원하여 임무를 수행한다. 영화, 소설, 만화 등에서는 이야기를 이끌어가는 주역으로 삼기에는 부족한 면이 있을지 모르지만 주인공의 동료나 악역으로 등장시키기에는 충분히 매력적이다. 아군이 될 경우 절체절명의 위기에 한 끗 차이의 절묘한 타이밍으로 주인공을 도와주는 든든한 동료 캐릭터가 될 수도 있고, 적으로 등장한다면 목적을 달성하기 위해 수단과 방법을 가리지 않아 엄청난 피해를 입히는 카리스마적인 악역으로 등장할 수도 있다. 자신의 작품에 스나이퍼를 등장시키고 싶을 경우, 이 책을 통해 그들의 신념과 습성, 저격 기술 등을 이해하여 좀 더 사실적이고 매력적인 묘사를 할 수 있으리라 생각한다.

이 책이 여러분의 호기심을 만족시킬 수 있다면 정말 기쁠 것이다.

목차

제1장 저격의 기초지식   7

No.001 저격이란 무엇인가?   8

No.002 저격을 하는 사람을 뭐라고 부를까?   10

No.003 저격수에게 요구되는 자질은?   12

No.004 스나이퍼를 육성하기 위해선 무엇이 필요한가?   14

No.005 스나이퍼는 우수한 엘리트인가?   16

No.006 여성은 스나이퍼에 적합한가?   18

No.007 군대에서 저격병의 역할이란?   20

No.008 1명의 스나이퍼가 100명의 병사보다 무섭다?   22

No.009 스나이퍼의 적은 스나이퍼?   24

No.010 스나이퍼는 포로가 될 경우 험한 대우를 받는다?   26

No.011 경찰에서 스나이퍼의 역할은?   28

No.012 사격경기 메달리스트는 저격수가 될 수 있을까?   30

No.013 미닛 오브 앵글(MOA)이란 무엇인가?   32

No.014 조준경은 반드시 필요한 장비인가?   34

No.015 지배안(Master Eye)은 어느 쪽?   36

No.016 안경을 쓰면 스나이퍼가 될 수 없다?   38

No.017 저격의 사계란 무엇인가?   40

No.018 소총의 총열은 길수록 좋다?   42

No.019 플로팅 배럴의 장점은 무엇인가?   44

No.020 총열은 어떻게 정비하는가?   46

No.021 저격에는 어떤 탄환을 사용하는가?   48

No.022 스나이퍼는 직접 탄환을 자작하는가?   50

No.023 같은 구경의 탄환이라도 저격에 어울리지 않는 탄이 있다?   52

No.024 탄환의 초속은 명중률에 영향을 미친다?   54

칼럼 스나이퍼와 다양한 기록들   56

제2장 스나이퍼의 장비   57

No.025 스나이퍼 라이플이란 어떤 총인가?   58

No.026 볼트액션이 저격에 적합한 이유는?   60

No.027 자동소총을 저격에 사용할 때 장점은?   62

No.028 가장 잘 맞는 저격소총은?   64

No.029 「M16」을 저격에 사용하는 것은 잘못된 선택?   66

No.030 마크스맨 라이플이란 무엇인가?   68

No.031 길이가 짧은 저격총이 있다?   70

No.032 시스템화된 저격총이란 무엇인가?   72

No.033 정밀한 저격총은 고장나기 쉽다?   74

No.034 너무 가벼운 총은 저격에 적합하지 않다?   76

No.035 저격총은 현장까지 어떻게 운송하나?   78

No.036 분해조립식 저격총은 존재하는가?   80

No.037 콘크리트 벽을 뚫는 저격총이란?   82

No.038 저격용 조준경은 어떤 구조로 만들어져 있는가?   84

No.039 조준경은 어떻게 장착하는가?   86

No.040 조준경으로 보면 무엇이 보이는가?   88

No.041 조준경과 눈 사이의 거리는?   90

No.042 조준경은 고배율인 쪽이 좋을까?   92

No.043 조준경에 습기가 차면 어떻게 하는가?   94

No.044 조준경을 사용할 때 주의할 점은?   96

No.045 저격용 감시장비를 사용하는 요령은?   98

No.046 길리수트의 역할은?   100

No.047 저격 시에는 어떤 복장이 좋은가?   102

No.048 저격총에 소음기를 장착하는 이유는?   104

No.049 저격수라면 권총을 잊지 말아야 한다?   106

No.050 저격수에게 예비탄약은 필요 없다?   108

No.051 저격수는 자신의 총을 다른 사람이 못 만지게 한다?   110

칼럼 저격과 떨어질 수 없는 「사건」   112

	제3장 스나이퍼의 기술	113
No.052	저격을 할 때 잊지 말아야 할 기본 요소는?	114
No.053	저격자세를 취할 때 중요한 점은?	116
No.054	가장 안정된 사격자세는?	118
No.055	무릎쏴 사격자세는 활용도가 높다?	120
No.056	서서 쏘는 사격자세는 불안정한가?	122
No.057	바닥에 앉아서 저격을 하는 자세는 어떤가?	124
No.058	저격할 때 호흡은 얼마나 중요한가?	126
No.059	방아쇠는 당기는 게 아니라 조이는 것이다?	128
No.060	락타임이란 무엇인가?	130
No.061	개인의 습관은 고쳐야만 하는 것인가?	132
No.062	탄환은 직선으로 날아가는 것이 아닌가?	134
No.063	탄착점을 정확히 예측하기 위해서는?	136
No.064	비가 오는 날에는 탄도가 휜다?	138
No.065	바람이 강한 날에 주의해야 할 것은?	140
No.066	시험사격을 하지 않으면 저격은 실패한다?	142
No.067	조준경 조정은 어떻게 하는가?	144
No.068	보어사이팅이란 무엇인가?	146
No.069	표적까지의 거리를 측정하기 위해서는?	148
No.070	거리측정의 정확도를 높이기 위해서는?	150
No.071	거치사격은 어떻게 하는 것인가?	152
No.072	도탄으로 적을 맞힐 수 있는가?	154
No.073	유리를 관통하여 적을 맞힐 수 있는가?	156
No.074	움직이는 목표를 저격하기 위해서는?	158
No.075	차나 헬기에 탄 상태에서 저격할 수 있을까?	160
칼럼	저격이나 스나이퍼를 다룬 영상작품	162

	제4장 스나이퍼의 전술	163
No.076	저격위치는 어떤 장소가 이상적인가?	164
No.077	저격은 2인 1조로 하는 것이 기본인가?	166
No.078	어느 정도 거리까지 저격이 가능한가?	168
No.079	효율적으로 표적 근처의 상황을 측정하는 방법은?	170
No.080	그늘진 곳에서 하는 저격은 얼마나 효과적인가?	172
No.081	어째서 숨는 기술이 중요한가?	174
No.082	숨어 있는 목표를 쏠 때의 주의점은?	176
No.083	건물 안에서 저격할 때에는?	178
No.084	우선적으로 쏴야 할 목표는?	180
No.085	쏴서는 안 되는 표적이 있다면?	182
No.086	대인저격에서는 어디를 노려야 하는가?	184
No.087	저격에 꼭 소총을 사용하지는 않는다?	186
No.088	기관총으로 저격은 가능한가?	188
No.089	전차나 장갑차는 어디를 노려야 하는가?	190
No.090	군함을 저격한다 해도 의미가 있을까?	192
No.091	항공기를 저격할 때는?	194
No.092	저격수는 아웃도어의 달인?	196
No.093	표적의 근처까지 기어서 접근?	198
No.094	저격 시에는 반드시 쏜 후 이동해야 하는가?	200
No.095	첫 발이 빗나가 버렸다면?	202
No.096	돌입작전에서 스나이퍼의 임무는?	204
No.097	돌입해오는 적에 대해 저격수가 할 수 있는 일은?	206
No.098	표적을 죽이지 않고 무력화하는 방법은?	208
No.099	경계하고 있는 적을 제압하기 위해서는?	210
No.100	스나이퍼를 위협하는 기술의 발전?	212
No.101	스나이퍼는 최후에 어떻게 되는가?	214

중요 단어와 관련 용어	216
색인	225
참고 문헌	229

■ 객관식 문제입니다. 알맞은 답을 골라 주세요.

문제 1

■ 다음 중 프레드릭 포사이스의 소설 제목으로 맞는 것은?

①자칼의 날　　②자칼의 눈　　③자칼 특공대

문제 2

■ 「갈리폴리의 암살자」라는 별명을 가진 사람은 누구인가?

①빌리 싱　　②테리 싱　　③타이거 제트 싱

문제 3

■ 윌리엄 에드워드 싱과 대결한 저격수는?

①공포의 압둘　　②슬픔의 압둘　　③모하메드 압둘

문제 4

■ 핀란드의 영웅 시모 해위해가 활약한 전쟁은?

①겨울전쟁　　②7일전쟁　　③통합전쟁

문제 5

■ 카를로스 헤스콕이 모자에 붙였던 장식은?

①하얀 깃털　　②검은 깃털　　③인조 깃털

문제 6

■ 「바그다드의 스나이퍼」라 불리운 정체불명의 인물은?

①주바　　②자바　　③자기

문제 7

■ 이라크의 무장세력이 크리스 카일에게 붙인 별명은?

①라마디의 악마　　②라 만차의 악마　　③연방의 하얀 악마

총평:
모든 문제의 답은 1번이다. 모든 답을 맞춘 사람은 저격에 대해 상당한 지식을 가졌다고 볼 수 있다. 2나 3을 몇 개 고른 사람은 저격뿐 아니라 다양한 분야의 창작물을 접하는 바람에 머릿속에서 정보가 뒤섞였다고 볼 수도 있다. 모든 답을 3으로 고른 사람은, 작가가 무엇을 주장하든지 간에 자기가 고른 길을 선택하는 마이웨이 타입이라고 할 수 있다.

제1장
저격의
기초지식

저격이란 무엇인가?

저격이란 일반적으로 「아주 멀리 떨어진 표적을 정확하게 맞히는 사격 기술」이라고 알려져 있으나 본질적으로 「드러나지 않는 장소에서 공격하는 행위」라고 할 수 있다. 반드시 원거리일 필요도 없으며, 꼭 총기를 사용해야 하는 것도 아니다

● 저격이란 「싸우는 방법(전술)」의 한 종류이다.

저격을 수행할 때에 거리는 본질적인 문제가 아니다. 실제로 1995년 일본에서 일어난 「경찰청 장관 저격사건」에서 저격거리는 20m 정도였으며 2002년의 「미국 워싱턴DC 저격사건」은 45~90m 이내의 거리에서 일어난 사건이었다.

하지만 이들 2건은 엄연히 저격사건으로 분류될 수 있는 사건이다. 왜냐하면 범인이 「보이지 않는 곳」에서 표적을 쏘았기 때문이다. 일본 쿠니마츠 경찰장관 사건 당시 범인은 장관 출근길의 전봇대 뒤에 숨어 있었으며, 워싱턴 저격사건 당시 범인은 차량의 뒷좌석을 떼어낸 후 구멍을 뚫어놓고 차 안에 숨어서 범행을 저질렀다. 드러나지 않는 장소에서 공격하는 것이야말로 저격의 본질이며, 표적까지의 거리가 얼마나 먼가 가까운가 등은 그 다음 문제이다.

저격자가 보이지 않는 곳에서 공격하는 것은 「표적이 자신의 위치를 확인하기 어려우며」, 「그만큼 공격을 받을 가능성도 낮아지고」, 「결과적으로 자신의 안전을 확보」할 수 있기 때문이다. 이러한 조건들을 만족시키기 위해서는 원거리 저격이 가장 유리하다. 만약 거리가 문제가 되지 않는다면 사용하는 총기 역시 소총류로 제한될 이유가 없을 테니 권총을 사용하는 것도 아주 이상한 일은 아니다.

또한 1발~여러 발의 탄환을 사용하여 최대한의 전략, 전술적 효과를 거둘 수 있는 것 역시 특징이다. 저격을 작전에 적용할 때는 이러한 효과를 충분히 고려할 필요가 있다. 쉽게 말해서 「적의 지휘관이나 통신수단을 무력화한다」는 방법은 표적이 된 집단에게 복구하기 어려운 피해를 입힐 수가 있으며, 특정한 이동 경로를 이용하려는 적을 집중해서 저격한다면 많은 병력과 물자를 투입하지 않더라도 그 경로를 봉쇄하는 것이 가능해진다.

저격이란 정보수집능력과 판단력, 전문지식과 체력, 지구력 등이 고도로 밀집된 분야이다. 원거리 사격 기술은 저격의 성공률을 높일 수 있는 구성요소 중 하나일 뿐이다.

저격이란 무엇인가?

> 저격의 본질은 「드러나지 않은 장소에서 공격」하는 것이다.
> 거리는 문제가 아니다.

그렇다면 저격이 멀리 떨어진 곳에서 주로 일어나는 이유는 무엇인가?

① 위치를 확인하기 어렵게 한다.

⇒ 멀리 떨어져 있으면 쉽게 보이지 않는다. 위장하면 더욱 효과적이다.

② 반격하기 어렵다.

⇒ 적에게 원거리 사격 무기와 기능이 없다면 반격하기 어렵다.

③ 자신의 안전을 확보할 수 있다.

⇒ 적에게 보이지도 않고, 반격당하기도 어렵다면 이쪽은 공격하기도,
도망가는 것도 수월하다.

다양한 요소가 조합되어 비로소 저격은 성공한다.

판단력 / 정보수집능력 / 체력·지구력 / 전문지식 / 원거리 사격 기술

> 저격 시 중요한 것은 거리나 사용하는 무기가 아니라 상황을 변화시키겠
> 다는 명확한 의지와 기량의 존재이다.

원포인트 잡학

단 한 번의 공격(=총격 1발)로 상황을 크게 변화시킬 가능성이 있는 것이 저격이라는 행동이다. 정밀하게 특정한
부위만을 절단해낸다는 점에서 「외과수술」이라고 불리기도 한다.

저격을 하는 사람을 뭐라고 부를까?

저격을 하는 사람을 「스나이퍼」라고 부르는 것은 어느 정도 공통적인 인식이라고 봐도 좋을 것이다. 그 외에도 「저격수」, 「저격병」, 「저격자」 등 여러 표현이 있다. 여기에는 어떠한 의미나 이유가 있는 것일까?

●도요새를 사냥하는 사람

자신의 몸을 숨긴 채 표적을 조준하여 단 일격으로 적의 의지나 능력을 상실시키는 것을 최고로 추구하는 이들을 「스나이퍼」라고 부른다. 이 말은 도요새(Snipe)라는 새의 이름이 어원으로 알려져 있다. 경계심이 강하며 현란하게 움직이는 도요새를 잡기 위해서는 뛰어난 사격 기술만으로는 부족했다. 풍부한 지식과 경험을 모두 동원해서 이 새의 행동을 예측하여 총으로 맞힐 수 있는 사람만이 존경의 의미를 담아 스나이프를 잡는 자, 즉 스나이퍼로 불리게 된 것이다.

저격 기능을 갖춘 이를 「마크스맨(Marksman)」이나 「샤프슈터(Sharp Shooter)」라고 부르는 경우도 있는데, 이쪽은 군대 내의 입장이나 역할을 가리키는 용어이며, 경찰과 범죄자 양쪽에서 통용되는 「스나이퍼」라는 용어만큼 인지도가 높은 단어는 아니다. 군대와 경찰은 저격에 요구하는 역할이 다르기 때문에 「밀리터리 스나이퍼」, 「폴리스 스나이퍼」와 같이 구분하여 부르는 경우도 있다.

한자문화권 국가에서는 스나이퍼를 「저격수」라고 호칭한다. 군대나 경찰 등 소속된 조직에 관계없이 광범위하게 사용되는 용어이다. 군사 활동에 투입되는 군의 저격수들을 「저격병」이라고 부르기도 하는데 용병이나 게릴라처럼 정규군에 소속된 병사가 아니더라도 전쟁터에서 만나는 저격수라면 「저격병」이라고 부르는 경우도 많다.

조직에 소속되지 않는 프리랜서 저격수의 경우 미국 등 서구권에서는 「히트맨(Hitman)」이라 부르기도 하며 동명의 게임이 나오거나 각종 영화나 게임에서도 사용되는 용어이다. 일본에서는 「저격업자(狙擊屋)」라고 칭하는 경우도 있다. 그다지 일반적이라고 할 수는 없는 호칭이며 정치인을 정치꾼 등으로 부르는 경우와 마찬가지로 다소 비하의 의미가 담긴 표현이다.

스나이퍼를 부르는 호칭

표적을 노리고 쏜다ー 저격을 하는 사람을······

스나이퍼(Sniper)

라고 부른다.

민첩하고 예측하기 어려운 행동을 해서 사냥하기 어려운 「도요새(Snipe)」의 이름에서 유래된 명칭이다.

그 외에도

마크스맨　샤프슈터　등의 호칭이 있는데······

조직(군대) 내에서의 임무에 따라 지정되는 명칭.

밀리터리 스나이퍼(군 저격수)

폴리스 스나이퍼(경찰 저격수)

군대와 경찰은 **스나이퍼가 맡는 임무**가 크게 다르기 때문에 구분해서 부르는 경우도 많다.

구분지어 본다면······

저격수

군대와 경찰에서 널리 사용되는 호칭. 대부분의 경우에 통용되는 표현이다.

저격병

주로 군대나 무장조직에서 사용하는 표현. 용병이나 게릴라 등 정규군에 소속되지 않은 자들이 사용하는 경우도 많다.

저격업자

「살인청부업자」와 같은 의미로 사용된다. 주로 당사자가 자칭하는 경우가 많다. 타인을 이렇게 부르는 것은 비하하는 의미가 크다.

원포인트 잡학
미군은 과거에 보도 관계자들에게 보도에서 무차별 총기난사 사건의 범인을 스나이퍼라 호칭하지 말고 라이플맨이라고 호칭하도록 요청한 일이 있다.

11

저격수에게 요구되는 자질은?

「초인적인 사격 기술」이 스나이퍼의 자질이라고는 할 수 없다. 우수한 사격 기술이 있어야 하는 것은 어느 정도 사실이지만 훈련과 경험으로 보완할 수 있는 후천적인 능력보다는 「타고난 자질」쪽이 더 중요하다고도 할 수 있다.

●필요한 능력은 지력, 체력 외에도 많다

태어날 때부터 갖춘 자질이라고 한다면 다소 애매한 표현일 수도 있겠지만 결국 장시간 이동이나 잠복을 견뎌낼 수 있는 「체력」과 외부의 압박을 이겨낼 수 있는 「정신력」이라고 할 수 있다. 이러한 능력들은 훈련을 통해 성장을 도모할 수 있겠지만, 그 결과는 타고난 자질에 따라 어느 정도 차이가 있다.

냉정한 판단력도 중요한데, 여기에는 타고난 성향이 반영된다. 흔히 스나이퍼라 하면 표정을 잘 드러내지 않고 말수가 적은 과묵한 사람이라는 이미지가 있지만 밝은 성격에 말수가 많은 사람이라고 해서 맞지 않는 것은 아니다. 오히려 적절한 유머 감각이 임무의 스트레스를 완화시켜주는 효과도 있다.

어떠한 성격이냐가 중요하기보다는 얼마나 감정 조절을 잘 할 수 있느냐가 중요하다고 할 수 있다. 반대로 감정 조절이 안 되는 사람은 뛰어난 능력을 가지고 있다 하더라도 스나이퍼에 적합하지 않다. 자신이 저격한 사람이 생명을 잃는 순간을 목격하게 되는 스나이퍼는 인간이라면 누구나 당연히 느끼게 될 어두운 감정을 다스릴 수 있어야 한다.

호기심은 매우 중요한 요소이다. 평소와 다른 무언가를 발견했을 때 「뭐, 별거 아니겠지」하며 흘려 넘기는 것이 아니라 그 원인에 관심을 가지는 것이 중요하다. 장시간 표적을 감시해야 하는 경찰 저격수, 군대에서 정찰 임무를 수행하는 저격수에게는 특히 이 자질이 요구된다.

또한 소총의 탄환은 바람과 기온, 중력의 영향을 받기 때문에 빔처럼 직진하지 않는다. 이러한 물리 법칙은 탄도학 등의 이론을 반드시 이해해야 하기에, 이를 위해 일정수준 이상의 지적 능력이 필요하다. 하지만 바람과 기온, 중력의 영향 등을 모두 감안하며 최종적으로는 자신의 직감으로 조준을 수정하면서 뛰어난 실력을 보여주는 저격수도 존재한다. 이러한 경우가 타고난 직감과 같은 소양을 보여주는 예라고 할 수 있다.

스나이퍼에게 요구되는 것

군대나 경찰 또는 법의 영역 밖에서 활동하는 저격수에게는
목적 달성을 위해 다양한 요소가 요구된다.

그중에서도 「태어날 때부터 갖춘 자질」이란 것이 있다.

체력

장시간의 이동과 대기
상태를 견뎌낸다.

정신력

다양한 스트레스를
견뎌낸다.

지력

탄도학 등의 이론을
이해하고 실천한다.

감정의 제어

임무가 감정에
좌우되지 않도록 한다.

직감력

과학으로 설명하기
어려운 「감」

호기심

위화감을 느꼈을 때
원인을 파악한다.

이러한 소양에 비한다면 후천적으로 단련할 수 있는
「사격 기술」은 상대적으로 그다지 큰 장점이라고 보기는 어렵다.

관찰하며 수집한 정보를 통해 판단하고 결단하는 능력 또한 중요시된다. 군대의
저격수는 일반 부대의 지휘 계통에서 벗어나서 행동하기 때문에 스스로 판단하고
행동하지 못하면 임무를 수행할 수 없으며, 테러리스트의 경우는 자신의 생사에
관련된 문제이다.

원포인트 잡학

흡연자는 스나이퍼에 적절하지 않다. 담배의 불과 연기는 멀리서도 눈에 띄며, 냄새도 잘 사라지지 않는다. 게다가
니코틴이 떨어질 경우 심신이 안정되지 않는 점도 문제가 된다

스나이퍼를 육성하기 위해선 무엇이 필요한가?

같은 스나이퍼라 하더라도 운영하는 조직이 군대인가 경찰인가, 존재의 목적이나 운용 방침, 사회적인 요소 등에 따라 요구되는 자질과 기능의 수준에는 차이가 생긴다. 대부분의 경우, 후보자에게 전문적인 교육을 시켜 조직에 맞는 스나이퍼로서 양성한다.

●선발과 교육

스나이퍼 후보로서 선발되기 위한 요구수준은 운영하는 조직과 국가가 어떤 상황에 처해 있는지에 따라 크게 다르다. 이를테면 그 나라가 실제로 교전 중인 국가인가, 지상전의 상황은 어떠한가 등에 의해 스나이퍼의 중요도가 달라지는 것이다. 주변이 적대적인 국가로 둘러싸여 있는 이스라엘 같은 나라와, 휴전 중이며 북한하고만 대치 중인 한국, 비교적 평화로운 섬나라인 일본 등의 경우가 모두 다른 것이다. 인구 또한 변수 중 하나이다. 스나이퍼의 자질을 가진 후보자가 얼마나 많은가 역시 중요한 점이 된다.

군대가 일상에서 가까운 위치에 존재하고, 흉악사건이 빈번하게 발생하여 경찰 특수부대의 출동 건수가 많은 나라일 경우 스나이퍼의 존재 가치 또한 달라진다. 소수정예를 추구하는 경우와, 많은 인원수가 필요한 경우는 각각 요구되는 것이 다르기 때문이다. 독일의 뮌헨 올림픽 사건에서의 실패, 소련의 대조국전쟁(2차대전)에서의 저격병의 활약상 등 과거에 있었던 스나이퍼의 운용사례나 결과도 스나이퍼에 대한 요구사항에 영향을 준다.

의외로 스나이퍼의 상징과도 같은 사격 기술의 경우, 일정수준 이상만 되면 인정하는 경우가 많다. 스나이퍼에게 요구되는 자질은 일반적인 엘리트 병사나 엘리트 경찰관과는 다른 것으로 그 자질을 갖췄는지 여부가 중요하다고 볼 수 있다. 지원이든 추천이든 자격이 된다고 판단되는 사람은 후보로 발탁하여 교육과정을 밟게 한다. 스나이퍼의 교육에서는 사격 실습보다는 탄도학, 재질이론, 구조역학 등의 이론교육에 중점을 두기 때문에 총을 쥐는 시간보다 책상 앞에 붙어 있는 시간이 많다고도 할 수 있다.

군이든 경찰이든 스나이퍼의 임무는 정찰과 분석이 중요하다. 다양한 사물에 흥미를 가지면서 선입견을 버리고 생각하지 않으면 안된다. 이러한 사고가 자연스러운 사물의 흐름 속에서 부자연스러운 존재를 파악하고 자신의 시야 안에서 일어나는 작은 변화를 놓치지 않게 해줄 수 있는 것이다.

새로운 스나이퍼를 양성하기 위해서는

우선은 「스나이퍼의 후보」가 되는 인물을 확보해야 하는데······.

인재를 양성할 수 있는 토양이 있는가.

그 국가와 지역이······
· 사격이나 수렵이 일상과 밀착되어 있다.
· 지역 분쟁이나 테러 등의 위협에 노출되어 있다.

재능을 가진 후보자가 많을수록 육성기간을 단축시키고 수준을 향상시킬 수 있다.

자질을 가진 이는 생각보다 많지 않다.

선발된 후보자는 훈련소나 학교에 소집되어 교육을 받는다.

스나이퍼의 교육과정에서는 저격의 기술적인 면보다는 관찰, 분석, 탄도학 등의 이론적인 면을 중요시한다.

이 과정을 거쳐 한 사람 몫의 스나이퍼가 될 수 있는 사람은 극히 일부.

스나이퍼에게 걸맞는 사고방식과 정신 상태를 가지지 않은 이는 원래 소속된 부대로 돌려보내게 되지만, 훈련으로 습득한 지식과 경험을 다른 동료에게 전달하게 되므로 부대 전체의 레벨을 올리는 효과도 어느 정도 기대할 수 있다.

원포인트 잡학
스포츠 선수의 코치나 프로 리그의 지도자처럼, 사격 교관은 현역 또는 은퇴한 스나이퍼인 경우가 많다.

스나이퍼는 우수한 엘리트인가?

분명 스나이퍼는 특수한 존재이다. 하지만 그것이 우수한 병사 또는 경찰관이라는 의미는 아니다. 우수한 자는 대부분 특수한 면모를 갖추고 있지만 특수한 자가 모두 우수하다고 단언하기는 어렵다.

●우수하다는 점은 부정할 수 없지만……

스나이퍼는 엘리트라 불릴 수 있는 존재일까. 타인과 다르다는 점이 엘리트의 조건이라고 한다면 그렇다고 볼 수도 있을 것이다. 하지만 집단 내에서 안 좋은 면모로 눈에 띄는 자도 주변 사람과는 다르다고 할 수 있다. 그러나 일반적으로 그런 사람을 엘리트라고 부르지는 않는다.

조직 내에 스나이퍼 부대가 있는 경우에도 그 부대가 엘리트 부대를 의미한다고는 보지 않는다. 스나이퍼를 하나의 조직으로 모아놓으면 관리하기가 좋으며 대원 간의 이해도 역시 높아진다. 이들의 사고방식은 일반 병사나 경찰관과 달리 특수하기 때문에 이를 이해해주는 사람, 즉 같은 기술과 이론을 습득한 이들이 함께 있는 편이 좋다. 또한 같은 장비와 무기를 사용하는 인원이 모여 있으면 정비와 관리 면에서도 효율적이다.

이러한 부대는 평상시에는 조직적으로 숙련도를 유지하고 향상시키는 훈련에 몰두하다가 실제 상황이 발생했을 때에는 그 상황에 필요한 인원만으로 단독 또는 소수의 팀을 구성하여 투입하는 경우가 대부분이다. 스나이퍼의 임무는 개인의 자질에 의존하는 부분이 크며 집단 운용에는 걸맞지 않기 때문이다.

특히 군대의 경우에는 저격병에 대해서 상당히 높은 수준의 자유재량권을 보장하여, 독립적으로 행동하거나 타 부대를 지원하는 경우가 많다. 특수한 존재인 저격병을 일반적인 보병처럼 행동하게 한다면 그 능력을 제대로 발휘할 수 없으며 고도의 저격 훈련을 받은 의미를 상실하게 되기 때문이다.

또한 임무로서 인간을 표적으로 조준하고 쏘는 경우가 많기 때문에 조준경으로 겨냥한 상대방의 인생을 자신의 손가락 하나로 끝내 버리거나 치명적인 영향을 주는 일을 반복하게 된다. 스나이퍼가 된 동기가 사명감 또는 호기심, 어느 쪽이든 평범한 사람의 정신상태로는 극복하기 어려운 것이다. 즉 스나이퍼라는 존재는 편제, 장비, 운용 등 조직적인 면과 개인의 정신적인 면 등 모든 부분에서 특수하다고 할 수 있으나 이것이 반드시 엘리트를 의미한다고는 할 수 없는 것이다.

특수=엘리트는 아니다

스나이퍼는 특수한 존재이긴 하지만……

$$특수 \rightleftharpoons 우수$$

특수한 자가 모두 우수하다고는 할 수 없다.

물론 지능이나 기량이 어느 정도 갖추어져 있지 않으면 스나이퍼가 될 수 없기 때문에 우수하지 않다고는 할 수 없으나……

일반적인 사람과 다른 정신구조가 아니면 임무로 인한 스트레스를 견딜 수 없기 때문에 특수한 면의 비중을 중시하는 경향이 있다.

굳이 말하자면

$$특수 \geq 우수$$

이런 느낌.

스나이퍼는 고립되기 쉽다?

자신이 「평범한 사람과는 다른 가치관을 가졌다」는 사실을 인지하고 있는 스나이퍼는 타인과의 관계에 거리를 두고 선을 긋는 경우가 많다. 이러한 행동 때문에 주변에서는 스나이퍼를 「자신을 특별한 존재로 여겨 잘난 척한다」고 생각하게 되는 경우가 있다. 실제로 스나이퍼 자신도 그렇게 생각하는 경우도 있다. 이러한 점이 엘리트적인 느낌을 내는 것으로 보이기도 한다.

원포인트 잡학

「머리가 나쁜(숫자에 약한)」 스나이퍼는 없다고 봐도 된다. 탄도학을 시작으로 수학과의 싸움은 저격에 필요불가결한 일이다.

여성은 스나이퍼에 적합한가?

올림픽이나 사격경기대회 등의 표적사격의 세계, 그중에서 특히 입식 사격 분야에서는 여성의 활약이 대단하다. 픽션의 세계에서도 여성 스나이퍼의 존재는 단골로 등장한다. 여기에는 어떤 이유가 있는 것일까.

●골격으로 총을 받쳐준다

여성의 입식 사격 성적이 좋은 데에는 어느 정도 이유가 있다. 입식 사격에서 주로 사용되는 자세는 일부에서 힙레스트라고도 불리는 자세이다. 이 자세는 소총을 받쳐주는 왼팔의 팔꿈치를 골반 위에 얹는 자세이다. 여성은 골반의 위치가 남성보다 높기 때문에 이 자세를 취하기가 상대적으로 쉽다.

소총을 지탱하는 것은 팔의 힘이 아니라 팔을 올려놓은 골반이기 때문에 완력은 필요하지 않다. 오히려 힘을 넣을 필요가 없다. 이 때문에 근력이 약한 여성이라도 불리하지 않을 수 있는 것이다. 비단 이 자세뿐이 아니더라도 사격 시에는 총을 근력으로 받쳐주지 않고 전신의 골격이나 모래 주머니 등을 이용해서 지탱하는 것이 요령이다. 여성이 이러한 감각을 몸에 익힌 점이 좋은 성적을 내는 비결은 아닐까 싶다.

한편 스나이퍼에게 요구되는 「강인한 정신」의 경우는 어떨까. 이를테면 조준경 건너편의 표적이 피를 뿜으며 쓰러지고 결국 숨이 멎는 잔혹한 광경을 여성이 견딜 수 있을 것인가에 대한 의문이다. 결론부터 말하자면 이런 질문은 생각이 짧은 것이다.

영화나 드라마 등에서는 이러한 상황에서 여성 캐릭터가 패닉을 일으키고 약한 모습을 보이는 경우가 많은데 이는 어디까지나 시청자가 기대하는 시추에이션을 구체화한 「픽션의 세계에서 맡은 역할」일 뿐이다.

실제로는 「일정한 수준에 도달」한 여성은 다른 남성에 비하더라도 떨어지지 않는 대담한 생각과 행동을 보여주는 경우가 많다. 과거의 사례를 보더라도 핀란드의 겨울 전쟁이나 세계 제2차대전 당시 소련군의 여성 저격병들의 활약을 비롯하여 현대에 이르러서는 군경의 특수부대에도 적지 않은 수의 여성 스나이퍼가 활약하고 있다. 이러한 점을 볼 때 여성이라는 이유로 편견을 가지는 것은 대단히 위험한 생각이다.

여성 스나이퍼

근력이 약한 여성은 「소총을 골격으로 지탱한다」는 감각을 익히기 쉽다.

왼쪽 팔꿈치를 골반 위에 얹는다.

남성보다 골반의 위치가 높으며 좌우의 폭이 넓기 때문에 힙레스트 자세를 취하기 쉽다.

힙레스트 포지션
(입식 사격 자세의 일종)

정신적 면에서 본다면 어떨까?

역사상 많은 전쟁과 조직 내에서 여성 스나이퍼의 능력은 검증되어왔다.

각오를 다진 여성은 「연약함」과는 거리가 멀며 대담하고 적극적으로 행동한다.

오히려 생리활동으로 일정기간마다 출혈을 강요받고 아이를 낳는 등의 경험을 하는 여성이 남성보다 피에 대한 내성이 더 강하다는 설도 존재한다.

여자는 마음이 약하다는 것은 그야말로 환상.

원포인트 잡학

사격자의 신체조건에 따라, 입식 사격 자세를 취할 때 팔의 길이가 충분하지 않아 소총을 지탱하기 어려운 경우가 있다. 이런 경우에는 손잡이 아래쪽이나 총몸 아래에 팜레스트(손바닥 받침대)라는 부품을 장착하여 총을 견착할 수 있다.

군대에서 저격병의 역할이란?

군사작전에 있어서 스나이퍼(저격병)의 기본 역할이라면 주요지역에 대한 경계와 감시라고 할 수 있다. 이들을 정찰병과 구분할 수 있는 것은 필요한 순간에 저격총을 사용하여 실력행사가 가능하다는 점이다.

●밀리터리 스나이퍼

중세의 기사가 활약하던 전장이나 일본의 전국시대와 같은 곳에서는 「한 사람의 초인」의 존재가 전황의 흐름을 바꿔놓는 것도 드문 일이 아니었다. 하지만 근대전에서는 군대 안에 우수한 기량을 갖춘 초인이 있다고 하더라도 그 한 사람에 의해 전황이 바뀌는 경우는 찾아보기 어렵게 되었다.

예외적으로 여전히 한 사람의 초인이 전황을 바꾸는 역할을 할 수 있는 것이 저격병의 존재이다. 예를 들어 아군을 공격하기 위해 산속이나 깊은 골짜기를 진군해오던 적이 저격병에 의해 발이 묶여버리고, 그동안 본대는 유리한 장소로 이동하거나 안전한 장소까지 철수하는 등 저격병의 효과는 매우 높다.

저격병의 실력행사는 보병의 엄호수단으로 사용되는 경우도 많다. 경계와 감시에 의해 보병부대의 눈이 되기도 하며, 저격총으로 적을 제압하는 것으로 아군의 진군이나 후퇴를 지원해줄 수도 있다. 이때 적의 지휘관이나 통신병을 저격하여 적 부대를 혼란에 빠트리는 것도 가능하다. 또한 보다 적극적으로 방해자(장애)의 배제라는 역할도 전개할 수 있다. 적의 거점에 잠입하여 주요 지휘관을 사살하고 통신 설비 등의 주요 시설과 항공기 등의 정밀기기에 피해를 입혀, 영구 또는 일시적으로 사용불능으로 만드는 것이다.

저격으로 보병부대의 지원을 할 뿐이라면 지정사수(마크스맨)으로도 그 역할은 충분할 것이다. 하지만 이러한 침투, 파괴 공작적인 임무의 경우에는 전문교육을 습득한 저격병이 단독, 또는 2인 이상 소수의 팀으로 행동한다. 은밀하게 적 근처까지 접근하기 위해서는 저격병이 가진 전문 기술이 필요하다. 인원수는 적을수록 좋다. 많아지면 적의 눈에 띌 확률이 높아질 뿐이다.

전문교육을 습득한 스나이퍼는 매우 귀중한 존재이다. 폭력조직의 1회용 히트맨처럼 쓰고 버려지는 것은 있을 수도 없는 일이다. 반드시 무사히 복귀해야 하며, 이어서 다른 임무를 수행해야 한다. 목적을 달성한 후 신속하게 탈출하기 위해서는 임기응변적인 행동이 가능한 소수정예가 이상적이다.

밀리터리 스나이퍼의 역할

전쟁에 있어서 스나이퍼의 임무는……

 표적의 살상

= 중요인물의 배제나 적의 부대에 대한 무차별 저격
을 가하여 적의 진격 속도를 늦춘다.

 감시 · 정찰 · 파괴공작

= 은닉한 상태로 표적을 감시, 정찰한 후 필요에 의해
시설 등을 저격하여 사용불능 상태로 만든다.

기본적으로 모든 것을 자신의 판단으로 행한다.

혼란스러운 전장과 달리 적의 주둔지에서는 적 지휘관에게 접
근하는 것이 어려운 경우가 많다. 작전 중의 저격병은 자신이 처
한 상황을 분석하고 가장 적절한 판단을 신속하게 내려야 한다.

내려진 임무를 수행하기 위해
나는 자신이 최선이라 믿는 것을 행한다.

잘못된 판단으로 목숨을 잃을 수도 있기 때문에 항상 신중하게.

전쟁이라는 특수한 상황에서는 누군가를 살해하더라도 죄를 묻지 않는다. 중요한
것은 생사 그 자체보다 그로 인해 일어나는 주변 상황의 변화이며 그것은 대물저
격의 경우에도 해당되는 것이다(완전 파괴에 집착할 필요는 없다).

원포인트 잡학

밀리터리 스나이퍼는 저격 기술을 갖춘 보병이기 때문에 일반 보병이 할 수 있는 행동(무거운 화물을 운반하여 장
거리 행군을 하거나, 백병전에서 적을 쓰러트리는 등)은 모두 할 수 있다.

1명의 스나이퍼가 100명의 병사보다 무섭다?

「당신이 와줘서 100명의 지원군을 얻은 기분이다」라는 대사는 영화나 소설 등에서 종종 볼 수 있는 말이다. 스나이퍼로서의 기량을 가진 자는 실제로 저런 말에 어울리는 존재일까.

●「저격」의 효과

저격병의 전술적 가치는 자신들의 그룹은 인원수가 줄어들지 않는 상태에서 상대에게만 피해를 줄 수 있다는 점에 있다. 100명의 적병과 100명의 아군이 교전할 경우 여러 명의 적을 쓰러트린다 하더라도 이쪽도 어느 정도의 피해는 감수해야만 한다. 만약 아군의 수가 더 많다고 하더라도 인원손실이 「0」이 되는 것은 기대하기 어렵다. 하지만 저격병이 있을 경우에는 「적에게 들키지 않는 곳에서 공격하다」가 기본 전술이 되기 때문에 일방적으로 적의 수를 줄일 수 있게 된다.

아군에게 저격병이 존재한다는 것은 전략적으로도 장점이 된다. 적의 입장에서 본다면 자기 주변의 동료들이 차례차례로 총에 맞아 쓰러지는 상황에서 자신을 죄어오는 「이 다음 차례는 내가 될지도 모른다」는 공포를 쉽게 떨쳐낼 수는 없는 일이다. 언제 패닉을 일으키더라도 이상하지 않은 상황에 빠지면서 침착한 상황 판단을 할 수도 없으며 통제된 행동도 기대할 수 없게 된다.

저격병이 이러한 전략적 효과를 발휘하기 위해서는 몇 가지 조건을 만족시킬 필요가 있다. 사수의 기량과 사용하는 총기의 상태가 양호해야 하며, 저격이 가능한 날씨가 갖춰져야 하는 등 여러 요소가 얽혀 있다. 특히 중요한 것은 「적에게 저격병의 위치가 알려지지 않을 것」, 그리고 「저격병의 존재를 적에게 이해시킨다」는 것이다.

저격병의 장소가 들통나면 적은 당연히 그곳에 모든 화력을 퍼부을 것이다. 그중에서 1발이라도 맞는다면 저격병은 임무를 수행할 수 없게 된다. 피격되지 않더라도 반격을 받고 있는 동안에는 안정적인 조준이 불가능하다.

한편 적이 저격병의 존재를 인지하지 못한다면 옆의 사람이 총에 맞아도 「유탄에 맞았다」고 생각하며 그다지 두려워하지 않을 수도 있다. 분명히 노려서 쐈다는 사실로 인한 공포가 적군에 확산될 때 저격병의 가치는 10배나 100배가 될 수 있는 것이다.

저격병이 있으면 전황을 크게 변화시킬 수 있다

단 1명의 저격병에게 무엇이 가능한가?

· 저격병은 「일방적으로」 적의 수를 줄일 수 있다.
· 저격병은 적군에게 공포를 느끼게 하고 혼란에 빠트릴 수 있다.
· 혼란에 빠진 상대를 무찌르는 것은 어렵지 않다.

역시 싫다, 저격병.

게다가…

1발의 총탄이 전장 전체에 커다란 영향을 끼치는 것이 가능하다.

· 지휘관이 없어지면 적 부대는 혼란에 빠진다.
· 강력한 무기라 해도 사용할 수 없게 되면 적 부대는 약체화된다.
· 저격병의 존재가 적 부대의 진군을 멈추게 할 수 있다.

효과를 높이기 위해 필요한 것.

⇒ 「저격병이 존재한다는 사실」을 적에게 인지시킬 것.

절대로 피해야 할 것.

⇒ 「저격병의 위치」를 적이 파악하는 것.

원포인트 잡학
아군 저격병은 든든한 반면, 그 존재가 적에게 알려지면 집중 공격을 받게 된다. 이 과정에서 예기치 않은 피해를 입을 수도 있기 때문에 저격병을 싫어하는 일반 병사도 많다.

스나이퍼의 적은 스나이퍼?

스나이퍼에게 대응할 수 있는 것은 같은 스나이퍼뿐이라 할 수 있다. 아군과 적을 떠나서 스나이퍼의 활약에 의해 전황이 고착되기 시작한 경우 그것을 해결하기 위해서는 카운터 스나이퍼를 투입하는 것이 가장 좋은 수단이다.

●일반 병사에게는 부담이 크다

저격병은 일반적인 병사에 비해 훨씬 먼 거리의 표적을 명중시킬 수 있는 「초인적인 기술」을 가지고 있으며 장시간 동안 조금도 움직이지 않고 대기하며 몸을 숨길 수 있는 「초인적인 정신력」도 가지고 있다.

저격병과 일반 병사의 차이를 메우는 것은 쉬운 일이 아니며, 저격병의 은닉 위치를 파악하더라도 일반 군인의 기술과 장비로는 치명상을 입히기도 어렵다. 애당초 일반적인 사람이라면 저격병이 무엇을 생각하고 중시하는지 이해하기 힘들기 때문에 그들의 행동을 예측하는 것도 불가능하다.

저격병의 사고방식을 예측하여 승부를 겨뤄볼 수 있는 것은 저격병뿐이라고 해도 좋을 것이다. 어떻게 보면 해커가 사이버 보안 회사에 고용되어 안티 바이러스 프로그램을 제작하거나 전직 도둑이 방범 강좌를 여는 것과도 비슷하다고 할 수 있다.

저격병이 적 저격병에게 대처하는 「카운터 스나이퍼」는 중요한 임무 중의 하나이며, 픽션의 세계에서도 영화 「스나이퍼」, 「스탈린그라드(2001년판)」 등 저격수 간의 대결을 주된 내용으로 다룬 작품이 존재한다. 같은 스나이퍼끼리의 대결은 스토리를 흥미롭게 끌고 나가기 때문에 전쟁물이나 스나이퍼가 주인공이 아닌 작품의 경우에도 인기 있는 소재이며 조연이나 단역 캐릭터로서도 흥미로운 볼거리를 제공해준다.

「저격」이라는 스타일의 특성상 양자의 대결은 1발, 또는 단 몇 발만으로 승부가 결정되는 경우가 많다. 승부의 묘미는 서로의 저격 위치를 예측하며 이동하는 심리전과 캐릭터의 독백 대사로 현재 상황이나 적에 대한 감정 등을 늘어놓는 등 「탄환이 발사되기 직전까지의 순간」에 집중되는 연출이 일반적으로 사용된다. 총성과 함께 막이 내리는 패턴도 일종의 클리셰라고 할 수 있다.

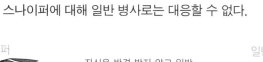

카운터 스나이퍼

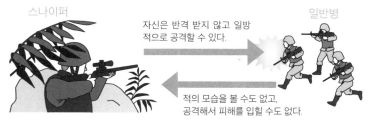

스나이퍼에 대해 일반 병사로는 대응할 수 없다.

스나이퍼

자신은 반격 받지 않고 일방
적으로 공격할 수 있다.

일반병

적의 모습을 볼 수도 없고,
공격해서 피해를 입힐 수도 없다.

역시 「눈에는 눈, 이에는 이」밖에 없다.

「카운터 스나이퍼」를 투입하여 처리한다.

카운터 스나이퍼의 역할

· 지식과 경험을 총동원하여 적의 생각을 읽는다.
· 적의 선수를 치고 그 행동을 막는다.
· 최종적으로는 적 스나이퍼를 배제(사살)한다.

아군 스나이퍼를 투입할 수 없는 상황이라면……

박격포탄이나 대전차 로켓탄, 대지 미사일 등으로 저격수가 숨어 있으리라 예측되는
곳을 송두리째 날려버리기도 한다.

원포인트 잡학

「적 스나이퍼와의 정면 대결」에 집착하지 않고 적 스나이퍼의 잠복 장소를 예측하여 공격 부대 투입을 제안하거
나 아군의 인력과 장비에 대한 저격 대책을 세우는 것도 훌륭한 카운터 스나이퍼 임무이다.

스나이퍼는 포로가 될 경우 험한 대우를 받는다?

전쟁의 승패는 상대적인 것이며, 백번 싸워 백번 이긴다고 단정 지을 수도 없는 일이다. 승산이 없다고 판단된다면 항복하여 다음 기회를 기다린다는 선택도 있을 수 있는 이야기이다. 하지만 저격병에 한해서는 항복하더라도 무사할 수 있다는 보증은 없다.

●저격병은 복수의 대상이 된다

전장에서 적이 항복을 원할 경우, 같은 보병이라면 「싸움이 끝난 마당에 군이 죽일 필요는 없다」는 생각이 들기 마련이며 상대방에 대해서 신사적으로 대하는 경우도 드물지 않다. 그러나 저격이라는 방법에 대해서는 아무리 생각해도 「비겁한 수단」이라는 이미지가 따라다닌다. 이 때문에 저격병은 항복하더라도 상대방 입장에서는 「보이지 않는 곳에서 일방적으로 우리의 동료를 쏴댔으면서 자신이 불리하게 되니 신변의 안전을 보장하라고? 웃기지 마!」 같은 심리가 발동하는 것이다.

물론 저격병의 입장으로서는 묵묵히 자신의 역할을 다했을 뿐이겠지만, 당하는 입장에서는 심정적으로 납득할 수 없는 노릇이다. 「너는 응분의 보상을 받아야만 해」라든가 「동료의 복수다」와 같은 방향으로 감정이 흐르는 것도 어쩔 수 없는 일이다. 항복한 상대가 게릴라이거나 전장이 내전 중인 국가일 경우 이러한 공포는 더욱 팽창하게 된다. 선진국의 정규군이라 해도 저격병에 대해서는 악감정을 가지게 마련인데 전시국제법(전쟁과 관련된 국제공법)이 통하지 않는 상대라면 인도적인 대우는 기대하기 힘들다.

현실적인 대응법으로 일반 병사인 척하는 방법이 있다. 길리수트 등의 저격병 전용 장비를 몸에서 벗겨내고 거리계, 풍속계와 같은 전문 장비를 버린 후 저격소총을 일반 총기로 바꿔드는 것이다. 요컨대 적이 저격병이라고 눈치 채지만 않으면 된다.

만약 속임수가 통하지 않는 상황, 예를 들어 저격 중에 발각당했을 경우에는 항복 외의 길을 택하는 저격병도 적지 않다. 적중 돌파를 시도하여 활로를 찾거나 평소에는 선택하지 않을 위험한 도주 경로로 뛰어드는 등의 선택은 더없이 큰 부담을 수반하지만 적에게 잡혀 험한 꼴을 당할 것을 생각해본다면 오히려 현명한 판단이 될 수도 있다.

붙잡힌 저격병

일반 병사는 포로가 된다 해도⋯⋯

이 녀석 1명을 처형 해도 적에겐 별 영향도 없을 거야.

하지만 내 전우를 죽인 것은 이 녀석 일지도 몰라.

혹은

적의 병사를 1명이라 도 더 없애야만 해.

하지만 이 녀석은 나쁜 놈이 아닐지도 몰라.

포로로 잡은 쪽에 다소나마 「이성」과 「감정」의 갈등이 생긴다.

저격병의 경우

이성

이 녀석을 놔두면 결국 또 많은 동료들을 해칠 게 확실 해. 그 전에 손을 써야만 해.

고민할 필요 없어, 해치워!

감정

비겁하게 안 보이는 곳에 숨 어서 일방적으로 공격을 했 지? 이제 그대로 갚아주마.

자업자득이야! 해치워!

어느 쪽이든 저격병에겐 안 좋은 결론이 나온다.

원포인트 잡학

저격총이라는 것은 그 자체가 풍부한 노하우의 결집체이다. 이 때문에 각오를 다진 저격병은 자신의 저격소총을 파괴하면서까지 적에게는 넘기지 않으려 한다.

경찰에서 스나이퍼의 역할은?

경찰조직에서 스나이퍼가 맡은 역할이라 하면 흔히 「흉악범을 사살한다」라고 생각하기 쉽다. 그것도 어느 정도 맞는 말이지만 100% 정답은 아니다. 경찰 저격부대 스나이퍼의 중요임무는 「감시」와 「정보수집」이다.

●폴리스 스나이퍼

경관이 권총을 장비하는 것이 「범인을 사살하기 위해서」라고 말한다면 대부분의 경찰관들은 「아니다」라고 반박할 것이다. 마찬가지로 경찰조직의 저격수가 조준경으로 범인을 잡는 것은 단순히 사살하기 위해서만은 아니다. 범인을 사살하는 것은 그야말로 마지막 수단으로, 그 외에는 다른 방법이 없는 경우에 한해서이다.

통상 경찰의 저격부대는 범인 사살 명령이 떨어지기 전에 출동하여 현장에 배치된다. 이는 범인과 협상하든지 또는 배제하든지 어느 쪽이든 정보가 꼭 필요하며, 그러기 위해서는 범인이 눈치 채지 못하게 먼 곳에서 몸을 숨기고 조준경의 망원 기능을 이용하여 감시할 수 있는 저격수들이 적합하기 때문이다.

작전위치에 배치된 이후에도 실제로 언제 쏠지를 스나이퍼 자신이 선택하는 것은 어려운 이야기이다. 저격의 타이밍은 「위에서 내려오는 명령」이나 「인질의 위기」 등 외적 요인에 의해서 결정되는 경우가 대부분이기 때문이다.

군대의 저격병은 저격의 타이밍을 스스로 고를 수 있으며 상황에 따라 쏘더라도 명중시킬 수 없다는 판단이 선다면 사격을 중단할 수도 있지만 경찰의 저격수는 그렇지 않다. 설령 매우 어려운 상황이라 하더라도 즉시 쏴서 명중시키지 않으면 안 되는 것이다.

역으로 「쏘지 않으면 안 된다」와 같은 상황이 되더라도 경찰의 저격수가 독자 판단으로 저격하는 경우는 극히 드물다. 설령 인질이 위험한 상황이라 하더라도 「인질에게 위해가 가해질 것 같다고 판단되면 사격을 허가한다」와 같은 명령이 없는 한, 사격을 해서는 안 된다.

물론 그 결과 인질이 죽거나 다치는 경우도 있지만 그것은 저격수 개인의 책임은 아니다. 경찰의 저격수에게는 군의 저격병처럼 저격에 관한 전권이 주어지는 것은 아니기 때문이다. 또한 명령 이외의 행동으로 범인이 죽어버렸을 경우에는 살인죄가 적용되는 경우도 있다.

폴리스 스나이퍼의 역할

경찰조직에서 스나이퍼의 역할은……

 범인의 사살

= 필요한 경우에는 범인의 배제(사살)을 행하는 경우
도 있으나 그것이 본래의 임무라고 하기는 어렵다.

 감시와 정보수집

= 교섭과 실력행사 어느 쪽이든 정보는 필수이다. 스
나이퍼는 효율적이고 정확한 정보수집이 가능하다.

하지만 어느 쪽이든 「상부의 지시와 명령」이 필요.

군대의 저격병과 같이 「이 장소를 아무도 지나가지 못하게 하라.
방법은 맡기겠다」와 같은 문맥의 명령이 내려지는 일은 없다. 사
태가 진행되거나 상황의 변화가 생긴 경우에는 반드시 새로운
지시를 받는 것이 필요하다.

사건은 현장에서 일어난다.
상부의 명령만을 기다릴 수는 없어!

이런 판단(단독행동)은 용납되지 않는다.

범인 사살이 마지막 수단이라는 점은 총기 사회인 미국 같은 나라도 마찬가지이
다. 오히려 총이 생활 속에 밀착된 사회이기에 더더욱 범죄자라고 해도 「목숨을
앗아가는 것」에 대해서 그에 상응하는 정당성과 필연성이 요구되는 것이다.

원포인트 잡학
폴리스 스나이퍼의 작전 지역은 시가지가 많기 때문에 밀리터리 스나이퍼처럼 1km를 넘는 저격 기회는 드물다.
그러나 민간인에게 피해를 끼치지 않도록 정밀한 사격이 요구된다.

사격경기 메달리스트는 저격수가 될 수 있을까?

세계는 넓고, 타고난 재능을 가진 인간은 얼마든지 있다. 하지만 젊은 나이에 사격 세계 기록을 경신하며 올림픽에 나가면 메달 획득이 확실한 인물이 있다고 해도, 그가 저격수로서 성공할 수 있는지는 별개의 문제이다.

●사격선수의 자질과 저격수의 자질

스나이퍼의 저격과 사격경기의 표적 사격의 차이점은 「신경전」의 여부이다. 표적이 되는 것은 종이 과녁이 아니라 생각하며 살아 숨 쉬는 인간이다. 상대의 사고를 읽고, 선수를 쳐서 반격을 봉쇄하며 가능한 한 일격에 쓰러트릴 수 있도록 전술을 세울 필요가 있다.

이때의 감각은 사격보다 사냥에 가깝다. 제2차 세계대전 이전의 저격수들은 대부분 뛰어난 사냥꾼이었으며 사냥에 이용되는 지식이나 기능의 대부분이 저격수의 자질과 공통되는 부분이 있다. 사격 경기에서 최대의 적은 「자기자신」이며 그것을 극복하는 것이 고득점으로 이어진다. 신경전이 존재한다고 해도, 그것은 「경쟁자보다 빠르고 높은 점수」라는 경쟁원리에 기인한 것일 뿐이다.

거기에는 속이거나 속는 것과 같은, 상대방의 심리를 읽는 요소는 존재하지 않는다. 모든 것이 끝난 뒤에 재도전 기회가 주어지는 경우도 있다. 비록 패배하더라도 죽는 것은 아니므로 생명의 교환 등은 할 필요가 없다.

한편 스나이퍼의 경우 정신적인 면의 터프함도 요구된다. 고독에 익숙하다거나 같은 자세로 몇 시간이나 참고 기다릴 수 있다거나 하는 수준의 경지가 아니다. 그보다 더욱 생생한 상황, 즉 자신이 쏜 표적이 절명하며 쓰러져 가는 모습을 응시할 수 있는가에 관한 문제이다.

임무에서 저격을 하는 이상, 스나이퍼는 표적에 개인적 악감정을 품고 있지는 않다. 죽이고 싶도록 미운 상대라면 주저 없이 방아쇠를 당길 수 있겠지만 그렇지 않은 상대의 생명을 한 순간에, 그것도 무자비하게 빼앗는 것이다. 그러한 부조리한 상황을 허용할 수 없는 사람이라면, 설령 올림픽 메달리스트라 하더라도 스나이퍼가 될 수는 없다.

경기와 저격은 완전 별개

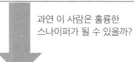

사상 최연소로 표적사격의
세계기록을 경신!

과연 이 사람은 훌륭한
스나이퍼가 될 수 있을까?

유감스럽지만, 그렇다고 단언할 수는 없다.

경기선수

오로지 자신을 성장시켜 나가면 그에 따른 결과가 나온다.

누구의 목숨도 앗아갈 필요가 없으며 자신도 안전하다.

재도전할 기회는 얼마든지 있다.

양자가 몸을 걸치고 있는 세계 간에는 커다란 차이가 있다.

저격수

상대의 사고를 읽고 따돌릴 필요가 있다.

타인의 목숨을 앗아가며, 자신도 위험에 처한다.

도전할 기회는 원칙적으로 한 번뿐이다.

원포인트 잡학

종이나 금속으로 만든 표적은 쏠 수 있어도 실제로 「살아 움직이는 인간」을 앞두고 방아쇠를 당기지 못하는 사람
은 많다. 인간으로서는 당연한 반응이지만, 저격수로서는 부적격이다.

미닛 오브 앵글(MOA)이란 무엇인가?

조준경의 조정 눈금에는 「1클릭 1/4 M·O·A」라고 표시된 것이 있다. 눈금을 1클릭 움직이면 「M·O·A의 4분의 1」만큼 조준이 움직인다는 것이다. 여기서 MOA이란 무슨 뜻일까?

●100m 앞의 3cm

M·O·A는 각도를 나타내는 용어로서, 미닛 오브 앵글(Minutes Of Angle)의 약자이다. 미닛(1분=1시간인 60분의 1)이 나타내는 것과 같이 360도를 60분의 1로 분할한 각도를 가리키며, 계산상 「100m 앞의 2.9cm의 높이」가 되지만, 간략화하여 「100m 앞의 3cm」로 계산한다.

MOA는 총기의 조준과 관련된 다양한 장면에서 사용된다. 그중에서도 대표적인 것이 조준경의 조준을 조율할 때이다. 「터릿」이라고도 불리는 조준 조정용 손잡이에 「1/4 MOA」나 「1/8 MOA」 등으로 표시되어 있는 경우, 조정 손잡이를 회전하는 만큼 탄착점이 움직이게 된다.

예를 들어 「1/4 MOA」라고 적힌 조준경으로 100m 떨어진 표적을 노린다고 하자. 조정 손잡이를 1클릭 움직일 때마다 3cm의 4분의 1만큼 탄착점도 이동하게 된다. 만약 200m 떨어진 표적에 대해 탄착점을 3cm 정도 수정할 경우에는 수정하고 싶은 방향의 조정 손잡이를 8클릭 돌리면 된다는 계산이 나온다. 총의 명중 정도를 나타내는 데 MOA가 이용되는 경우도 있다. 어느 총의 성능이 「1 MOA」라면, 100m 떨어진 표적을 노릴 시에 직경 약 3cm의 원 안에 착탄이 이루어진다는 뜻이다. 이러한 「집탄률」을 나타내는 수치를 「그루핑(Grouping)」이라고도 한다(다만 사용 탄약이나 기상 조건 등이 확실하지 않는 경우가 많기 때문에 어디까지나 참고 정도의 숫자라고 생각해야 한다).

조준경 등의 조준기를 장착한 마운트 레일에 MOA 표시가 있을 경우, 그것은 레일의 경사 정도를 나타낸다(경사가 없으면 조준선과 탄도가 교차하지 않아서 조준한 곳에 명중하지 않는다). 레일에 「10 MOA」라고 표시되어 있을 경우, 100m 앞의 탄착점은 30cm 정도 위로 어긋나게 된다.

M·O·A

M · O · A = Minutes Of Angle

360도를 60분의 1로 분할한 각도.

계산상 「100m 앞 3cm(정확히는 2.9cm)의 높이」가 된다.

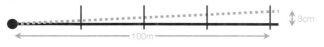

이 「100m 앞 3cm」를 하나의 단위(1 MOA)로 하여 총의 조준에 관련된 다양한 요소를 나타낼 수 있다.

예를 들어(표적이 100m 앞에 있다고 가정)

조준기의 조정단위

조준조정 손잡이를 클릭하는 것으로, 어느 정도 탄착점이 움직이는지를 나타내는 수치.
1클릭 1/4 MOA ⇒ 손잡이를 하나 움직이면 0.75cm 탄착점이 움직인다.

총의 명중 정도

탄착점의 형태(벌어지는 정도)가 어느 정도 범위를 그리는지를
나타내는 수치.
1 MOA ⇒ 직경 3cm 정도의 원 안에 착탄이 이루어진다.

레일의 기울기

조준경 장착 레일이 얼마만큼 기울어져 있는지를 나타
내는 수치.
10 MOA ⇒ 탄착점이 30cm 정도 위로 어긋난다.

총구의 방향 ⟶

원포인트 잡학

미국에서는 거리의 단위로 미터가 아니라 야드를 사용하므로 MOA의 수치도 「100m 앞 3cm」가 아니라 「100야드(91.4m) 앞의 1인치(2.54cm)」로 표기된다.

조준경은 반드시 필요한 장비인가?

저격소총이라면 망원경형 조준기, 이른바 「스코프」가 달려 있기 마련이다. 멀리 떨어진 표적을 확대하여 볼 수 있어서 원거리 사격에는 안성맞춤인 장비이긴 한데, 만약 장착하지 않았을 경우에는 뭔가 문제점이 있는 것일까?

●감시와 거리 계산에도 사용

저격소총에 장비되는 조준경은 그 모습 그대로, 멀리 있는 것을 크게 볼 수 있는 「소형 망원경」으로서의 기능을 갖고 있다. 먼 표적을 저격하는 것이 임무인 저격수의 입장에서 보자면 조준경은 필수 장비라고 할 수 있을 것이다.

오늘에 이르기까지 저격의 역사 속에서 「조준경을 쓰지 않는 저격수」가 드물지 않았던 것은 제2차 세계대전 중의 일시적인 시기뿐이었다. 이 시기는 정밀 기기인 조준경을 대량으로 준비하기 어려웠다는 사정도 있었고, 대규모로 몰려오는 적을 소수 인원으로 발을 묶거나 혼란에 빠트려 진군을 늦추는 정도라면 조준경을 쓰지 않고 기계식 조준기에 의한 저격으로도 목적을 충분히 달성할 수 있었기 때문이다(핀란드의 전설적 스나이퍼 「시모 해위해」처럼 사격 자세가 높아져 적에게 발견되기 쉬워진다는 점이 싫어서 아예 조준경을 장착하지 않는 사람도 있었다고 한다).

이윽고 2차대전이 종결되고 저격수의 전술적 운용이 자리를 잡아가면서 「조준경을 얹는 것이 여러모로 편리하다」는 발상이 주류를 이루게 된다. 특히 인질 사건이나 농성 사건을 해결하기 위해서 투입되는 경찰의 저격수는 범인이 갖고 있는 총만 저격하거나 인질을 훼손하지 않고 범인만 무력화해야 한다는 억지스러운 요구를 받기 때문에 조준경을 사용한 정밀 사격이 절대 조건이 된다. 또 저격의 전 단계인 「표적 관찰」은 군대와 경찰 어느 쪽이든 큰 의미를 가지는데 이때 조준경의 유무는 정보수집량의 수준에서 큰 차이를 보인다.

조준경 내의 눈금에 적힌 「밀닷(Mildot)」은 거리의 계측과 탄착점의 수정에도 사용할 수 있다. 이러한 처리를 감으로 해낼 수 있는 저격수도 존재하지만, 보다 확실한 방법이 있다면 그쪽을 선택하는 것이 프로라고 할 수 있다.

조준경과 기계식 조준기

조준경은 멀리 있는 것을 확대해서 볼 수 있는 편리한 도구.

「기계식 조준기」만 사용한
저격도 불가능은 아니지만……

총에 처음부터 붙어 있는 조준기. 표적
을 맞히는 것뿐이라면 충분하지만 장거
리 정밀사격에는 적절하지 않다.

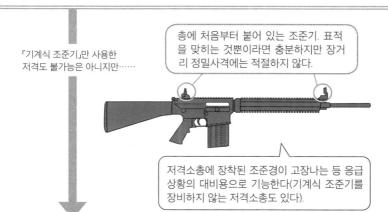

저격소총에 장착된 조준경이 고장나는 등 응급
상황의 대비용으로 기능한다(기계식 조준기를
장비하지 않는 저격소총도 있다).

역시 조준경을 갖추는 편이 좋다.

저격용 조준경은 3배~12배가
일반적이다.

또한 저격의 전 단계인 「표적의 감시 및 관찰」 등을 행할 시, 망원경 대신 쓸 수
있는 조준경은 매우 편리한 도구이다.

조준경의 눈금에 적힌 「밀닷(Mildot)」 등의
표시는 거리를 가늠하여 조준을 조율하는
데 도움이 된다.

원포인트 잡학

일부 돌격소총에는 「조준경형 조준기」를 표준 장비한 것도 있지만 대부분 저격을 전제로 하지 않았기에 아예 무
배율이거나 4배율 정도의 낮은 배율의 장비이다.

지배안(Master Eye)는 어느 쪽?

한쪽 눈을 감으면 조준 시의 집중력이 높아질 것 같은 느낌이 들지만, 주위를 자세히 관찰할 필요가 있는 스나이퍼에게는 한쪽 눈만으로는 얻어지는 정보가 줄어들게 된다. 따라서 양안조준이 기본이며, 이를 위해 중요한 것이 「지배안(Master Eye)」이다.

●지배안과 양안조준

스나이퍼는 두 눈을 뜬 채 겨누는 「양안조준」을 좋아한다. 여기에는 주변 시야를 확보한다는 의미가 있지만, 한 가지 더 단순하면서도 중요한 이유가 존재한다. 오랜 시간 눈을 감고 있으면 불필요한 근육을 사용하기 때문에 눈의 신경에 부담이 되고 한쪽 눈이 피곤해진다는 점이다.

「눈의 피로는 어깨결림의 원인」이라는 옛말처럼 눈이 피곤하면 불필요한 곳에 체력이 소모되며 자연스러운 저격 태세를 갖추기 어려워진다. 눈의 피로가 쌓이게 되면 결국 시력저하를 일으켜, 표적을 제대로 보기 어려워지기 때문에 저격에 직접적인 악영향을 끼치게 된다.

양안조준을 하기 위해서는 우선 자신의 지배안이 어느 쪽 눈인지를 파악할 필요가 있다. 지배안이란 주로 쓰는 손과 마찬가지로, 오른손잡이인 사람이 왼손으로는 세밀한 작업을 못하는 것처럼 지배안인 눈과 그렇지 않은 눈 사이에는 사물을 보는 능력에 차이가 있다. 저격소총의 방아쇠를 당기는 것이 오른손일 경우 지배안도 오른쪽인 경우가 많은데 총을 잡은 상태에서 조준기가 얼굴의 오른쪽으로 오게 되기 마련이므로 왼쪽 눈으로는 들여다보기 어려워지기 때문이다.

일반적으로는 주로 쓰는 손이 오른손이라면 지배안도 오른쪽 눈인 경우가 많다. 하지만 개중에는 「오른손잡이지만 지배안은 왼쪽 눈」인 사람도 있다. 이 경우에는 오른쪽 눈으로 옮길 필요가 있다.

지배안의 교정은 주로 쓰는 손을 교정하는 것에 비하면 간단하다. 예를 들면 고글과 안경의 왼쪽만 막고 「두 눈을 뜬 상태에서 오른쪽 눈만으로 물건을 보는 과정」을 일정시간 반복하는 것으로도 지배안을 오른쪽으로 옮길 수 있다.

지배안

> 스나이퍼의 기본은 양안조준

이유
· 주변 시야를 확보하기 위해.
· 눈의 피로를 줄이기 위해.

> 양쪽 모두 장시간 주변에 신경을 써야 하는 스나이퍼에게 중요한 요소.

양안조준을 위해서는 자신의 지배안이 어느 쪽 눈인지 파악해야 한다.

> 지배안이란 ➡ 「주로 쓰는 눈」이라 할 수 있다
> (사물을 보는 능력에 차이가 있다).

자신의 지배안이 어느 쪽인지 알기 위해선?

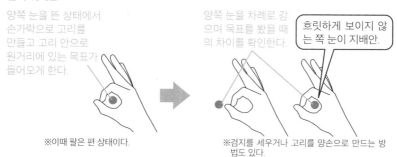

양쪽 눈을 뜬 상태에서 손가락으로 고리를 만들고 고리 안으로 원거리에 있는 목표가 들어오게 한다.

양쪽 눈을 차례로 감으며 목표를 봤을 때의 차이를 확인한다.

> 흐릿하게 보이지 않는 쪽 눈이 지배안.

※이때 팔은 편 상태이다.

※검지를 세우거나 고리를 양손으로 만드는 방법도 있다.

> 지배안의 교정방법

안경이나 사격용 보안경의 한쪽을 테이프 등으로 가린다.

두 눈을 뜨고 한쪽 눈만 쓰도록 하면 지배안은 그쪽으로 이동한다.

원포인트 잡학

만화 등에서는 저격 시에 한쪽 눈을 감는 묘사도 많지만 당황해서는 안 된다. 그 인물이 군대 경험자가 아니며 주변에 적이 존재하지 않고, 한쪽 눈을 감고도 지치지 않는 특수 체질…등 여러가지 이유가 있을 수 있기 때문이다.

안경을 쓰면 스나이퍼가 될 수 없다?

멀리 있는 표적을 겨눠서 탄환을 명중시키는 스나이퍼에게 「눈이 나쁜 것」은 큰 문제가 아닐 수 없다. 안경을 착용하지 않으면 보이지 않을 정도의 시력이라면, 스나이퍼의 길은 포기하는 편이 좋을까?

●시력이 좋아도 안경을 쓴다

안경을 착용한 상태에서 사격할 때 우려되는 점이라면, 표적이 보일지 안 보일지 여부보다도 안경이라는 소품 자체가 가지는 물리적 공간이 문제일 것이다. 조준경의 접안렌즈(눈으로 보는 방향의 렌즈)와 눈 사이의 적절한 거리를 「아이릴리프(Eye Relief)」라고 하는데 이 거리는 5~8cm 정도가 일반적이다.

안경을 쓰고 있으면, 그 공간의 여유가 줄어들게 된다. 안경을 낀 상태에서 사용하는 조준경은 아이릴리프가 15cm 이상 되는 「하이 아이 포인트(High Eye Point)」라 불리는 것으로 사용해야 바람직하다. 그렇지 않을 경우 총을 겨눌 때 또는 사격 시의 반동으로 흔들리거나 움직일 때에 안경에 부딪히기 때문에 눈 주변을 다치거나 눈에 부상을 입을 가능성이 있다.

이것은 시력이 양호한 저격수들에게도 관련이 있는 위험성이다. 시력교정용이 아니라 안전을 위해 슈팅 글라스로 불리는 사격용 안경을 쓰는 경우도 있고, 광원의 위치에 따라 선글라스를 쓰는 경우도 있다. 특수 부대의 경우 모래바람 등으로부터 눈을 보호하기 위해 고글을 착용한 상태에서 저격을 하는 경우도 많다. 안경을 착용한 상태에서도 사용 가능한, 요컨대 아이릴리프가 하이 아이 포인트이면서 안경을 착용한 상태로 제로인(Zero In, 영점잡기라고도 불리는 조준 조정)이 적용된 조준경을 장착했다면 안경을 착용하고 있더라도 문제없다. 그러나 안경이라는 부담스러운 물건을 얼굴에 쓰고 있는 것만으로 「흘러내리거나 더러워지거나 하면 시계가 나빠진다」든가 「깨져서 쓰지 못한다」 등과 같은 위험요소가 발생하므로, 그런 의미에서 본다면 아예 안 쓰는 편이 더 좋다고도 할 수 있다. 그러나 이러한 우려는 스나이퍼에게만 해당되는 이야기도 아니며 사전에 대응책을 마련하는 등 마음가짐에 따라 어떻게든 해결할 수 있다. 만화나 영화 등에서 「안경을 쓴 스나이퍼」와 같은 캐릭터가 등장한다고 해서 사실성이 없다며 구태여 무시할 필요도 없다.

스나이퍼와 안경(아이웨어)

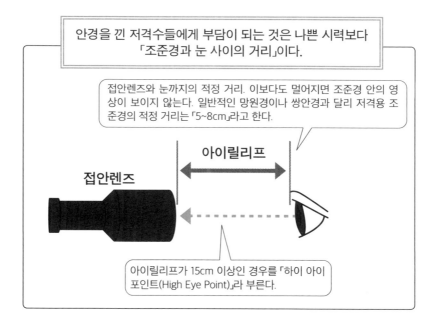

안경을 낀 저격수들에게 부담이 되는 것은 나쁜 시력보다
「조준경과 눈 사이의 거리」이다.

접안렌즈와 눈까지의 적정 거리. 이보다도 멀어지면 조준경 안의 영
상이 보이지 않는다. 일반적인 망원경이나 쌍안경과 달리 저격용 조
준경의 적정 거리는 「5~8cm」라고 한다.

아이릴리프

접안렌즈

아이릴리프가 15cm 이상인 경우를 「하이 아이
포인트(High Eye Point)」라 부른다.

시력이 좋은 스나이퍼라도
이 문제는 외면할 수 없는 것이다.

슈팅글라스	
방호 고글	

= 시력 교정 외의 여러 가지 이유로
다양한 아이웨어를 착용하는 경우
가 있다.

5~8cm 정도 거리라면 「조준경이 아이웨어에 부딪히는」 경우는 없을 것이라 생
각하기 쉽지만 사격 시의 반동은 만만치 않다.

만에 하나 일어날 사고를 막는다는 의미에서도 아이웨어 착용 시에는 하이 아이
포인트의 조준경을 사용하는 것이 좋다.

원포인트 잡학

안경을 쓰는 것으로 문제가 된다면 보인다, 안 보인다 하는 점보다 「안경이 비뚤어지거나 벗겨질 위험」이 더 클 것
이다. 그래서 도수가 들어간 「고글」을 사용하거나 밴드를 연결하여 안경을 고정하기도 한다.

저격의 사계란 무엇인가?

스나이퍼의 시선으로 주위의 상황을 확인할 수 있는 범위를 「시계」라고 하며, 그 안에서도 소총을
겨냥하여 사격 시 명중을 기대할 수 있는 범위를 「사계(射界)」라고 한다.

●사계가 넓어지면 선택지도 늘어난다

스나이퍼는 저격 시에 충분한 사계를 확보해야 한다. 그러나 표적의 행동을 예측할 수
있는 경우와 같이, 상황에 따라서는 사계가 좁다 해도 그다지 문제가 없을 때도 있다. 예
를 들어 약간 벌린 차의 창문에서 소총의 총열을 내고 사격하는 경우, 시계는 확보되어 있
지만 「사계가 좁다」고 할 수 있는 상태이다.

표적과 그 주위에 있는 적으로부터 몸을 숨기고 저격할 필요가 있는 밀리터리 스나이퍼
의 경우 시야의 넓이는 감시와 경계에 직결되기 때문에 되도록 넓게 확보할 필요가 있지
만 사계는 최소한이더라도 상관없는 경우가 많다. 저격병은 쏘는 타이밍을 스스로 정하기
에, 표적이 사계에 들어올 때까지 계속 기다린다는 선택이 가능하기 때문이다.

사계 밖의 적에 대응하기 위해 기관단총과 권총을 장비할 필요는 있지만 관측수
(Spotter)나 주변 경계를 담당하는 동료가 있다면 대응 역할을 맡아주기 때문에 사계 확
보의 필요성이 더더욱 낮아진다.

농성범에 대처하기 위해 대기 중인 폴리스 스나이퍼의 경우에도 혼자서 활동하는 경우
는 거의 없다. 경찰 저격은 다수 배치가 기본이기 때문에 사계는 각자가 분담하는 지역 범
위만 확보하면 충분하다고 할 수 있다. 그러나 중요인물(VIP)이 통과하는 퍼레이드 등을
경비할 경우에는 어느 정도 넓은 사계를 확보해야만 불의의 사태에도 대응할 수 있다.

전차와 장갑차의 관측창 등의 틈으로 내부의 승무원에게 총탄을 명중시키고 싶은 경우
등은 차체 자체는 사계에 들어와 있지만 창문의 방향이 안 좋아서 쏘지 못할 때가 있다.
이런 경우는 「사각(射角)이 없다」, 「사각이 나쁘다」고 표현한다.

이 경우에는 표적이 움직여서 사각이 확보될 때까지 기다리거나 아군에 양동작전을 요
청해서 표적의 방향을 바꾸는 등의 대응이 필요하다.

사계와 사각

> 탄을 명중시킬 수 있는 범위를 「사계」라 한다.

사계가 넓은 경우

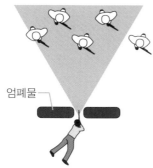

엄폐물

총을 좌우로 움직여 다수의 표적을
겨냥할 수 있다.

사계가 좁은 경우

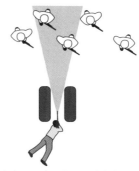

정면으로 접근하는 표적밖에
겨냥할 수가 없다.

사계 자체는 넓다고 할 수 있는 경우라도……

표적의 행동이 예측 가능하다면 사계가 좁더라
도 문제없는 경우가 있다.

팀으로 행동할 경우 동료의 지원으로 좁은 사계
를 보완할 수 있다.

> 표적 전체가 사계에 들어와 있지만 실제로 노릴 수 있는 위치
> —예를 들어 승무원이 외부를 관측하는 관측창(차체 정면에
> 위치)이나 엔진 배기구(차체 뒷부분에 위치)가 보이지 않는다.

> 총탄을 명중시키기 위해 필요한 각도를 「사각」이라고 부른다.

이러한 경우는 사각이 나쁘다고 표현한다.

원포인트 잡학
사계가 좁으면 리드사격이 어려워지기 때문에 이동목표를 저격할 것을 알고 있을 때는 특히 조심할 필요가 있다.

소총의 총열은 길수록 좋다?

스나이퍼 라이플의 큰 특징이라면 「긴 총열」이라 할 수 있다. 총열이 길면 탄환이 잘 맞는다는 장점이 있지만 그만큼 다루기가 까다롭다. 사용하는 탄약의 균형까지 고려해서 적정한 길이의 총열을 골라야 한다.

●성능과 휴대성의 양립

긴 총열의 장점은 명중도가 향상되며 사거리가 늘어난다는 것이다. 라이플의 총열이 긴 것은 「강선으로 인해 발생하는 탄환의 회전을 통해 탄도를 안정시키기 위해서」이며 동시에 총열을 빠져나갈 때까지 「화약(발사약)에 의한 운동 에너지를 충분히 탄환에 전달」하기 위해서라는 의미가 있다.

탄환에 힘이 없으면 사거리가 짧아질 뿐만 아니라 바람의 영향을 받기 쉬워지며 표적에 타격을 주지 못하기도 하지만 그렇다고 총열이 빨랫줄처럼 길어져도 곤란한 일이다. 탄환이 총열을 통과할 때는 마찰에 의한 저항이 발생하므로, 총구에서 나올 무렵에는 기껏 확보한 위력이 소모되기 때문이다. 구경이 큰 12.7mm탄을 사용하는 대물저격총 같은 저격소총이라면 힘에도 여유가 있지만, 근~중거리 저격에 사용되는 5.56mm 구경 저격소총의 경우라면 너무 긴 총열은 오히려 단점이 더 커지기도 한다.

또한 너무 긴 총열은 저격소총의 휴대성을 떨어트린다는 문제도 있다. 이동을 위해 차량 등에 탈 때에도 불편을 끼치고 실내를 이동할 때에는 방해가 되기도 한다. 거기에 총열은 매우 민감하기 때문에 어딘가에 부딪히지 않도록 상당히 신경을 쓰게 된다. 시가지에서 활동하는 스나이퍼에게 큰 총은 골칫거리일 뿐이다.

야외 행동이 주임무인 밀리터리 스나이퍼라도 휴대성의 문제는 무시할 수 없다. 나무 사이나 수풀 속을 몰래 이동하려면 긴 총열은 방해물이 될 뿐이며, 저격 위치를 들키지 않도록 위장을 할 때에도 힘들다. 게다가 총열에 테이프를 감거나 나뭇잎이나 가지를 묶거나 하는 것으로 바람의 영향을 받기 쉬워지며, 그로 인해 발생하는 흔들림이 조준에도 영향을 준다. 겨우 몇 밀리미터의 차이가 있다고 하더라도 그 작은 차이가 원거리 저격의 성패를 좌우하기 때문에 얕보는 것은 금물이다.

긴 총열의 장점과 단점

긴 총열이야말로 저격소총의 증거!

긴 총열의 장점

**긴 총열을 통해 필요한 명중 정확도와
긴 사거리를 실현할 수 있다.**

하지만 「너무 긴 총열」은 발사약이 생성하는
운동 에너지를 소모시키는 원인이 되기 때문
에 좋지 않다.

이런 단점도……

**긴 총열을 사용하는 것으로
저격소총의 휴대성이 나빠진다.**

시가전에서는

· 총열이 길어서 차량 등에 탈 때 방해가 된다.
· 실내에서는 벽이나 천장에 부딪히기 쉽다

야외에서는

· 나무 사이나 덤불 속에서 움직이기 어렵다.
· 눈에 띄기 때문에 위장에도 상당한 수고가 필요하다.
· 바람이 불면 총열이 흔들린다.

성능과 휴대성의 균형을 고려할 문제이지만, 특별한 사정이 없는 한 정확도와 사
거리를 우선하는 것이 일반적이다.

원포인트 잡학

어떤 경우에도 「총열에 과부하를 주는」 행동을 해서는 안 된다. 소총은 총열이 다른 사물에 닿지 않도록 거치대에
얹어 놓거나 케이스에 담아두는 것이 기본이며, 벽에 기대놓는 것 등은 잘못된 방법이다.

플로팅 배럴의 장점은 무엇인가?

총열에 쓸데없는 힘이 가해지지 않도록 해야 명중도를 향상시킬 수 있다. 플로팅 배럴은 설계 단계에서부터 채용되는 경우가 많지만 낮은 라이플이라도 커스터마이즈를 통해 플로팅 배럴 타입의 총열로 교체가 가능하다.

●발사 시의 반동이 명중률에 영향을 준다.

플로팅 배럴(Floating Barrel)이란 저격소총의 명중도를 향상시키기 위해서 고안된 고성능 총열을 말한다. 일반적인 총열은 기관부와의 접합부와 총몸 앞부분의 「포어엔드(Forend, 총기에 따라 포어암(Forearm)이라고도 호칭)」에 연결되어 있지만 플로팅 배럴은 기관부와의 접합부에만 연결되어 있어서 포어엔드 위에 떠 있는(Floating) 상태가 되어 이와 같은 명칭으로 불린다. 총열과 포어엔드 사이에는 종이 1장이 지나갈 정도로 작은 틈이 만들어지며 사수가 총을 겨눌 때에 가해지는 미묘한 힘이 총열에 영향을 주거나 조준을 흐트러뜨리는 것을 막아준다.

플로팅 배럴을 갖춘 소총에 있어서 포어엔드가 쓸데없는 부분인 것은 아니다. 총열을 직접 잡고 라이플을 겨누기 어려운 이상 올바른 사격 자세를 취하기 위해서는 포어엔드 부분이 필요하다.

또한 안정성을 높이기 위해 양각대를 장착할 때나 모래주머니 등의 위에 총을 올려놓을 때에도 제대로 만들어진 포어엔드가 없으면 곤란하다. 이 방식의 우려되는 점이라면 견고함의 문제이다.

이 방식을 채용하지 않은 일반 소총이면 총열이 총의 여러 부분과 연결되어 튼튼하게 붙어 있지만 플로팅 배럴의 경우에는 기관부의 접합부 한 곳에만 고정되어 있기 때문이다.

그러나 저격소총은 총기 취급에 숙달된 「스나이퍼」가 사용하는 프로페셔널의 도구이며 보병용의 돌격소총과 같이 거친 환경에서 사용되는 것을 전제로 설계되어 있지 않다. 총열이 어딘가에 부딪히거나 벽에 기대거나 하는 상황은 제대로 된 사수라면 있을 수 없는 일이기 때문에 견고함에 대해서는 그다지 걱정할 필요는 없다는 것이 주류파의 생각이다.

총열을 「띄운다」

일반 총열은……

총열

포어엔드

포어엔드에 가해지는 힘이 총열에도 전해지며 조준에도 영향을 준다.
발사 시의 반동이 포어엔드를 통해 총열에도 전해진다.

플로팅 배럴은 이 현상을 해결할 수 있다.

커스터마이즈를 통해 플로팅
배럴로 교체할 수 있다.

포어엔드의 안쪽을 깎아 총열을
띄운다.

설계 시점에서 이러한 효과를
추구한 총기도 있다.

『PMG히케이트』

고정되는 부분이 적기 때문에 견고성에 대한 불안이 남지만 저격소총은 마구
잡이 사용은 전제하지 않기에 큰 문제가 없다.

원포인트 잡학

「총열의 반동」이 명중률에 미치는 영향에 대해서는 갑론을박이 있다. 일반론으로는 「영향은 있지만 문제없다」라
고 하지만, 고정밀 총기 중에는 총열을 총의 여러 부분에서 접속하여 지탱하는 타입의 플로팅 배럴도 존재한다.

총열은 어떻게 정비하는가?

총이라는 물건이 제 성능을 유지하기 위해서는 「사격 뒤의 청소」가 필수이다. 이는 저격소총의 경우도 예외가 아니다. 오히려 더욱 정밀한 사격을 성공시키기 위해서 일반 총기보다 섬세한 관리가 요구된다.

●총열은 매우 민감하다

고온의 화약 가스와 탄환과의 마찰 등, 총열 내부는 특히 스트레스가 걸리는 부분이다. 정비 시에 주의해야 한다는 것은 두말할 필요도 없다. 현대 총의 발사약으로서 사용되는 무연 화약은 그다지 화약 찌꺼기가 만들어지지 않아서 큰 문제가 없지만 탄두를 감싸는 탄피에 사용되는 구리는 총을 쏠 때마다 조금씩 총열 안쪽에 들러붙으며 코팅과 같은 상태를 형성하게 된다.

구리 찌꺼기를 제거하기 위해 사용되는 것이 「솔벤트」이다. 솔벤트는 「희석액, 세척제」라는 의미가 있으며 특정한 제품의 명칭이 아니라 다양한 상품이 판매되고 있다. 이것을 부드러운 천에 묻혀 긴 봉을 사용해서 총열 안쪽에 집어넣는다. 천에 배인 솔벤트가 흘러나와 구리 찌꺼기를 녹이며 이를 천으로 닦아내는 것이다. 솔벤트의 종류에 따라서는 독성을 지닌 것도 있으므로 사용 시에 주의해야 한다.

천을 끼워서 사용하는 봉을 「꼬질대(Cleaning ro)」라고 부른다. 총열 내부가 상하지 않도록 수지로 코팅되어 있는 제품이 적절하다. 총열 내부는 강선을 새길 수 있도록 너무 강한 금속을 사용하지 않기 때문에 금속제 꼬질대를 사용한다면 상처가 나기 쉽고 이로 인해 총열의 성능이 떨어지게 된다.

군용 총기의 경우 휴대성을 높이기 위해 연결식 꼬질대를 사용하는 경우가 많지만 저격소총에 사용하는 꼬질대는 1개의 긴 봉을 사용하는 경우가 많다. 연결식 꼬질대는 연결부위에 요철이 있어서 총열 내부를 손상시킬 위험이 있기 때문이다.

총열 청소 시 천으로 총열 내부를 왕복시키지 말고 반드시 한쪽 방향으로 일방통행을 시킨다. 이는 천에 묻은 찌꺼기를 다시 총구 안에 집어넣지 않도록 하기 위해서이다. 총구 근처는 매우 민감한 부분이기 때문에 청소용 꼬질대로 상처를 입히면 명중도에 큰 영향을 준다. 그렇기 때문에 천을 끼운 꼬질대를 약실에서 총구 쪽으로 밀어내듯이 사용하는 것이 좋다.

총열의 정비

> 저격소총의 총열을 정비할 때에는
> 일반 총기보다 더욱 주의를 기울일 필요가 있다.

기본은 「솔벤트」를 묻힌 천(패치)으로 총열 내부에 들러붙은
찌꺼기를 제거하는 것이다……

긴 봉 앞부분에 펠트 패치를 붙인다.

· 금속제 꼬질대는 사용하지 않는다.

⇒ 총열 내부에 상처를 입힐 가능성이 크다.

· 연결식 꼬질대는 사용하지 않는다.

⇒ 연결부분이 구부러져서 이 역시 총열 안쪽에
상처를 입힐 가능성이 크다.

총열 정비에도 요령이 있다.

노리쇠를 분해하여 약실 안쪽에서 총
구를 향해 일방통행으로 천을 통과시
킨다. 총구 쪽으로 천을 빼내고 꼬질
대만을 약실 쪽으로 당겨서 빼낸다.

⇒ 민감함 총구 부분을 파손시키지 않기 위해.

총열의 재질은 강선을 새겨야 하기 때문에 너무 단단한 금속을 사용할 수 없다. 총구 모서리 부분은 파손되지 않
도록 안쪽으로 깎인 부분이 있는데 이 부분을 「크라운」이라 부른다.

저격에는 어떤 탄환을 사용하는가?

「총의 우열은 탄환으로 정해진다」고 주장하는 사람이 있을 정도로 총기의 성능은 「어떤 탄약을 사용하는가」에 의해 큰 영향을 받는다. 그런 만큼 저격 전용 총기에도 그에 걸맞은 탄약이 있다.

●품질, 구경, 종류

저격에 사용되는 탄약을 고를 때 간과해서는 안 될 요소가 3가지 있다. 바로 「품질」, 「구경」, 「종류」이다.

탄약의 품질은 「초탄이 전부」라고 해도 과언이 아닌 저격의 세계에서 확실성을 담보하기 위한 중요한 요소이다. 아무리 신중하게 겨냥했다고 해도 탄환이 제대로 날아가지 않으면 의미가 없기 때문이다.

신뢰할 수 있는 제조원의 탄약을 사용하는 것은 물론이며 제조 로트마다 통합 관리하여 발사 때 1발이라도 불발이 나오면 해당 로트는 모두 파기하는 것도 저격용 탄약의 관리에서는 당연한 이야기이다. 화약(발사약)의 양과 종류도 탄도에 영향을 주기 때문에 소홀히 넘겨서는 안된다.

탄약의 구경은 사거리 및 위력에 직결된 요소이다. 일반적으로 「7.62mm」급의 탄약이 저격에 적합하다고 여겨지기 쉽지만, 경찰 저격과 같이 비교적 근거리 사격(100~200m 정도)이라면 반동이 적은 「5.56mm」 구경 쪽이 사용하기 쉽다는 견해도 있다.

1km를 뛰어넘는 초원거리 저격이나, 벽 건너편이나 차량, 항공기 등의 내부에 있는 표적을 겨냥하여 차폐물을 관통하며 저격하기 위해서는 「12.7mm」와 같은 대구경 탄이 사용된다. 저격용으로 사용되는 탄약의 구경은 이 3종류가 일반적이다. 탄약의 종류는 사수가 「무엇을 바라며 어떻게 하고 싶은지」에 달려 있다. 차폐물 건너편에 숨어 있는 표적, 무선 장치 등 기계를 노린다면 관통력이 높은 「철갑탄」을 사용할 것이며, 차량이나 항공기의 연료 탱크를 노린다면 「소이탄」을 써서 순식간에 폭발과 화재를 일으킬 수도 있다.

허구의 세계에서 활약하는 저격수들은 작품 내 설정상 「탄두 안에 폭발물이나 약물 등을 넣은 특수탄」으로 저격을 하는 경우도 있다. 탄두 내의 무게중심과 안정성이 다른 이러한 탄환은 탄도의 특성도 특수해지기 때문에 그들이 얼마나 대단한 실력을 가진 캐릭터인지 이해할 수 있는 소품이 되기도 한다.

저격에 사용되는 탄약

저격에 사용되는 탄약을 고를 때에는
아래 3가지 요소를 중요시한다.

탄약의 품질　확실성을 확보하기 위해 필요.

· 출처가 불확실한 탄약은 사용하지 않는다.
· 확률론을 기반으로 1발이라도 불발탄이 나오면 함께 생산된 로트의 탄약을 모두 버린다.
· 발사약의 종류와 용량을 관리한다.

탄약의 구경　사거리와 위력에 영향을 준다.

· 기준이 되는 것은 「7.62mm」급.
· 중~단거리라면 「5.56mm」급의 탄약으로도 충분하다.
· 초원거리 저격이라면 「12.7mm」급 구경이 좋다.

탄약의 종류　목적에 맞게 골라 쓴다.

· 차폐물 너머의 표적을 쏜다면 「철갑탄」
· 기계장치를 파괴할 때에도 철갑탄은 유효하다.
· 가연물과 폭발물에 대해서는 소이탄을 사용한다.

탄약에는 이러한 종류가 있다.

철갑탄	= 단단한 탄심을 가져서 관통력이 높은 탄환.
소이탄	= 내부의 점화제로 착탄된 상대방을 불태우는 탄환.
섬광탕	= 빛을 발산하여 탄도를 확인할 수 있는 탄(소이탄과 함께, 사수의 위치가 발각될 위험이 있다)
철갑유탄	= 작약을 내장한 철갑탄으로 명중 시 폭발한다. 탄두가 큰 대물저격총(12.7mm 구경)용 탄약이다.

원포인트 잡학

저격훈련과 실전에서는 가능한 한 「같은 제조로트」의 탄약을 사용하는 것이 좋다.

스나이퍼는 직접 탄환을 자작하는가?

시간을 들여 만전의 준비를 마친 스나이퍼 라이플을 들고 갈고닦은 기량으로 완벽한 조준을 한다 해도, 탄약에 불량이 발생하면 모든 것이 물거품이 되어버린다. 신뢰할 수 있는 탄약을 손에 넣으려면 어떻게 해야 할까.

●핸드메이드(자작) 탄약

현대의 사격용 탄약의 완성도는 뛰어난 수준으로 발전하여 이름난 업체의 제품이라면 거의 균일한 탄도를 확보할 수 있는 수준을 보여주고 있다. 하지만 저격수의 입장에서는 「거의 균일한 탄도」로 만족할 수 없는 노릇이다. 수십, 수백 발을 쏘더라도 모든 탄환이 같은 탄도를 그리는 정도는 되어야 저격에 있어서 이상적이라 할 수 있는 것이다.

탄약은 복잡한 요소들로 구성되어 있다. 탄두의 종류와 중량, 발사약의 종류와 중량, 탄피의 형상, 뇌관의 종류 등 이 중에서 하나라도 달라지면 탄도에도 큰 영향을 끼친다. 제조사에서는 자사 탄약의 자료를 공개하고 있으므로 이를 통해 정보를 확인할 수는 있지만 거기에 완전히 의지할 수는 없다. 탄약도 공업 생산품인 이상 불량품이 발생하는 「사고」가 일어나지 않을 수는 없는 것이다.

이러한 불안 요소를 완전히 배제하는 유일한 방법은 자신의 손으로 직접 탄약을 만드는 것이다. 스나이퍼는 일반적인 보병과는 달리 한 번의 임무에서 수백 발 정도의 탄약을 소모하지 않기 때문에 자신이 직접 만든 탄약만으로도 충분히 대응할 수 있다.

탄약을 구성하는 제품탄두, 탄피, 화약(발사약) 등을 각각 개별적으로 확보하여 자신의 취향과 용도에 맞게 제조할 수가 있다. 임무의 성격과 자신의 스타일을 고려하여 구성품들을 조합하는 것으로 오직 자신만을 위한 전용 저격탄을 만들 수 있는 것이다.

물론 탄도는 탄약의 좋고 나쁨만으로 결정되는 것이 아니다. 발사하는 총기와의 조화, 저격 당시의 환경 등 다양한 요소의 영향을 받는다. 즉 고품질의 탄약만 손에 넣으면 나머지는 만사형통인 것이 아니라 시험 사격을 거듭하여 좀 더 정확한 탄도를 얻을 수 있도록 해야 한다. 전용탄을 사용하고자 하는 스나이퍼라면 사격 시의 자료는 모두 기록한 후 자료를 검토하여 조금이라도 의문이 생길 시 탄약을 처음부터 다시 만드는 등 타협이 없는 시행착오를 반복해야만 한다.

탄약을 자작한다

> 탄약에 불량이 발생하면, 저격은 결정적인 순간에 실패하고 만다.

전문업체가 만든 탄약은 높은 수준의 품질을 제공하지만 불발탄 발생의 가능성을 제로라고 할 수는 없다.

자신이 탄약을 자작하는 것이 가장 확실.

**필요한 부품을 조합하여 자신의 취향
(또는 임무에 맞는) 탄약을 만든다.**

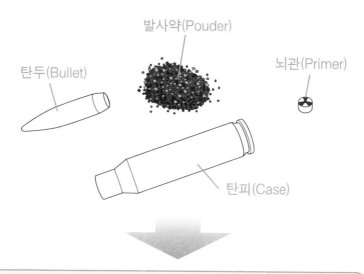

발사약(Pouder)

뇌관(Primer)

탄두(Bullet)

탄피(Case)

> 취향에 따라 탄약을 자작했다고 만족해서는 안 된다. 직접 시험 사격을 한 뒤 탄도를 검증하는 등 시행착오를 반복하며 완성도를 높여야 한다.

원포인트 잡학

탄두는 일반적으로 핵심이 되는 납을 구리 피막으로 감싸는 형태로 만드는데 최근에는 니켈과 구리의 합금을 기계로 깎아낸 절삭 공법의 탄두도 개발되고 있다. 절삭 공법을 통해 공기저항을 고려한 복잡한 형상의 탄두도 만들어낼 수 있다.

같은 구경의 탄환이라도 저격에 어울리지 않는 탄이 있다?

소총에서 발사되는 탄환은 7.62mm와 5.56mm 같은 「구경」으로 구별하는 것이 일반적이지만 같은 구경의 탄환이라고 해서 모두 같은 성능을 가지는 것은 아니다. 종류에 따라 저격에 적합한 것과 적합하지 않은 것이 있다.

●숫자만 봐서는 안 된다

저격소총용 탄환으로 일반적인 것이 「7.62mm」 구경의 탄약이다. 7.62mm탄보다 작은 구경의 「5.56mm탄」도 저격용으로 사용되지만 이는 대체로 200m 이내 거리의 목표를 저격하는 경우에 사용되며 그보다 먼 거리의 표적에 대해서는 7.62mm 구경 이상의 탄약이 사용되는 것이 일반적이다.

하지만 7.62mm탄이라고 해서 모든 종류가 저격에 적합한 특성을 갖고 있는 것은 아니다. 예를 들면 「단소탄(短小彈)」과 「약장탄(弱裝彈)」과 같은 사양으로 제조된 탄약은 탄피 길이가 짧거나 발사약의 양이 적은 사양으로, 이러한 탄약은 기본사양의 7.62mm탄에 비해서 위력이 약하기 때문에 충분한 위력을 유지한 채 장거리를 날아갈 수가 없다.

비슷한 예로 「M16」의 파생형에서 사용되는 50구경의 「베오울프(Beowulf)」라는 탄약이 있다. 50구경의 탄약이라고 하면 중기관총 「브라우닝M2」용으로 개발되어, 「팔레트」나 「맥밀런」 같은 대물저격총의 탄약으로 널리 사용되는 「50BMG」가 대표적인데, 베오울프는 같은 50구경이라도 탄두의 모양과 발사약의 종류 등에서 50BMG와는 근본적인 차이가 있으며 원거리 저격에서도 사용되지 않는다. 베오울프 자체는 50구경의 절대적 「파괴력」에 주목한 탄약으로서 차폐물 너머의 표적을 쓰러트리고 대물 목표에 타격을 주기 위해 만들어진 것이다.

저격수가 자신이 직접 만든 것이 아니라 회사의 공장에서 동일 공정으로 출하된 상태의 기성품 탄약을 사용하는 경우, 탄약의 구경에 얽매이지 말고 「탄약의 명칭」을 정확히 확인한 다음 특성을 충분히 파악해둘 필요가 있다. 약장탄과 같은 특수 사양이 아니더라도 탄두 중량과 발사약의 종류가 달라지면 발사 시 전혀 다른 탄도 특성을 보여주기 때문이다. 유명업체 탄약의 경우에는 탄약의 성능 자료를 제공하기 때문에 그 특성을 쉽게 이해할 수 있다.

같은 구경이라도 다른 특성

7.62mm탄은 「저격에 어울린다」고들 하지만…….

모든 7.62mm 구경의 탄약이
저격에 어울리는 것은 아니다.

같은 7.62mm 구경의 탄약이라고 해도……

단소탄

약장탄

} 일반 7.62mm 탄약에 비해 위력이 낮기 때문에
장거리 저격용 탄약으로는 적합하지 않다.

「50베오울프 탄」과 같은 사례도 있다.

오른쪽 2개의 탄약은
같은 50구경(12.7mm) 탄약이지만……

크기도 특성도
완전히 다르다.

5.56mm 구경탄　　50구경탄　　50구경탄
（M16 등）　　　（베오울프）　　（50BMG）

구경에 얽매이지 말고 그 특성을 충분히 파악한 후에 목적에 맞는 탄약을 사용할
수 있어야 한다.

원포인트 잡학

알렉산더 암즈(Alexander Arms)사가 개발한 M16 형식의 소총 「베오울프」는 장거리저격 용도의 소총은 아니지만
상공의 헬기에 탄 상태로 차량폭탄을 사격하여 파괴처리하는 등 대물저격총으로서의 쓰임새를 가지는 총이다.

탄환의 초속은 명중률에 영향을 미친다?

스나이퍼가 원거리 저격을 할 때에는 고속탄을 사용하는 것이 정석이다. 탄약의 속도(탄속)를 판단하기 위한 수치로 「초속」이 있는데 이 속도는 명중률과 어떤 관련이 있는 것일까?

●높은 초속=반듯한 탄도

소총에서 발사된 탄환은 지구의 중력에 이끌려서 1초에 약 9.8cm 정도 낙하하게 된다. 이 수치는 탄환의 무게가 어떻든 달라지지 않으며 탄환이 빨리 목표에 도달하는 만큼 낙하하는 거리가 줄어들게 든다.

조준 시에 이러한 부분을 미리 계산에 넣어 표적의 위를 겨누게 되지만 탄환이 목표에 착탄하는 시간이 늦어질수록(거리가 멀어서 체공 시간이 길어질수록), 그만큼 바람과 같은 주변의 영향을 받게 되며 착탄하기 전에 표적이 움직여버리는 등과 같은 사태가 발생할 가능성도 높아진다. 그렇기에 저격 시에는 고속탄을 쓰는 것이 좋다.

총알의 속도는 「초속」이라는 형태로 표시되며 이 값이 큰 총알일수록 고속탄이라고 봐도 좋다. 주의할 점은 이 값이 「총구에서 나온 직후의 수치」라는 것이다. 특히 가벼운 탄환은 공기의 영향을 크게 받기 때문에 총구를 나온 직후에는 스피드가 빠르지만 공기의 저항으로 인한 속도 저하 역시 높아진다.

그 점에서 무게가 무거운 탄환은 파워풀하다. 얼핏 생각하기에는 초속이 느릴 것 같지만 공기를 가르며 위력 저하 없이 날아가기 때문에 결과적으로 볼 때 가벼운 탄환을 사용했을 때보다 먼 거리의 표적에 도달하는 시간이 짧아진다. 즉, 저격에서 먼 거리를 노리는 경우라면 고속탄 중에서 어느 정도 무게가 있는 탄환을 쓰는 것이 정답이라고 할 수 있는 것이다.

경찰 조직 등에서 행하는 저격과 같이 비교적 근거리(100~200m 이내)라면 탄환의 속도가 떨어지기 전에 표적에 착탄하는 경우가 대부분이기 때문에 5.56mm 구경탄과 같은 가벼운 탄약을 사용해도 별 문제가 없다. 오히려 높은 초속이 반듯한 탄도=용이한 조준을 가능하게 하기 때문에 폴리스 스나이퍼의 경우에는 이런 종류의 탄환을 즐겨 사용하는 편이다.

초속이 높은 탄환이 저격에 어울린다

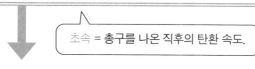

초속 값이 높을수록 맞히기 쉽다.

초속 = 총구를 나온 직후의 탄환 속도.

고속탄은 중력의 영향을 받아 낙하하기 전에 표적에 닿기 때문.

게다가

무거운 탄 쪽이
장거리 저격에 유리.

바람을 헤치고 나아가기 때문에 공기의
저항으로 인한 위력 저하가 적게 일어난다.

고속 · 중량탄은 저격의 기본.

M16 등에서 사용되는 경량탄
(5.56mm 구경)

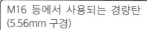

가벼운 탄이라 해도 근거리라면 공
기저항의 영향을 크게 받기 전에 표
적에 명중한다.

탄환의 초속과 탄두중량

탄두	초속	탄두중량
50BMG(12.7mmX99)	880m/s	약50g
308NATO(7.62mmX51)	830m/s	약9g
223레밍턴(5.56mmX45)	940m/s	약4g
참고 : 권총탄		
9mm 파라블럼(9mmX19)	350m/s	약8g
45ACP(11.43mmX23)	270m/s	약15g

※수치는 표준치로서 사용총기나 상황에 따라 다를 수 있다.

원포인트 잡학

고속탄은 표적에 빨리 닿기 때문에 이동 목표에 대한 저격 시에도 리드사격의 거리를 가늠하기가 쉽다.

스나이퍼와 다양한 기록들

스나이퍼들이 기술적으로도 정신적으로도 「어떤 수준을 넘어선」 존재인 이상 그들의 활동이 남긴 기록이 남다른 것도 당연한 일이다. 그중에서도 특히 인상에 남는 것은 「처리한 인원」에 관한 기록일 것이다. 과거에 일어난 두 번의 세계대전은 그 규모도 컸거니와 저격으로부터 몸을 지키는 방법이 일반병사에게 널리 알려지지 않았던 시절이었기 때문에 저격과 관련된 기록에 적힌 숫자가 매우 대단하다. 제1차 세계대전 당시 캐나다군에 지원한 북미 원주민 「프랜시스 페가마가보우(Francis Pegahmagabow)」가 378명, 오스트레일리아군 소속으로 「갈리폴리의 암살자」라는 별명이 붙었던 「윌리엄 에드워드 '빌리' 싱(William Edward 'Billy' Sing)」은 공식기록상으로 150명(비공식적으로는 250명 안팎)이라는 숫자를 남기고 있다. 제2차 세계대전 당시에는 핀란드의 「시모 해위해(Simo Hyh)」가 505명의공식기록, 미확인 전과까지 포함하면 800명 이상의 기록을 가지고 있다. 겨울전쟁에서 저격수에게 시달린 소련은 「바실리 자이체프(Vasily Grigorevich Zaytsev)」나 「류드밀라 파블리첸코(Lyudmila Pavlichenko)」로 대표되는 유능한 저격수들을 다수 배출하게 된다. 자이체프는 스탈린그라드 공방전에서 225명의 독일장병을 저격하였으며 현지에 세워진 임시저격학교에서 28명의 저격수를 양성하였다. 최종적인 저격기록은 400명으로 알려져 있다. 여성 저격수로서 영화 「러시안 스나이퍼」의 모델이 되기도 한 파블리첸코의 확정 전과는 309명, 전투 중 부상을 입어 후방으로 이동된 후에는 여성저격교육대의 교관이 되어 다수의 여성 스나이퍼를 배출해냈다. 소련과 싸운 독일의 경우에는 제3산악사단 소속의 마테우스 헤체나우어(Matthus Hetzenauer) 345명, 기관총수에서 전환배치되어 활약한 요제프 알러베르거(Josef Allerberger) 257명이라는 기록이 톱2다. 하지만 소련의 기록은 전시홍보를 위해 부풀려졌을 가능성도 있으며 독일의 경우는 패전의 혼란 속에서 망실된 기록도 있기 때문에 현재의 기준으로 본다면 불확실한 부분도 존재한다.

냉전시대에 돌입한 시기에는 「어려운 상황에서의 저격」과 「초원거리 저격」이 주목받게 된다. 여기에는 사살한 사람의 수를 헤아리기보다는 「어려운 상황을 극복하는 정신과 기술」을 어필하는 것이 좀 더 호응을 얻을 수 있었던 국제여론의 변화도 어느 정도 관계가 있을 것이다.

베트남전쟁에서는 미해군 소속의 아델버트 월드론(Adelbert F. 'Bert' Waldron)이 확정 전과 109명을 기록하였으며 이동 중인 보트에서 약 900m 떨어진 나무 위의 적 저격수를 저격하여 훈장을 받기도 하였다. 미해병대의 카를로스 헤스콕(Carlos Norman Hathcock)은 확정 전과 93명, 비공식 전과로는 300명 이상을 저격하였다고 알려져 있다. 그러나 역시 그에게 전설의 저격수라는 명성을 안겨준 것은 브라우닝 M2 중기관총으로 2,286m 떨어진 위치의 적을 사살한 원거리 저격이다. 이 기록은 20세기에 확인된 최장거리의 저격 기록이며, 캐나다군의 로버트 펄롱(Robert Furlong)이 2002년에 2,430m의 저격 기록을 세울 때까지 최고 기록의 자리를 지켰다. 최근에는 중동 방면의 전투가 많아지면서 모래사막, 바위산 등이 많은 지방의 특성 때문인지 교전 거리가 길어지게 되었다. 2009년에 영국군의 크레이그 해리슨(Craig Harrison)이 2,475m를, 2012년에는 오스트레일리아 특수부대의 대원 2명(성명은 미공개, 동시에 발포했으며 어느 쪽 탄이 명중했는지는 불분명)이 2,815m에서의 저격에 성공하는 등 현대에도 기록 갱신이 계속되고 있다.

제2장
스나이퍼의 장비

스나이퍼 라이플이란 어떤 총인가?

스나이퍼가 사용하는 총이라면 당연히 「스나이퍼 라이플(저격소총)」일 것이라고 생각하기 마련이다. 혹은 「저격총」이라고도 불리며 긴 목제 스톡(총몸)과 긴 총열을 가지고 조준경이 붙어 있는 것이 일반적인 이미지이다.

●길고 명중률이 높은 총

스나이퍼 라이플, 즉 저격소총은 저격에 특화된 기능을 가진 총이라고 할 수 있다. 먼 거리의 표적을 정확히 겨냥할 수 있으며 발사된 총탄에는 인간에 대한 살상력과 기계와 설비를 파괴할 수 있는 위력이 있다. 탄약의 크기가 작으면 멀리까지 날아가지 못하기 때문에 그만큼 위력도 기대하기 어렵다. 그래서 7.62mm 이상의 구경을 가진 탄약이 일반적으로 사용된다(5.56mm 구경의 탄약을 사용하는 M16과 같은 총도 저격총으로 사용되기는 하지만 근~중거리 저격에 국한된다).

총열은 탄환에 충분한 가속을 주기 위해서 어느 정도 이상의 길이여야 한다. 이 가속은 탄환이 충분한 위력을 발휘하는 데 필요하며 안정적인 탄도를 유지하게 해준다. 탄환의 크기가 커지면 총열도 그에 맞춰 길고 굵은 것이 요구되므로 원칙적으로 총열 길이가 1m보다 짧아지는 경우는 없다. 장탄 수는 5발 전후가 일반적이지만 교환식 탄창을 사용하는 총기의 경우 10발 정도의 장탄수를 갖는 총기도 적지 않다. 탄창이 없는 소총은 구식 총 중에 많으며 탄약을 「클립」이라는 기구를 이용하여 한 묶음을 약실 위에서부터 밀어 넣는 등의 방법으로 보충한다. 50구경 대물저격총의 경우에는 1발씩만 쏠 수 있고 차탄장전기구를 갖추지 않는 싱글 샷(단발) 방식도 적지 않은 편이다. 이러한 총기는 사격 후에 빈 탄피를 배출한 뒤 차탄을 직접 손으로 약실에 삽입한다. 개머리판은 총을 안정시키기 위한 중요 부위이다. 사수의 습성과 사격 자세의 미묘한 차이에 대응할 수 있도록 길이와 높이를 정밀하게 조정할 수 있게 설계된 모델을 선호한다. 보다 정확한 조준을 위한 「조준경」과 안정성을 증가시키는 「양각대」는 있으면 좋은 옵션이지만 지금처럼 광학기기가 발달하지 않았으며 손에 넣기도 어려웠던 제2차 세계대전 당시에는 조준경 없이 활동하는 저격수도 드물지 않았다.

스나이퍼 라이플이란?

스나이퍼 라이플이란……
저격에 특화된 능력을 가진 소총을 말한다.

멀리 있는 표적을 정확히 조준할 수 있다.

탄이 맞는다면 확실하게 목표를 배제(제거)할 수 있다.

일정 이상의 구경	긴 총신
안정성을 높여주는 개머리판	장탄수는 그다지 많지 않다.

있으면 성능 향상에 도움이 되는 옵션.

이러한 부품을 추가 장착하면
더욱 저격총답게 보인다.

조준경

양각대

소총 외의 총기, 예를 들자면 기관총이나 권총으로도 「저격」을
할 수 없는 것은 아니지만 이런 총을 두고 저격용 총기, 예를 들
어 스나이퍼 머신건이라 부르는 경우는 없다.

원포인트 잡학
제2차 대전 때까지만 해도 일반 총기 중에서 명중도가 높은 총기를 골라서 저격총으로 사용했지만 냉전시대를 거
치면서 처음부터 저격총으로 설계, 개발된 총기가 널리 사용되는 분위기가 형성되었다.

No.026

볼트액션이 저격에 적합한 이유는?

볼트액션이란 소총의 탄약 장전 방식을 말한다. 「볼트(Bolt)」, 즉 노리쇠라고 불리는 긴 원통 형태의 부품을 손으로 직접 앞뒤로 움직여서 탄약의 장전과 빈 탄피의 배출이 이루어지기 때문에 기관총처럼 연속으로 발사할 수는 없다.

●발군의 신뢰성

탄약을 볼트액션 방식으로 장전하는 소총을 「볼트액션 소총」이라고 한다. 볼트액션 소총은 옛날부터 스나이퍼에게 애용되어왔는데 여기에는 몇 가지 이유가 있다. 볼트액션 소총은 연사 사격이 가능한 자동소총과 비교했을 때 구조가 단순하며 총기를 구성하는 부품 수가 적다. 같은 구경일 경우 자동 소총보다 총기 자체의 무게가 가볍다. 구성 부품 수가 적어지면서 고장이 일어날 확률도 낮아지며 정확도가 높은 부품을 만들거나 선택하는 것도 수월해진다. 저격소총으로서의 사거리와 위력을 갖기 위해서는 그만큼 사용 탄약의 구경이 커질 필요가 있는데 총의 구조가 단순한 만큼 대구경 탄약의 강한 반동을 견딜 수 있게 된다. 또한 자동소총은 탄피 배출과 장전이 자동으로 이루어지기 때문에 방아쇠를 당긴 순간에 연동되는 내부 부품의 작동에 의해 총이 흔들리거나 조준에 영향을 주게 된다는 특성이 있다. 하지만 볼트액션 소총의 경우 발사 시에 움직이는 부품이 없기 때문에 총이 흔들리거나 조준에 영향을 주지 않는다. 차탄 발사 시에 사수가 노리쇠를 직접 조작하는 시간 지연이 발생하지만 첫 1발에서 목표를 달성할 수 있다면 문제될 것이 없다.

게다가 부품 작동을 위한 에너지로 발사 시의 가스나 반동을 이용하는 자동소총은 화약의 양과 종류, 총알 무게 등이 잘 어울리지 않을 경우 작동 불량을 일으키게 된다. 스나이퍼들은 표적에 따라 사용 탄약을 자작하는 경우가 많은데 자동소총을 사용할 경우에는 「작동 불량을 일으키지 않는 화약의 배합」이라는 점도 함께 생각해야 한다. 이러한 불안 요소를 배제하고자 볼트액션 소총을 애용하는 사수가 많다.

저격에는 볼트액션이 제격이다

스나이퍼들에게 사랑받으며 즐겨 사용되는 볼트액션 소총

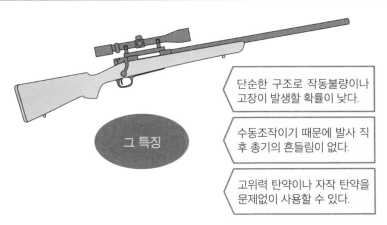

그 특징

단순한 구조로 작동불량이나 고장이 발생할 확률이 낮다.

수동조작이기 때문에 발사 직후 총기의 흔들림이 없다.

고위력 탄약이나 자작 탄약을 문제없이 사용할 수 있다.

탄약의 장전 방법(노리쇠 조작 방법)

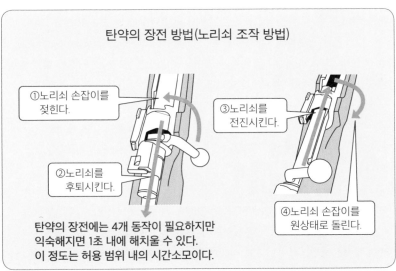

①노리쇠 손잡이를 젖힌다.

②노리쇠를 후퇴시킨다.

③노리쇠를 전진시킨다.

④노리쇠 손잡이를 원상태로 돌린다.

탄약의 장전에는 4개 동작이 필요하지만 익숙해지면 1초 내에 해치울 수 있다. 이 정도는 허용 범위 내의 시간소모이다.

원포인트 잡학

장전 손잡이를 젖히는 각도는 90도가 일반적이지만 조준경에 맞지 않도록 핸들을 「＜」자 모양으로 구부려서 작동하는 경우도 있다. 혹은 60도나 55도밖에 움직이지 않도록 설계된 것도 존재한다.

자동소총을 저격에 사용할 때 장점은?

자동소총은 사격 후 사수가 직접 다음 탄약을 장전할 필요 없이 방아쇠를 당기는 것만으로 자동으로 탄약을 발사할 수 있는 소총으로 제2차 세계대전 이후 크게 발전하여 저격소총으로도 사용할 수 있게 되었다.

●연속으로 2발을 쏜다

자동소총의 개념은 제2차 세계대전 당시에 처음으로 등장하였으며 종전 후에는 여러 나라에서 소총의 자동화가 진행되었다. 하지만 이 당시의 자동소총은 정밀도와 신뢰성 면에서 볼트액션 소총에 비할 바가 아니었기 때문에 저격소총으로 사용하기에는 한정적이었다.

그 이유 중 하나는 자동소총이 군의 일반병에게 지급하는 제식소총으로 발달했다는 점이다. 제식소총은 충분한 수량을 확보하는 것이 가장 중요하며 총신과 가늠쇠 등 각 부품의 정확도 등은 그 다음이다. 이러한 개념으로 만들어진 제식소총을 저격소총으로 사용하기 위해 구태여 부품을 교환하거나 특별 주문품을 준비하는 것보다 이미 존재하는 사냥용 총기로서 얼마든지 고성능의 총기나 부품이 존재하는 볼트액션 소총을 사용하는 것이 훨씬 편한 일이다. 그리고 「군에 입대하기 전에는 사냥꾼이었다」는 군인도 많았기 때문에 그들이 수렵용으로 사용하여 손에 익은 볼트액션 소총을 사용하도록 하는 쪽이 성과를 기대할 수 있다는 점도 이유 중 하나였다.

하지만 자동소총을 기반으로 한 저격총에도 무시 못할 매력이 있다. 자동으로 재장전이 가능하기 때문에 사수가 장전을 위해 자세를 바꾸지 않고 신속하게 2, 3발의 저격을 연속할 수 있다는 점이다.

이러한 장점이 제 역할을 하게 되는 상황은 목표가 다수이거나 목표를 명중시키지 못했을 때이다. 1972년 독일에서 발생한 「뮌헨 올림픽 참사」 당시 투입된 경찰 저격수들은 기량이 높은 편도 아니었던 데다가 그 숫자도 테러리스트보다 적었던 탓에 작전은 실패하고 큰 희생이 발생하였다. 그다지 먼 거리의 목표를 겨냥하지 않는 반면 실수는 용납되지 않는(만에 하나 저격이 실패할 경우에는 신속한 대응이 요구된다) 경찰 저격수는 이러한 비극을 교훈으로 연사가 가능한 자동소총 기반의 저격총을 선호하게 되었다.

자동소총

처음에는 저격총으로서 별로 좋은 평가를 못 받은
자동소총 방식이지만……

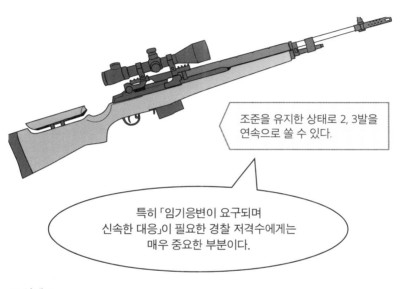

조준을 유지한 상태로 2, 3발을
연속으로 쏠 수 있다.

특히 「임기응변이 요구되며
신속한 대응」이 필요한 경찰 저격수에게는
매우 중요한 부분이다.

그 외에도……

표적이 다수일 경우.

초탄이 명중하지 않았을 경우.

이러한 상황에서 연사 기능은
매우 중요한 장점이 된다.

현재는 자동소총도 고성능화가 진행되어 오히려 「저격총은 볼트액션 소총」이라는
건 낡은 생각이라고 여기는 저격수도 있을 정도이다.

원포인트 잡학

장탄수가 많아지게 되면 같은 탄창 안에서도 초탄과 최종탄에 가해지는 탄창 내의 스프링의 압력이 달라지기 때
문에 노리쇠에 전달되는 압력도 일정하지 않아 탄착점에 영향을 준다는 문제가 있다.

가장 잘 맞는 저격소총은?

어려운 저격임무를 완수하기 위해서는 이에 필요한 능력(=높은 명중률)을 갖춘 총을 준비해야 한다고 생각하는 것은 당연한 이야기이다. 잘 맞는 저격총은 어떤 조건으로 선택해야 할까?

●총의 성능만으로는 판단할 수 없다

무기의 성능은 눈부신 속도로 진화하고 있다. 제2차 세계대전 중에 만들어져 활약한 독일의 티거 전차나 일본의 제로센 전투기, 미국의 머스탱 전투기 같은 걸작 무기라 하더라도 현대의 컴퓨터 기술로 설계한 최신 무기에게는 상대가 되지 않는다.

하지만 총기 분야, 특히 저격소총 분야에서는 조금 이야기가 다르다. 군의 전술 전환에 맞춰 사양을 변경하거나 민간 총기시장의 동향과 유행에 따른 모델 체인지와 같은 변화가 있긴 하더라도 기본적인 설계 개념—총알 1발을 발사한다는 이치와 작동 원리 등은 100년 전에 비해 크게 달라진 것이 없다.

사용하는 탄약도 기본적으로 「스스로 만들 수 있는」 것이기 때문에 일정수준 이상 규모의 군부대가 일반적인 작전에서 소모하는 대량의 탄약을 확보해야 한다면 몰라도 저격에 사용하는 것이라면 충분한 양을 준비할 수 있다.

가상의 세계에서 흔히 묘사되는 「신세대와 구세대 저격수의 대결」에서 나이든 저격수가 골동품 취급을 받는 총을 들고 등장하여 최신 모델의 저격소총을 든 신세대 저격수와 호각의 승부를 펼친다는 장면은 이러한 사정을 반영한 것이라고도 할 수 있다. 총신과 주요 부품의 정밀도라면 신형 총기 쪽이 뛰어날지도 모르지만 저격에는 기온과 습도, 풍향, 고저차 등 수많은 요소가 영향을 주기 때문에 총의 특성 등을 고려하여 조준을 수정할 필요가 있다.

요컨대 「잘 맞는 저격소총」이란 것은 단순히 지표상의 성능만을 이야기하는 것이 아니라 「얼마나 사수와 상성이 맞는가」를 중요하게 여기는 것이다. 군의 저격병이 사용한다면 오염에 강한 총이 아니면 안 된다는 「필요 조건」이 있기는 하지만, 사수가 가장 익숙하게 사용할 수 있으며 사용하는 탄약과 저격 환경 등의 요소의 조합으로 발생하는 미묘한 변화를 파악하여 대응할 수 있을 정도로 숙련된 저격소총이라면 믿기지 않을 정도의 기적과 같은 저격 기록을 만들어내는 총이 될 수 있는 것이다.

잘 맞는 저격총의 조건

> 신형 총기일수록 명중률이 높은가라고 한다면……

총의 설계 자체는 과거에 비해 큰 변화가 없다.

총에 맞는 탄약도 자작으로 입수 가능.

총의 모델이 옛것이냐 새것이냐는
명중률에 크게 관계없다.

골동품과 같은 구식 총이라도……

사수의 경험이 풍부

사수가 총의 특징을 파악

정비 상태가 만전

이러한 조건을 충족시킨다면 전설로
남을 저격을 성공시킬 수도 있다.

물론 모든 일에는 정도라는 것이 있는 법이다. 제2차 세계대전 당시의 총기와
「1980년대 이후에 등장한 50구경 대물저격총」의 사거리 비교와 같은 극단적인
조건이라면 성능 차이가 커진다. 하지만 「사정권 내의 명중률」이라는 점에서는 큰
차이가 없다고 할 수 있다.

원포인트 잡학

이른 바 「미개봉 신품」이라 불리기도 하는 「출고 후 1발도 안 쏜」 총기는 제조 과정에서 묻은 기름기 등으로 작동
불량을 일으킬 수도 있으며 총의 상태도 확실히 알 수 없기 때문에 잘 맞는다고 단언할 수는 없다.

「M16」을 저격에 사용하는 것은 잘못된 선택?

「M16」은 베트남전쟁 시대(1960~1975년)에 등장한 총기로서 오늘날에는 「돌격소총(Assault Rifle)」으로 분류된다. 밀림이나 시가전과 같이 근거리에서의 기동전을 목적으로 하여 원거리 사격에는 적합하지 않다.

●근~중거리라면 충분한 능력이 있다

「M16」으로 대표되는 「돌격소총」 분류의 총기는 그 명칭에서 알 수 있듯이 총알을 뿌리면서 적에게 돌격한다는 이미지가 있으며 한 발씩 정확히 쏘는 저격에는 적합하지 않다고 여겨지는 총이다.

실제로 5.56mm 구경 탄약은 기존의 7.62mm 탄약에 비해 작고 가벼워서 보병이 많은 양을 휴대할 수 있게 되었지만 원거리 사격의 경우에는 위력도 부족하고 바람의 영향도 많이 받는다. 또한 플라스틱 소재를 대량으로 사용하여 휴대 시의 부담은 줄였지만 저격소총으로 사용하기에는 너무 가볍고 안정감이 떨어진다는 문제도 있다.

하지만 경량탄은 탄속이 빨라서 근~중거리 사격에서는 안정적인 탄도를 확보하여 조준이 쉽다는 장점이 있다. 총이 가볍다거나 조준이 흔들리는 정도의 경우도 원거리 사격이 아니라면 그다지 심각한 영향을 주는 문제점이 아니며, 오히려 장시간 저격 자세를 지속하고 있더라도 피로가 적다는 장점이 된다.

요컨대 400m를 초월하는 원거리 저격 임무가 많은 밀리터리 스나이퍼가 사용하기에는 적절하지 않더라도 100m 정도의 근거리 저격 임무를 주로 맡는 폴리스 스나이퍼가 쓴다면 전혀 문제가 없는 것이다. 게다가 같은 M16이더라도 제조 시기에 따라 상당한 개량이 가해지고 있으며 탄약과 총신이 강화된 현용 모델 「M16A2」라면 사거리 600m급의 저격소총으로도 충분히 운용할 수 있다.

M16시리즈는 「륭멘(Ljungman)」 방식이라 불리는 가스 직동식을 채택하였는데 중거리용 저격소총으로서는 이 점이 장점으로 평가되기도 한다. 발사 시 발생하는 가스가 직접 노리쇠를 후퇴시키는 륭멘 방식은 가스 피스톤 방식에 비해 작동하는 부품 수가 적기 때문에 구조도 간단하고 부품 작동 시에 발생하는 반동이나 흔들림도 없다. 그만큼 총기 손질에 시간이 걸린다는 문제는 있지만 훈련을 쌓은 저격수에게는 무시해도 될 만한 수준의 이야기이다.

M16시리즈의 특징

M16은 돌격총이어서……
저격에는 적절하지 않다.

틀렸다고 말할 수는 없지만
M16이라고 해서 저격이 불가능한 것은 아니다.

 M16의 특성

· 사거리 내에서는 탄도가 평탄.
· 가벼운 무게로 사수의 부담이 낮다.
· 격발 시 진동이 적다.

이러한 요소들이 저격을 유리하게 하는 경우도 많다.

근~중거리용으로 한정한다면 저격총으로서 충분히 운용할 수 있다.

특히 경찰 저격수의 임무에서는 일반적으로 상정되는 사거리가
100~200m 범위이기 때문에 딱히 문제가 없다.

현용 모델인 「M16A2」 계열의 총은 경찰의 저격수용으로 널리 사용되고 있다. 커
스터마이즈용 부품도 폭넓게 시판되고 있으며 구경이나 작동방식도 그 종류가 다
양하다.

원포인트 잡학

원래 M16의 원형이었던 「AR-15」는 이전부터 존재했던 7.62mm 구경의 「AR-10」 모델을 소구경화한 것이다. M16
이 보급되는 현재에는 AR-10을 기반으로 한 저격총도 여러 모델이 만들어지고 있다.

마크스맨 라이플이란 무엇인가

저격총(스나이퍼 라이플)이나 돌격소총(어설트 라이플)과 같은 총의 구분법 중에는 마크스맨 라이플이란 것이 있다. 장거리 사격에 사용되는 총기인데 과연 어떤 특징이 있을까?

●보병용 장거리 사격 소총

마크스맨 라이플이란 군용 소총의 한 구분으로 보병 부대에서 사용되는 장거리 사격용 라이플을 가리킨다. 정밀한 총열을 가진 총에 조준경을 장착하는 방식이 일반적이며 전자동 기능(방아쇠를 당기고 있는 동안은 총알이 연속 발사되는 기능)을 갖추고 있는 모델도 많다.

전장에서 보병 부대끼리 격돌하거나 공략 목표에 대한 공격을 전개하는 상황에서 「보병용 라이플의 사정거리 밖에서 일방적으로 공격하는」 것이 가능해지면 전투를 유리하게 전개할 수 있다. 이러한 임무는 저격병이 수행할 수 있지만 저격병 같은 귀중한 전력을 일반 전투에 투입하는 것은 낭비이다. 전투 중의 유탄 따위에 피해를 입을 경우에는 치명적일 수도 있다.

그래서 이러한 임무를 부대 내에서 사격 솜씨가 뛰어난 지정사수(마크스맨Marksman 또는 샤프슈터Sharp Shooter 등으로 불린다)가 담당하게 된다. 이들은 저격병에 가까운 사격훈련을 받지만 엄폐나 은닉 등과 같은 저격병 고유 영역의 기술은 훈련받지 않는다. 지정사수는 뛰어난 장거리 사격기술은 가지고 있지만 어디까지나 「뛰어난 보병」에 지나지 않기 때문이다.

지정사수는 원거리 표적을 제거하는 임무를 맡게 되는 동시에 일반 보병으로서의 역할도 요구받기 때문에 장탄수가 적고 연속으로 속사를 하기 어려운 볼트 액션 소총으로는 임무를 수행할 수 없다. 이 때문에 마크스맨에게는 일반 보병이 사용하는 5.56mm 돌격소총보다 대구경인 7.62mm 구경의 자동소총이 지급된다.

소련이 개발한 드라구노프는 영화 등에서는 지정사수용 소총보다는 저격총의 이미지가 강한 총이다. 지정사수용 소총이라 하면 보통 M14를 떠올리기 쉽지만 지정사수와 지정사수용 소총(Marksman's Rifle)의 조합에 맞게 최초로 등장한 총은 드라구노프였다.

마크스맨 라이플

마크스맨이란……

사격 실력이 뛰어난 병사.

마크스맨은 저격병으로서의 훈련은 받지 않았지만
일반 병사보다는 사격실력이 우수하다.

보병용 소총의 사거리 밖에서 적을 공격하는 임무를
부여한다.

지정사수를 위해 제작된 총이 「마크스맨 라이플」

「드라구노프」

「M14」

마크스맨 라이플의 특징

· 최저 500m 이상의 사거리와 정밀도.
· 조준경과 양각대 장착 가능.
· 반자동 사격과 완전자동 사격이 가능(필수 사항은 아님).

원포인트 잡학

드라구노프는 총열덮개와 개머리판에 목재를 사용한 낡은 설계의 총기였지만 1990년대에 들어서면서 플라스틱
소재를 사용하거나 개머리판을 접이식으로 만드는 등 근대화 모델이 등장하였다.

길이가 짧은 저격총이 있다?

저격총이라 하면 「총신이 매우 긴 총」이라는 이미지가 있다. 확실히 어느 정도 이상의 총열 길이는 사거리를 확보하고 탄도를 안정시키기 위해 필수이며, 총신이 짧은 총으로는 원거리사격에서 만족스러운 결과를 보기 어려운 경우가 많다.

●불펍식 저격총

「저격을 목적으로 하는」 총이라면, 총열 길이가 돌격 소총 등 일반적인 병력에게 지급되는 소총보다 짧아지기는 어렵다. 발사된 탄환은 화약(발사약)의 연소 가스로 가속하며 총열 내부에 새겨진 강선에 의해 회전이 걸려서 직진성을 갖는다. 총신이 짧아지면 가속도 회전도 충분하지 않게 되어 저격총으로서 필요한 사거리, 위력, 명중도를 갖출 수 없게 된다. 이러한 문제를 해결하기 위해 주목받은 것이 「불펍(Bullpup)식」으로 불리는 소총이다. 불펍이란 약실 등 총기 작동에 필요한 기관부를 개머리판 내부까지 이용하는 배치 공간 설계로 길이 단축을 추구하였다.

이러한 방식의 총은 탄창이 방아쇠 손잡이 후방에 위치하는 독특한 형상 때문에 일반적인 소총과는 사용 시의 느낌이 상당히 다르다. 그러나 시가전과 같은 상황, 차량이나 헬리콥터와 같은 좁은 공간에서는 총신이 짧아서 걸리거나 부딪힐 위험성이 낮아진다는 장점이 있다.

현재까지 독일의 고급 저격소총인 「WA2000」이나 바레트 대물저격총의 파생형인 「M95」나 「M99」와 같은 불펍 방식 저격총이 등장하였다. 이 총기들은 어느 정도 성과를 거두긴 했지만 불펍 돌격소총에 비하면 상대적으로 큰 성과를 거두었다고 보기는 어렵다. 저격수들은 일반 병사나 특수부대의 대원처럼 총을 몸에 지닌 채 좁은 공간을 이동하는 것과 같은 상황을 겪을 가능성이 낮기 때문에 불펍 방식의 메리트가 크지 않다고 생각할 수도 있다. 그러나 은밀하게 이동하거나 저격 위치를 확보할 때에는 총의 크기가 작은 것이 장점이 되는 경우도 생각할 수 있기 때문에 불펍 저격소총을 무조건 넌센스라고 말할 수는 없을 것이다.

불펍 저격총

저격총은 「총열이 길다」는 것이 일반적이지만……
길이가 짧은 저격총도 있다.

「WA2000」
길이 : 90.5cm

「바레트 M99」
길이 : 124cm

「바레트 M82」
길이 : 144.78cm

· 길이가 짧아져서 총열이 부딪힐 확률이 낮다.
· 저격총으로서 필요한 명중률은 확보하고 있다.

등의 장점이 있지만……

폭넓게 일반화되지는 않았다.

그 이유는……

저격수는 적에게 발견되지 않도록 행동하는 것이 본분으로 전투에서도 그
다지 활동량이 많거나 격렬하지가 않다. 이 때문에 총신이 짧은 소총을 장비
할 필요성이 낮은 것이다.

원포인트 잡학

불펍식 소총은 「가늠자와 가늠쇠 사이의 거리가 짧아 조준기가 없는 오픈사이트 상태에서는 조준이 어렵다」는 특
징이 있지만 조준경 장착이 기본인 저격총의 경우 그런 문제는 해결할 수 있다.

시스템화된 저격총이란 무엇인가?

정밀한 총신만 있다고 「뛰어난 저격총」이 되는 것은 아니다. 완성도 높은 정밀한 기관부, 개머리판 소재, 조준경 성능 등 저격총으로서의 기준을 만족시키는 각 요소가 있으며, 이러한 요소들이 조합되어 상승효과를 낼 수 있어야 한다.

●시스템에 요구되는 요소

뛰어난 저격총은 모든 구성 부품이 면밀한 계산에 의거하여 구성되어 있어야 한다. 정밀한 총열을 엄선하여 사용하는 것은 물론이며 총몸과 총열 사이에 미세한 공간을 확보하는 「플로팅 배럴」로 발사 시의 충격을 흡수한다. 방아쇠는 압력 조절 기능을 가진 부품을 사용하여 사수의 취향에 따라 방아쇠를 당기는 데 필요한 힘을 바꿀 수 있도록 한다. 나무 개머리판이나 총몸은 기상 조건에 의해 뒤틀리는 등 왜곡이 발생할 수 있으며 총기 성능에 영향을 줄 수 있기 때문에 유리섬유와 같은 수지제 부품을 사용하는 등, 여러 가지를 고려한다.

이렇게 「고정밀도이며 오차가 없는 부품」과 「필요에 따라 미세하게 조정이 가능한 부품」을 조합함으로써 높은 차원의 능력을 지속적으로 발휘할 수 있는 저격총이 탄생한다. 다양한 요소가 복잡하게 얽혀서 시스템화된 소총은 「스나이프 시스템」이라 불릴 만한 존재가 되었다.

저격의 시스템화는 경찰 등 법집행기관에 큰 도움이 되었다. 특히 저격용 조준경과 통신 기능을 가진 카메라를 연동시킨 「스나이퍼 컨트롤」의 개념은 스나이퍼의 부담을 크게 경감시키는 효과를 가져왔다.

이것은 스나이퍼가 조준경을 통해서 보는 광경을 후방의 지휘관이 카메라를 통해서 파악할 수 있도록 하는 시스템이다. 카메라의 영상정보를 통해 현장 상황을 이해한 지휘관은 적절한 시기에 저격 허가 명령을 내릴 수 있게 된다. 영상과 음성은 모두 기록되므로, 만일 사고가 발생하여도 「현장의 인간에게만 책임을 씌운다」는 상황은 일어나지 않는다. 저격수들은 어려운 판단을 요구받지 않고 저격에 집중할 수 있게 된다. 시스템의 공유는 군사 작전에서도 효과를 볼 수 있다. 송신기의 전파를 헬기와 지상 공격기에 공유함으로써 저격임무에 대한 지원을 받거나, 반대로 공습 목표 정보를 제공하는 것도 어렵지 않게 된 것이다.

저격의 시스템화

현대의 저격은 고도로 시스템화되어 있다.

저격총 그 자체의 시스템화

변형되거나 파손될 확률이
낮은 수지제 개머리판

고성능 조준경

진동이 낮은
플로팅 배럴

낮은 압력으로도
당길 수 있는 방아쇠

총기 안정용 양각대

스나이퍼와 연계되는 환경의 시스템화

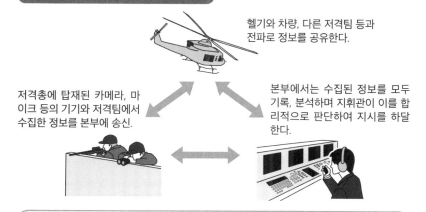

헬기와 차량, 다른 저격팀 등과
전파로 정보를 공유한다.

저격총에 탑재된 카메라, 마
이크 등의 기기와 저격팀에서
수집한 정보를 본부에 송신.

본부에서는 수집된 정보를 모두
기록, 분석하며 지휘관이 이를 합
리적으로 판단하여 지시를 하달
한다.

저격의 시스템화는 스나이퍼의 심적 부하를 경감시키게 되며 상대적으로 저격의
성공률을 상승시킨다.

원포인트 잡학

조준경에 장착되는 카메라에는 「화소수가 높은」 「자동으로 광량을 조절하는」 「컬러와 흑백 양쪽에 대응하는」 「유
선, 무선 어느 쪽도 전송이 가능한」 등과 같은 기능이 요구된다.

정밀한 저격총은 고장나기 쉽다?

저격수가 총을 선택할 때 반드시 고려해야 하는 것은 정확도와 견고함의 균형이다. 정확도가 높을수록 좋은 총임은 틀림없지만 정교하게 만들어진 총일수록 쉽게 부서지기도 하기 때문에 취급에 세심한 주의를 필요로 한다.

●정확도와 견고함의 관계

저격총이라는 카테고리의 총에게 요구되는 가장 중요한 요소는 당연히 「명중 정확도」이다. 정확도가 나쁜 저격총은 존재하는 의미를 알 수 없는 물건이다.

철저히 명중도를 높이는 데 집중한 총기의 대표격인 모델로는 「PSG-1」이나 「WA2000」 등의 독일제 저격총이 유명하지만 높은 명중도의 대가로서 「거칠게 사용하면 망가지기 쉽다」는 문제점을 안고 있다. 본디 경찰 등의 법집행기관 전용으로 안정된 환경에서의 사용을 전제로 개발된 총기이기 때문에 거친 환경에서 파손되기 쉽다는 점을 약점으로 치부하는 것은 부당한 평가일 수도 있지만 이들 모델이 진흙과 먼지에 뒤덮이게 마련인 전장에서 능력을 충분히 발휘할 수 없는 것은 분명한 사실이다.

이에 반해 옛 공산권의 저격소총인 「드라구노프」나 이스라엘에서 「가릴」을 기반으로 만든 저격소총인 「가라츠(Galatz)」와 같은 모델은 내구성을 중시한 저격소총이다. 스펙은 일반 저격소총에 비해 떨어지지만 다소 거칠게 다루더라도 문제없이 작동하며 성능 저하도 크지 않다. 독일제로 대표되는 유럽의 고급 총은 총기에 영향이 가해지면 바로 성능 저하가 일어나지만 공산권의 총은 그 정도가 낮아서 열악한 환경에서도 평소와 크게 다르지 않은 컨디션으로 사격할 수 있다.

이처럼 「정확도와 견고함의 균형」은 어느 정도 선에서 타협을 봐야 할지 골치 아픈 문제이지만 결국은 저격수 개인의 기호나 소속 조직의 방침 등에 따라 정해지는 경우가 많다. PSG-1이나 드라구노프와 같은 총은 다소 극단적인 경우이며, 대부분의 저격총은 어느 한쪽으로 치우치지 않도록 설계되어 있기 때문이다. 특히 볼트액션식 저격소총은 수준 높은 설계로 균형을 잡아 뿌리 깊은 인기를 자랑한다.

정확도와 견고함 중 어느 쪽을 택할 것인가?

명중률이 나쁜 저격총은 존재할 가치도 없겠지만……

유리 세공처럼 섬세한 총도 쓸 물건이 못 된다.

이 부분의 균형은 총기의 설계사상과 밀접한 관계가 있다.

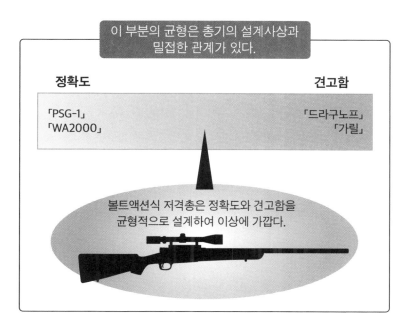

정확도   견고함

「PSG-1」   「드라구노프」
「WA2000」   「가릴」

볼트액션식 저격총은 정확도와 견고함을
균형적으로 설계하여 이상에 가깝다.

경찰과 법집행기관에서는 총기를 거칠게 다루는 경우가 적으므로, 비교적 「명중도를 중시한 균형」에 치우치는 경향이 있다.

원포인트 잡학

정밀한 소총은 부품 하나를 만드는 데도 복잡한 공정을 필요로 하며 엄격한 품질 관리가 요구된다. 그만큼 인력과 설비에 필요한 비용도 상승하게 되고 결국 가격도 높아진다.

너무 가벼운 총은 저격에 적합하지 않다?

과거에는 총에 사용할 수 있는 재료가 한정적이어서 기관부는 금속, 총몸은 나무로 만드는 것이 일반적이었다. 현대에는 수지 소재의 도입에 의해서 총기의 경량화가 진행되었는데 저격수 입장에서는 좋기만 한 현상은 아니었다.

●총의 반동

총이 탄환을 발사했을 때에는 반작용이 생긴다. 탄환이 총구에서 빠져나감과 동시에 총을 반대편으로 미는 힘이 발생하는 것이다. 보병이 사용하는 돌격소총은 5.56mm 구경이라는 소구경 탄약을 사용하여 발사 시에 사용되는 화약도 소량이다. 그래서 수지 소재의 가벼운 총몸이라도 반동에 큰 신경을 쓰지 않아도 되며, 애초에 반동을 염두에 두어야 하는 정밀 사격을 하는 경우도 적다.

그러나 저격총의 경우는 다르다. 반동으로 총이 움직이면 탄환이 총구를 나가기 전에 조준이 흔들리는 경우도 있다. 총이 무거울수록 반동에 의해 총이 흔들리는 정도가 감소하므로 탄환이 총신을 나가기까지의 시간을 벌 수 있다. 또한 총신을 두껍게 만들게 되면 발사 시에 발생하는 열을 일시적으로 흡수한 다음 방열할 수 있게 되어 총신의 과열을 완화하는 대책으로서도 유효하다.

군의 저격병은 무거운 장비를 짊어지고 장거리를 이동해야 하며, 그 이상의 시간을 들여 표적을 감시하고 기회를 노려야 한다. 총이 무거우면 그만큼 체력을 소모하므로 총이 가볍다면 그것은 환영할 일이다.

그러나 너무 가벼운 총기는 안정성이 떨어지고 조준이 흐트러지기 쉽다. 소총을 단순히 몸에 지닌 하나의 짐으로 생각하지 않고 임무 달성에 필요한 필수도구로 본다면 역시 어느 정도의 무게는 필요하게 된다.

장거리 저격에 사용하는 것을 전제로 한 저격총의 경우 발사 시의 반동이 되도록 「바로 뒤」로 향하도록 개머리판의 크기나 각도 등을 계산하고 있다. 이 축선이 어긋나면 발사의 반동으로 총구가 들어올려지기 때문이다. 또한 균형이 잘 잡힌 상태에서 개머리판 교환이나 조준경과 양각대 등의 추가 옵션 장착으로 영향을 주지 않도록 옵션의 선택과 장착 후의 조정에 주의를 기울일 필요가 있다.

가벼운 총과 무거운 총

> 합성수지의 등장으로 가벼운 총을 만들 수 있게 되었다.

총이 가벼우면……

· 들고 움직이기 편하다.
· 장시간 같은 자세를 유지할 수 있다.
· 총이 가벼워진 만큼 탄약의 휴대량을 늘릴 수 있다.

하지만 저격수에게 있어서
총은 「가벼우면 좋다」고만 할 수 있는 것은 아니다.

무거운 총의 장점

· 발사 시 반동을 총의 무게로 흡수할 수 있다.
· 열에 의한 총열의 팽창과 수축에 의한 오차가 줄어든다.
· 총이 무거우면 조준이 안정된다.

장거리 저격전용 총기는 반동이 바로 뒤로 나오도록 설계되어 있다.

낡은 설계의 총기는 반동으로 총구가 들어올려지는 경우가 있다.

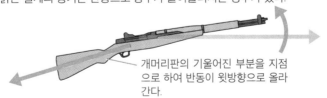

개머리판의 기울어진 부분을 지점
으로 하여 반동이 윗방향으로 올라
간다.

총기의 무게는 견착 시의 균형에도 영향을 준다. 총이 가벼우면 안정적으로 견착하기 어려우며, 무거우면 피로도
가 높아진다. 일설로는 총기의 무게는 사수의 체중의 6~7% 정도가 적정선이라고 전해지고 있다.

저격총은 현장까지 어떻게 운송하나?

스나이퍼의 업무 도구로서 가장 중요한 것은 저격총이며, 동시에 가장 운반에 신경을 써야 하는 물품이기도 하다. 야외활동이 많은 군대 저격수와 도심지 활동을 주로 하는 경찰 저격수는 운반수단도 미묘하게 다르다.

●가능하다면 숨겨서

군대 저격수의 경우 총을 「드래그백」에 수납하여 운반하는 방법이 있다. 이는 단순히 총이 들어갈 만한 크기의 가방일 뿐이지만 소총을 보호하기 위한 구조로 되어 있다.

예를 들어 외부 충격이 소총에 가해지지 않도록 간단한 프레임으로 되어 있거나 완충재를 이용하여 울퉁불퉁한 지형에서 가방을 끌고 다녀도 괜찮거나 하는 식이다.

소총을 드래그백에 넣어서 나르는 이유에는 위장의 효과도 있다. 저격병 자신이 완벽한 위장을 하였더라도 야외에서는 라이플의 총신과 같은 「직선」과 금속, 수지 등의 질감이 돋보이게 된다.

라이플의 표면에 페인트를 칠하거나 천을 감아서 위장을 할 수도 있지만 그런 수고를 하는 대신 드래그백에 넣어버리면 총의 보호와 위장의 효과를 동시에 취할 수 있다. 물론 가방에 넣은 상태로는 총을 쏠 수 없기 때문에 이 방법으로 총을 운반할 수 있는 것은 표적에 접근할 때까지로 한정된다.

경찰 저격수의 경우는 저격 지점까지 차량 등을 이용하여 이동하는 경우가 많기 때문에 총기 운반 방법에 대해서 어렵게 생각할 필요가 없다. 차량에서 내려서 직접 배치되는 상황이라면 경찰서 등의 거점에서 저격총을 꺼낸 다음 이동해도 상관없다.

하지만 저격 지점이 경찰에 의해서 봉쇄되어 있지 않고 민간인이나 언론기관의 취재에 노출되어 있을 경우, 저격수의 배치와 총기 등의 정보가 범인에게 전달될 수도 있기 때문에 총기를 보란 듯이 들고 이동할 수는 없다. 이럴 때에는 총기 반입을 알아채지 못하도록 운반용 케이스에 넣어서 이동할 필요가 있다.

저격총의 운반 방법

> 총은 꺼내서 옮기면 눈에 매우 잘 띈다.
> ⇒ 총을 갖고 있다는 사실은 감추는 것이 좋다.

군대 저격수의 경우

총을 꺼내지 않고 이동하는 것은 저격수의 존재를 눈치 채지 못하게 할 수 있다는 점에서 큰 의미가 있다.

부드러운 곡선으로 총의 존재를 감춘다.

드래그백

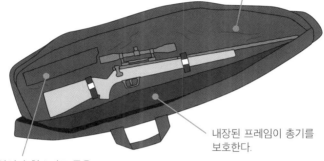

내장된 프레임이 총기를 보호한다.

예비탄약이나 청소키트 등을 내부에 수납할 수 있다.

경찰 저격수의 경우

주의해야 할 점은 시민과 언론의 접근을 막아 범인에게 「저격수가 현장에 있다」는 정보가 알려지지 않도록 하는 것이다.

원포인트 잡학

드래그백이나 건케이스 중에는 간이방수 처리가 된 제품이 많다. 이를 통해 비나 눈, 일시적으로 강이나 개천 등에 빠진 경우에도 총기를 보호해준다.

No.036

분해조립식 저격총은 존재하는가?

오래된 영화나 만화 등에서는 등장인물이 현장에서 소총을 조립하여 저격하는 장면이 등장하곤 한다. 조립식 총기 자체는 실제로 존재하지만 픽션에 등장하는 것과 같은 모양은 아니며, 딱히 저격 임무에 사용되는 경우도 없다.

●군경에서는 분해조립의 필요가 없다

암살자나 스파이처럼 「법의 범위 밖에 있는 사람」이 저격을 할 경우 우선 총을 현장에 반입하는 것부터가 일거리이다. 그들이 저격을 하는 「현장」은 애당초 총기를 반입할 수 없는 장소인 경우가 많고 그러한 곳에서 총으로 저격하기 때문에 상대방에게 충격과 혼란을 줄 수 있다. 이를 통해 저격 후 도주에 필요한 시간도 벌 수 있다. 이러한 경우에 흔히 이용되는 것이 「소총을 부품으로 분해해서 운반」하는 방법이다. 총기의 부품이라면 일반인이 보더라도 알아채기 어렵고 부품 하나하나의 크기도 작기 때문에 여러 장소에 감추기도 쉽다.

그러나 총을 분해해서 부품의 수가 많아지면 그에 비례하여 분실 같은 사고의 위험성도 높아지며 만에 하나 부품이 1개라도 모자라게 되면 총을 원상태로 돌리지 못해 사용할 수 없게 된다. 그렇게까지 분해하지 않아도 「총열」, 「총몸」, 「개머리판」 정도로 분해하는 것만으로도 간단히 휴대 가능한 상태로 만들 수 있기 때문에 분해할 필요가 있을 경우에는 이 방법을 사용하는 것이 일반적이다(물론 조립 후에는 시험 사격과 조정이 필요하다). 가상의 세계에서는 비주얼적인 임팩트가 있어서 조립 총이 상당한 인기를 가지고 있다. 찰스 브론슨 주연의 영화 「방랑객(Violent City)」에서는 도시락 바구니에서 「AR7소총」을 꺼내서 조립하는 장면을 볼 수 있다. AR7은 원래 파일럿의 서바이벌용으로 개발된 소총으로서 민간용으로도 바민트 라이플(Varmint rifle, 토끼 같이 작은 동물을 사냥하기 위한 소구경 사냥총)으로서 판매되었다. 또한 영화 「쟈칼의 날」에서는 지팡이에 들어가는 저격 소총이 등장하는데 이쪽은 영화를 위해 만든 완전한 허구이다. 근래에는 이런 장면이나 소품이 등장하는 경우가 적어졌지만 과거 여러 영화나 드라마 등에서 보여준 이러한 총기의 모습이 「저격수는 현장에서 총기를 조립하여 저격한다」는 이미지의 형성에 큰 영향을 주었다고 봐도 좋을 것이다.

조립식 저격총

라이플이 「분해조립가능」한 것이라면……
⇒ 총을 갖고 있다는 사실을 주변에서 알아채기 어렵다.

「총을 가져갈 수 없는 장소」에도
총을 가지고 가기 쉬워진다.

군경의 저격수에게는 별로 관
계없지만, 법의 테두리 밖에서
활동하는 자에게는 꽤 큰 문제.

구체적인
방법으로

총열, 개머리판 등 큼직한 덩어리로 분해하
여 주머니나 케이스 등에 넣는다.

겉모습만 봐서는 총이라고 생각하기 어려울
정도의 「부품」 수준까지 분해한다(여러 차례
에 걸쳐서 운반한다).

상황에 따라
선택한다.

「AR7」은 원래 조종사의 비상용 총기

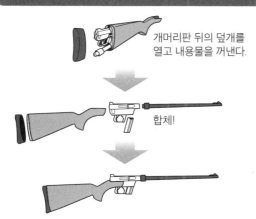

개머리판 뒤의 덮개를
열고 내용물을 꺼낸다.

합체!

총으로 보이지 않을 물건을
조립하여 소총으로 변형시
키는 경우도 있다.

영화 「쟈칼의 날」에 등장
하는 저격소총(지팡이 안
에 수납 가능)

원포인트 잡학

만화 「고르고13」의 초기 작품에서는 소총을 분해하고 초인종이나 공작기계의 견본으로 위장하여 은신처 호텔에
소포로 전달하는 묘사가 있었다.

콘크리트 벽을 뚫는 저격총이란?

저격은 원거리에서 하는 것이라는 인식이 강하다. 하지만 거리가 멀어질수록 탄환의 위력도 약해진다. 원거리에서도 강력한 한 방을 먹일 수 있는 소총이 있다면 저격의 기회를 잡기도 쉬울 텐데 ......

●대물저격총

저격 대상이 건물이나 차량 안에 있을 경우에 확실히 처리하기 위해서는 표적이 창문으로 얼굴을 내밀거나 차에서 내릴 때까지 기다려야 한다. 차폐물에 의해 탄환이 빗나가거나 명중하지 않을 위험성을 줄이기 위해서이다.

그러나 표적이 「그곳에 있다」는 것만 파악한다면 콘크리트 벽이라도 관통하고 명중시킬 수 있는 저격총이 존재한다. 바로 50구경 탄약을 사용하는 대물저격총(Anti-Materiel Rifle)이다.

50구경(12.7mm) 탄약은 주로 중기관총 등의 화기가 사용하는 탄약으로 일반적인 저격총이 사용하는 7.62mm탄에 비해서 크고 무거운 탄두를 대량의 화약으로 발사할 수 있다. 당연히 그 힘도 매우 강력하여 벽이나 건물 건너편에 있는 표적도 차폐물과 함께 관통시킬 수 있다.

그러나 이 정도로 강한 위력을 가졌기에 전쟁 법규에서 규제되는 「불필요하게 고통을 주는 무기」에 해당될 가능성이 있기 때문에 명목상으로는 대인이 아니라 「차량이나 장비」 등의 대물 사격에 한정한 무기로 분류되고 있다.

이러한 명목상의 대물 용도 외에도 대물저격총의 활용범위는 다양하다. 지휘 차량과 통신 설비, 항공기 등은 물론이며 함선의 레이더를 파괴하거나 지뢰, 도로변의 급조폭발물(IED, Improvised explosive device) 등을 먼 거리에서도 파괴할 수 있기 때문이다.

경찰 등의 법집행기관의 경우 이러한 논란에 개의치 않고 대물저격총을 「항공기 및 차량을 점거한 범인을 저격」하는 목적으로 사용하고 있다. 특히 공항에서는 범인이 항공기를 납치하거나 점거했을 경우 활주로 주변에서 엄폐 위치를 확보하여 시가지처럼 몸을 숨기고 표적까지의 거리를 확보하기가 힘들다. 이럴 때 대물저격총이라면 원거리에서도 압도적인 위력으로 항공기의 두꺼운 유리를 관통하여 범인을 무력화시킬 수 있는 것이다.

「대물용」슈퍼 저격총

표적이 너무 멀리 있으면 탄환이 닿지 않는다.
날아가는 동안 탄환의 위력도 떨어지기 때문이다.

대구경 탄약이라면 그런 걱정을 할 필요가 없다.

그래서 등장한 것이……

50구경 탄약을 사용하는 「대물저격총」

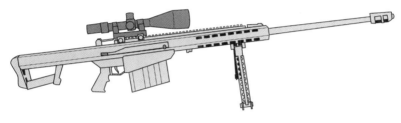

50구경 탄약은 중기관총의
탄약으로 일반적인 소총탄보다
훨씬 크다.

12.7mm x 99탄

30-06탄(7.62mm)

전쟁법규에 위반
되는 건 아닌가?

어디까지나 주 목적은 대물저격

표적이
되는 것은

· 차량, 항공기, 함선의 레이더.
· 지뢰나 급조폭발물.
· 테러리스트 등에게는 예외적으로 사용되는 경우도.

원포인트 잡학

50구경탄에 의한 저격은 한국전쟁과 베트남전쟁에서도 이루어졌지만 「일부의 특별한 사례」로 취급되었다. 이 전술적 용법이 주목받으며 대물저격총이 탄생하게 된 것은 포클랜드전쟁 이후였다.

저격용 조준경는 어떤 구조로 만들어져 있는가?

저격총에 장착하는 조준경을 「망원경형 조준기」라고 번역하는 경우도 있듯이 조준경은 소형 망원경과 같은 구조로 만들어져 있다. 긴 경통의 앞뒤에 렌즈가 삽입되며 3개의 조정용 손잡이를 갖춘 것이 일반적인 형태이다.

●표적을 확대하는 망원경

조준경의 경통 양쪽에는 렌즈가 삽입되며, 저격수가 바라보는 쪽에 삽입되는 렌즈를 「접안렌즈」, 반대쪽에 삽입되는 렌즈를 「대물렌즈」라고 부른다. 대물렌즈는 지름이 클수록 많은 빛을 모을 수 있어서 그만큼 시야가 밝아지며 영상을 보기 쉬워진다. 이 때문에 저격용 조준경의 대물렌즈는 본체 부분의 굵기보다 지름이 넓은 것이 많다.

경통의 지름이 클수록 장거리 저격용으로, 1인치(25.4mm)와 30mm가 일반적이다. 경통 안에는 튜브(Erector Tube)가 삽입되며 손잡이로 이를 조절하여 조준을 조정한다. 원거리 사격을 위해서는 튜브에도 큰 각도를 줘야 할 필요가 있기 때문에 경통의 지름도 굵게 할 필요가 있다.

튜브 내부에는 「직립렌즈」라고 하는 3번째 렌즈가 들어 있다. 이 렌즈는 대물렌즈에 의해서 모아진 빛을 보정하여 접안렌즈에 보내는 역할을 한다. 조준경의 십자 표시(레티클)는 직립렌즈에 새겨져 있으며 상태 조절용 손잡이를 조작하여 튜브를 움직여서 미세 조정하는 것이 가능하다. 3개의 손잡이 중 2개는 「상하」, 「좌우」를 조정하며 남은 1개는 「시차」를 조정하는 용도로 사용된다.

조준경은 칼자이스나 니콘 등과 같은 카메라나 망원경으로도 유명한 광학기기 업체가 제조하는 경우가 많다. 이들 업체는 신뢰도 높은 브랜드인 만큼 가격도 세지만 그만큼 높은 수준의 제품을 제공하는 것으로 알려져 있다.

조준경은 정밀기기이지만 군에서 채택하는 제품의 경우 거친 환경의 오염과 충격에도 견딜 수 있는 설계가 요구된다. 또한 발사 시의 진동과 열 등에 의해 조준이 변경되는 문제도 없어야 한다.

이러한 조건을 만족시킨 견고한 조준경이라 해도 혹시 모를 문제가 발생해서는 안 되기 때문에 저격수들은 조준경을 신중하게 다룬다.

조준경의 구조

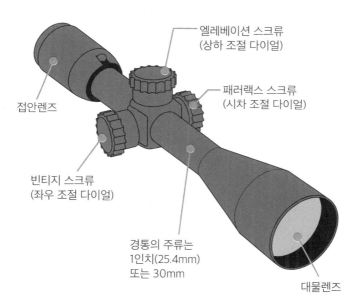

엘레베이션 스크류
(상하 조절 다이얼)

패러랙스 스크류
(시차 조절 다이얼)

접안렌즈

빈티지 스크류
(좌우 조절 다이얼)

경통의 주류는
1인치(25.4mm)
또는 30mm

대물렌즈

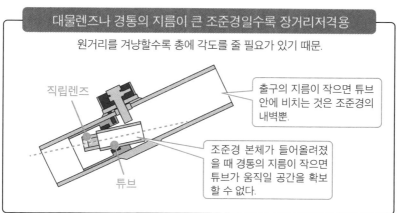

대물렌즈나 경통의 지름이 큰 조준경일수록 장거리저격용

원거리를 겨냥할수록 총에 각도를 줄 필요가 있기 때문.

직립렌즈

출구의 지름이 작으면 튜브
안에 비치는 것은 조준경의
내벽뿐.

조준경 본체가 들어올려졌
을 때 경통의 지름이 작으면
튜브가 움직일 공간을 확보
할 수 없다.

튜브

원포인트 잡학

일부 조준경의 조준 조정 손잡이에는 멋대로 돌아가지 않도록 하는 누름 단추 방식의 고정기구가 붙어 있다.

조준경은 어떻게 장착하는가?

저격총 사용 시 조준경은 필수 장비이다. 조준경을 장착해야 저격총은 능력을 발휘할 수 있다. 하지만 이 둘이 처음부터 하나의 몸으로 이루어져 있는 것은 아니다. 대부분 조준경을 옵션으로 장착하는 방식이다.

●조준경이 없는 저격총이라니

조준경이 저격총의 필수 장비임에도 처음부터 합쳐진 형태로 설계하지 않는 것은 총과 조준경이 나눠져 있는 쪽이 경험 및 용도에 따른 조정, 교환, 교체 등에 유리하기 때문이다. 또한 조준경 자체가 매우 비싼 고가품인 점도 처음부터 조준경과 합쳐진 형태의 소총이 일반화되지 않는 이유 중 하나로 볼 수 있다.

조준경을 소총에 장착하기 위하여 필요한 것이 「마운트(Mount)」라 불리는 부품이다. 「마운트 베이스」라 불리는 토대를 소총에 장착하고 여기에 끼우거나 슬라이드하여 고정하는 방식으로 조준경을 장착하는 것이다. 마운트 베이스는 나사 등을 이용하여 총에 고정시키는데 나사가 헐거워지거나 고정에 틈이 있으면 조준경의 조준에 악영향을 줄 수 있기 때문에 추가로 접착제를 이용하여 견고하게 고정시켜주는 경우도 있다. 접착제를 이용할 때에는 경화 시 화학 변화로 미묘한 왜곡이 일어나지 않도록 경화 후에도 용적에 변화가 없는 에폭시 접착제가 적절하다.

최신 설계가 적용된 소총의 경우 「피카티니 레일(레일 마운트)」이라 불리는 슬라이드 레일을 표준 장비로 채택하는 경우도 많다. 이런 경우에는 총기 자체가 마운트 베이스가 되므로 고정이 견고해진다. 다만 이 경우에도 레일에 장착하는 나사가 헐거워질 가능성이 있으므로 록 타이트(유명 나사 고정제 상표) 등을 사용하여 고정하는 경우가 있다.

저격용 조준경은 원통 모양을 하고 있는 것이 대부분이다. 경통 부분과 마운트 베이스를 이어주는 부분은 「마운트 링(Mount Ring)」이라 불리며 상하로 부품이 나뉘어 있어서 경통의 지름에 맞게 나사를 사용하여 조절한 다음 고정시킬 수 있다. 신속착탈이 가능한 「퀵릴리스」 방식 마운트는 마운트 링을 장착한 조준경을 마운트 베이스에 장착한 다음 고정 레버로 간단하게 착탈할 수 있다.

조준경과 총을 연결하는 부품

조준경과 소총은 마운트를 통해 하나가 된다.

마운트 베이스 = 조준경을 얹기 위한 토대.

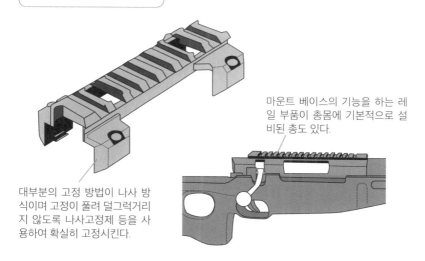

마운트 베이스의 기능을 하는 레일 부품이 총몸에 기본적으로 설비된 총도 있다.

대부분의 고정 방법이 나사 방식이며 고정이 풀려 덜그럭거리지 않도록 나사고정제 등을 사용하여 확실히 고정시킨다.

마운트 링 = 마운트와 조준경을 연결하는 부품.

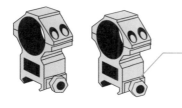

이 부분이 헐렁해지지 않도록 나사고정제 등으로 고정.

착탈이 손쉬운 퀵 릴리즈 방식의 마운트도 있다.

원포인트 잡학

「록타이트」는 공기를 차단하면 굳어지는 성질을 가진 혐기성 접착제로서 나사 몸 부분에 바른 후 나사구멍에 돌려 넣으면 공기가 차단되어 굳어지면서 고정된다. 생활용품점 등에서 입수 가능.

조준경으로 보면 무엇이 보이는가?

영화나 만화 등의 작품에서 저격수가 저격을 하는 장면에서는 조준경 내의 화상에 대개 「십자선」이 그려져 있다. 이 십자선의 중앙을 표적에 맞춘 다음 방아쇠를 당기면 탄환이 목표를 향해 날아간다는 것이다.

●레티클

조준경 안에 새겨진, 목표를 포착하는 용도로 사용하는 선을 「레티클」이라 부른다. 일반적인 레티클의 이미지로 가장 흔한 것이 가로와 세로로 직선을 그어 십자 모양으로 교차시킨 「크로스 헤어(Cross Hair)」이다. 크로스 헤어 방식의 레티클은 선이 얇을수록 원거리 표적을 저격할 때 보기 편하지만 너무 얇아지면 표적과 배경에 묻혀서 오히려 보기 어려워진다. 반대로 선을 굵게 하면 보기 쉬워지지만 멀리 있는 작은 표적을 조준할 때 굵은 선이 방해가 되어 표적을 보기 어려워진다는 문제가 발생한다. 이러한 점을 고려하여 크로스 헤어의 십자선이 교차하는 중앙 부분만 선을 얇게 한 「듀플렉스(Duplex)」나 막대기와 같은 선이 표적을 겨누는 「포스트(Post)」 방식, 포스트 방식의 하나로 선을 조합하여 레티클을 형성한 저먼 포스트(German Post), 포스트가 위에서 아래로 내려오는 역방향 형태의 업사이드 포스트(Upside Post) 등이 있다.

여기에 레티클의 선이 가늘면서도 보기 쉽도록 하기 위해 배터리와 축광물질을 이용하여 레티클을 발광시키는 일루미네이티드 레티클도 있다.

장거리저격을 전제로 한 조준경의 레티클에는 일정 간격으로 눈금이 표시되어 있는 경우도 많다. 이 눈금을 「밀닷(Mildot)」이라 부르며 표적과의 거리에 따른 탄착 수정에 이용한다. 눈금 1밀의 길이는 「1,000m의 거리에서 본 1m 사이즈와 같은 것」으로 정해져 있다. 예를 들어 500m 거리사격에서 탄환이 1m 아래에 맞는 총의 경우라면 2눈금 위를 노리면 되는 것이다. 표적의 크기를 알 수 있다면 밀닷을 이용하여 거리를 측정하는 것도 가능하다.

조준경 안에 십자선이 보인다

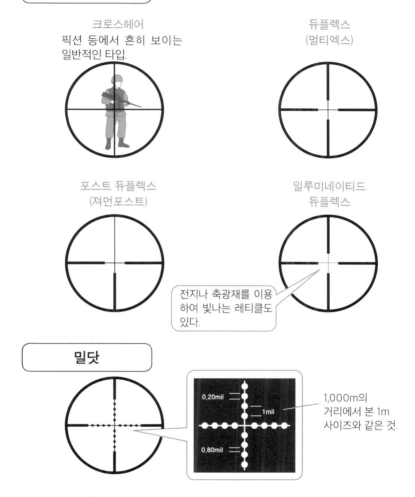

다양한 레티클

크로스헤어
픽션 등에서 흔히 보이는
일반적인 타입.

듀플렉스
(멀티엑스)

포스트 듀플렉스
(져먼포스트)

일루미네이티드
듀플렉스

전지나 축광재를 이용
하여 빛나는 레티클도
있다.

밀닷

0.20mil
1mil
0.80mil

1,000m의
거리에서 본 1m
사이즈와 같은 것.

500m 사격에서 탄환이 1m 떨어지는 총의 경우 2눈금 위를 노리면 된다.

원포인트 잡학

「크로스 헤어」라는 단어의 유래는 과거 조준경이 머리카락을 붙여서 십자선을 대신했던 것에서 비롯되었다. 이윽
고 가느다란 금속선이 쓰이게 되었으며, 현재는 유리 표면에 직접 에칭 처리를 한다.

조준경과 눈 사이의 거리는?

이상적인 조준 자세를 잡기 위해서는 조준경과 눈 사이에 적절한 거리가 유지되어야 한다. 거리가 너무 멀면 시야에 조준경 부품이 더 많이 보이게 되고 너무 가까우면 불필요한 힘을 사용하게 되어 안 좋은 결과를 가져오게 된다.

●조준경의 시계

저격수들이 사용하는 조준경은 아이릴리프(Eye Relief, 사수의 눈과 조준경의 접안렌즈 사이의 거리) 5~8cm 정도가 일반적이다. 눈이 조준경으로부터 멀리 떨어지면 조준경 내부에 검은 그림자가 드리워져 전체를 보기 어려워진다. 반대로 너무 가까운 거리에서 보게 될 경우 눈의 피로가 높아져서 목표가 보여도 제대로 관측하기 어려운 상태가 된다. 눈은 조준경으로부터 너무 멀지도 가깝지도 않은 적당한 거리를 유지하는 것이 중요하다.

아이릴리프는 「고배율의 조준경일수록 짧아진다」고 하는데 이는 조준경의 동경(瞳徑, 전문적으로는 사출동공지름이라 부른다)과 관련이 있으며 「대물렌즈의 유효 지름÷조준경 배율」이라는 계산식으로 구한다. 즉 같은 지름의 렌즈를 가진 조준경일 경우 배율이 커질수록 동경은 작아지는 것이다. 고배율의 조준경이라도 대물렌즈의 지름을 크게 하면 동경의 크기도 표준치에 가까워질 수 있지만 렌즈의 지름이 너무 커질 경우 소총에 장착하는 것이 불가능해지거나, 설령 장착한다 하더라도 총의 균형이 무너지게 되고 만다. 미리 정해진 거리를 저격한다면 문제가 없을 수도 있지만 돌발적인 변화에 경험과 감으로 대응하려고 할 경우 조준의 조정에 시간이 걸릴 수 있다.

조준경의 동경 값이 클수록 아이릴리프의 거리에 여유를 가질 수 있다. 반대로 너무 작을 경우에는 소총을 겨눌 때 조준경의 중심이 어딘지 모르게 되어버린다. 인간의 눈동자의 크기는 낮에는 3mm 안팎, 어두워지면 7~8mm 정도가 되므로 동경은 그보다 약간 큰 정도가 이상적인 수치로 알려져 있다.

적당히 거리를 잡는 것이 중요

조준경에 눈을 너무 가까이 대면 보기 어려워진다.

사수의 눈

조준경의 접안렌즈

일반적으로 5~8cm 정도.

이 거리를 「아이릴리프」라고 부른다.

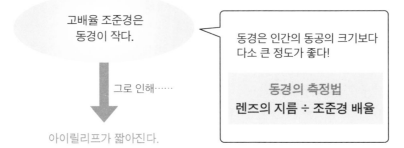

고배율 조준경은
동경이 작다.

동경은 인간의 동공의 크기보다
다소 큰 정도가 좋다!

동경의 측정법
렌즈의 지름 ÷ 조준경 배율

그로 인해……

아이릴리프가 짧아진다.

적절한 아이릴리프는 조준을 도울 뿐 아니라 피로를 억제하는 효과도 있다.

원포인트 잡학
아이릴리프의 수치가 매뉴얼에 기재되어 있지 않은 경우에는 렌즈에서 서서히 눈을 멀리하면서 시야 주위에 검은
그림자가 생기고 전체를 보기 어려워지는 느낌의 변화를 통해 대략의 거리를 파악하는 방법이 있다.

조준경은 고배율인 쪽이 좋을까?

저격소총의 망원 조준경은 다양한 배율이 존재하며 이 중 저격수들이 사용하는 것은 3배에서 12배 정도의 제품이 일반적이다. 얼핏 생각하기엔 배율이 높은 렌즈가 더 좋을 것 같은데, 과연 그럴까?

●무엇이든 적당히

저격수로서의 임무를 수행하기 위해서는 「탄을 표적에 맞히는 것」이 최우선이지만, 동시에 「어디에 맞히는가」 역시 요구된다. 표적을 완전 제거하는 것이 목적인가, 아니면 무기를 노리거나 손발에 상해를 입혀 무력화시키는 것이 목적인가, 이와 같이 상황에 따라 다양한 패턴을 가진다. 경찰 저격수의 경우에는 농성 사건의 범인이 인질과 밀착되어 있는 상황도 드물지 않기 때문에 섬세한 조준이 요구된다.

조준경의 망원 기능에 의해서 표적을 확대할 수 있다면 이러한 상황에서 매우 유리해진다. 저격수의 기량만 충분하다면 표적에 탄환을 명중시킬 수 있는 것이다. 하지만 확대 배율이 높은 조준경에도 문제가 없는 것은 아니다. 시야가 매우 좁아지기 때문에 렌즈에 투영된 부분 외에는 상황 파악이 어려워진다.

2인 이상의 팀이 임무에 투입되었다면 사수는 표적에 집중하고 주변의 상황 파악을 동료에게 맡긴다는 방법을 쓸 수 있다. 만약 단독으로 저격 임무를 맡아야 하는 경우라면 배율 가변식의 조준경을 사용하여 상황에 따라 확대 배율을 조정하는 방법이 있다. 다만 화상을 확대, 축소할 수 있는 기능을 가진 조준경은 편리한 반면에 조준경을 조작하는 동작으로 적에게 발각되거나 조작 과정에서 표적을 잃어버릴 수도 있기 때문에 주의가 필요하다.

고배율의 조준경으로 훈련을 거듭한다면 기량이 향상하여 표적 파악이 능숙해질 수 있지만 저배율 조준경으로는 아무리 반복훈련을 하더라도 표적 파악에 한계가 있다. 물론 고배율 조준경 쪽이 가격도 더 비싼 경향은 있지만 그만큼 품질을 확실히 보증해준다고도 볼 수 있다. 저격수가 조준경을 고른다면 역시 고배율(=고품질) 선택이 현명한 판단일 것이다.

조준경의 배율

조준경은 먼 곳을 볼 수 있다.

· 표적을 확대하면 섬세한 조준이 가능하다.
· 저격의 타이밍 등 상황 관찰이 가능하다.

그렇다면, 망원배율은 높을수록 좋은 걸까?

배율에 비례하여 시야가 좁아진다.

주변에 어떤 일이 일어나고 있는지 상황파악이 안 된다!

해결책은……

팀으로 행동하여 주변 감시를
동료에게 맡긴다.

확대조준 중에는 파
악하기 어려운 정보
도……

배율을 조정하면 전체
파악이 가능해진다.

배율 가변식 조준경을 사용한다.

너무 배율이 높은 조준경으로는 「움직이는 표적을 겨냥하기 어려운」 점도 있어
서, 임무에 따라서는 일부러 배율을 낮추는 선택지도 있다. 하지만 고배율인 쪽이
고품질인 경우도 많기 때문에 능숙하게 사용할 수 있도록 해두는 편이 좋다.

원포인트 잡학

조준경의 배율은 10배율이면 충분하다고 하지만 얼마 전까지는 「25배율까지 사용 가능한 가변식」이 주류가 되기
도 하였다. 바람의 방향과 세기, 주변에 피어오르는 아지랑이 등을 관측하기에는 높은 배율의 조준경이 편리하기
때문이다.

조준경에 습기가 차면 어떻게 하는가?

유리가 흐려지는 것은 온도차에 의해서 공기 중의 수분이 달라붙기 때문이다. 방의 창문이나 차의 유리는 공기를 환기시키거나 온도를 조절하는 방법도 있고, 더운 바람으로 수분을 증발시킬 수도 있다. 조준경의 경우에는 습기가 차면 어떻게 해야 할까.

●조준경의 렌즈는 습기가 차지 않는다

조준경의 바깥 부분에 김이 서려 있다면 가지고 있는 천 등으로 닦아내면 된다. 물론 렌즈에 흠이 생기면 안 되기 때문에 부드러운 소재의 천을 사용해야 한다. 렌즈 표면이 깨끗하지 않으면 김이 서리기 쉽기 때문에 사용하지 않을 때는 렌즈 캡을 덮어 보호한다.

습기가 조준경의 안쪽에 생기면 천으로 닦을 수 없겠지만 조준경 안쪽에는 「불활성 가스」가 충전되어 있으므로 걱정할 필요가 없다. 이 가스로 인해 조준경 내부는 건조한 상태를 유지하여 수분이 존재하지 않게 된다.

조준경은 망원경이나 카메라와 같은 정밀 광학 기기이기 때문에 비싼 물건일수록 안심할 수 있다는 게 일반적인 상식이다. 광학 기기는 렌즈의 정확도가 나쁠 경우 상이 제대로 보이지 않거나 왜곡되어 보인다. 렌즈의 정확도는 곧 가치와 같기 때문에 비싼 렌즈를 사용할수록 성능도 좋다.

이 분야에서는 싸지만 성능이 좋은 물건은 존재하지 않는다. 우수한 성능을 발휘하기 위해서는 그만큼 높은 가격이 요구된다. 저가의 조준경은 그만큼 헛점이 많아 내부에 채워진 가스도 외부 요인 등에 의해 방출되기 쉽고 수분을 포함한 외부 공기가 유입되어 조준경 안쪽 렌즈에 습기가 차는 일이 일어난다.

한번 내부에 습기가 차버리게 되면 그 조준경은 더 이상 사용할 수 없는 물건이 되었다고 생각하는 쪽이 좋다. 저격수들은 감시와 매복 등에 몇 시간, 길게는 며칠 이상도 투입되는 경우가 많다. 밤낮이 바뀌면 그에 따라 기온도 변하게 되며 변화가 급격해지면 그만큼 습기가 찰 가능성도 높아진다.

습기가 차는 것은 금방이지만 없어지려면 그보다 많은 시간이 걸린다. 저격의 기회가 언제 올지 모르는 저격수가 구태여 습기가 차기 쉬운 조준경을 사용한다는 것은 말도 안 되는 이야기이다. 여유롭게 습기가 사라질 때까지 기다릴 수도 없는 노릇이기 때문이다.

조준경의 습기

조준경 렌즈에 습기가 차버렸다. 어쩌면 좋을까!

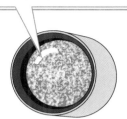

「표면」에 김이 서린 정도라면
부드러운 천으로 닦아내면 된다.

만약 안쪽에 습기가 찬다면……?

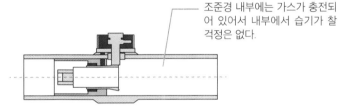

조준경 내부에는 가스가 충전되
어 있어서 내부에서 습기가 찰
걱정은 없다.

조준경 어딘가가 파손되어 가스가 빠져나갈 경우
외부 공기가 유입되어 습기가 차게 된다.

내부에 습기가 차게 된 조준경은
더 이상 쓸 수 없는 물건이 되었다고 봐야 한다.

(내부의 습기는 천으로 닦을 수도 없으며, 습기가 빠지기까지 시간이 걸린다.)

이런 상황에 처하지 않도록
조준경은 고급품을 사용하자.

원포인트 잡학

한랭지에서는 조준경에 숨을 불어넣지 않도록 주의해야 한다. 숨결에 포함된 수분이 렌즈에 들러붙어서 그대로
얼어버리는 상황이 발생하기 때문이다.

조준경을 사용할 때 주의할 점은?

조준경은 멀리 있는 목표를 보기 쉽게 해주며, 조준의 조정에도 도움이 되는 편리한 도구이다. 저격 임무에는 필수라고 할 수 있는 아이템이지만, 그 기능을 충분히 발휘하기 위해서는 몇 가지 주의해야 할 점이 있다.

●조준경을 보호하는 다양한 아이템

저격 임무에서 조준경을 사용할 경우에는 여러 가지 부분에 주의를 기울이지 않으면 안 된다. 그중에서도 특히 신경 써야 할 점은, 조준경이 「거칠게 다루어서는 안 되는 정밀기기」라는 점이다.

험하게 다루고, 조준경을 어딘가에 부딪히거나 하면 모처럼 맞춰놓은 조준이 어긋나는 것은 물론이며 최악의 경우 내부에 충전된 가스가 빠져나가게 된다. 조준경 내부에는 외부 기온과의 차이로 렌즈에 습기가 차지 않도록 가스가 충전되어 있는데 그 가스가 빠져나가버리면 더 이상 쓸모가 없어지게 되는 것이다.

또한 렌즈에 흠집이 생길 경우 확대한 상이 보기 어려워지며, 한번 상처가 난 렌즈는 교환하는 방법밖에 없다.

쌍안경과 마찬가지로 조준경도 구입할 때에 렌즈 캡이 붙어서 오는데, 이 뚜껑은 최소한의 보호기능밖에 없기 때문에 버틀러 커버(Butler Creek Flip-up Cover)라 불리는 별도의 커버를 장착하게 된다. 이 커버 부품은 원터치로 개폐가 가능하며 고급 조준경은 처음부터 이 부품이 포함된 세트로 판매되는 경우도 있다.

렌즈는 빛을 반사하기 때문에 모처럼 좋은 위치를 잡았더라도 빛의 반사로 적에게 위치를 발각당할 수도 있다. 이 때문에 빛의 반사를 막기 위해 조준경에 선셰이드(Sunshade)라 불리는 후드(후드, 필터, 커버 등으로 불린다)를 장착한다. 선셰이드는 조준경의 앞쪽(대물렌즈 쪽)에 들어오는 빛의 방향을 제한하여 렌즈 표면의 빛의 반사를 막아주는 옵션 부품이다.

그 외에 「허니컴(Honeycam)」, 「킬플래시(Killflash)」 등으로 불리는 부품을 조준경 앞쪽에 장착하면 조준이나 스캐닝용 레이저 광선으로부터 렌즈를 보호할 수 있어 레이저가 사수의 눈에 들어와 타격을 입힐 가능성을 낮춰준다. 선셰이드나 허니컴 등의 옵션을 이미 장착한 상태에서도 버틀러 커버를 장비할 수 있기 때문에 필요하다면 모든 옵션 부품을 부착하여 사용하는 것도 가능하다.

조준경의 옵션

조준경 사용 시 주의해야 할 점

가스 누출 ➡ 여기에 대해서는 「소중하게 다룬다」 밖에는 딱히 다른 방법이 없다.

렌즈의 파손 및 오염

이런 편리한 아이템이 있습니다!

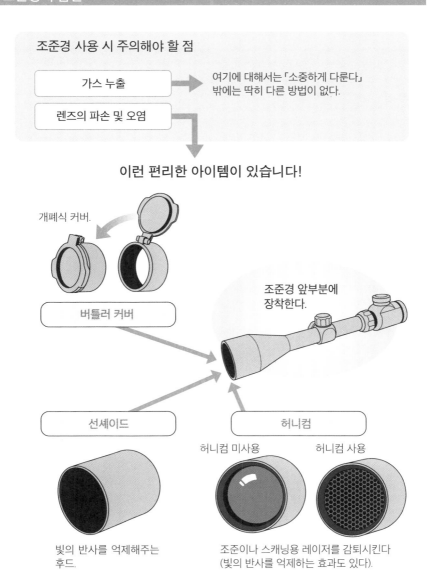

개폐식 커버.

버틀러 커버

조준경 앞부분에 장착한다.

선셰이드

허니컴

빛의 반사를 억제해주는 후드.

허니컴 미사용　　　허니컴 사용

조준이나 스캐닝용 레이저를 감퇴시킨다 (빛의 반사를 억제하는 효과도 있다).

원포인트 잡학

허니컴은 이름 그대로 「꿀벌 둥지」 같은 모양을 하고 있지만 구멍의 수와 모양에는 여러 가지가 있다. 업체와 제품에 따라 「킬플래쉬(Killflash)」라고도 부른다.

저격용 감시장비를 사용하는 요령은?

저격수는 밝은 시간대와 좋은 장소만을 선호하지 않는다. 상대방이 이쪽을 눈치 채지 못하도록 하기 위해, 또는 상대방이 방심하거나 피로로 인해 경계가 느슨해질 때를 노려 야간에 어두운 곳에서 저격을 실행하는 것은 드문 일이 아니다.

●저격 이상의 중요한 용도

당연한 이야기지만 어둠 속에서는 목표가 보이지 않는다. 보이지 않는 표적을 노리는 것은 저격수에게 어려운 일은 아니지만 목표가 잘 보이는 쪽이 임무 성공률이 오르는 것은 분명하다. 그래서 등장한 것이 암시장비이다.

암시장비에는 「미광증폭식」과 「열감지식」이 있다. 미광증폭식은 스타라이트 조준경이라 불리는 별명에서 알 수 있듯이, 별빛과 같은 아주 작은 빛이라도 증폭시키는 기능이 있다. 동굴 내부나 정전된 집안처럼 새까만 어둠 속에서는 사용할 수 없지만 야외에서라면 상당히 선명하게 표적을 시인할 수 있다.

열감지식은 대상에서 발생하는 열을 색의 그러데이션으로 나타내는 것으로 세세한 형태를 식별하기는 어렵다. 반면 수풀 너머에 숨은 상대라도 열을 감지하여 발견할 수 있기 때문에 건물 안에 사람이 있는지 확인해야 할 때나 난방 및 주방기기의 열을 보는 것으로 상황을 파악할 수 있다는 특징이 있다.

저격수가 사용하는 암시장비는 조준경의 대물렌즈 앞에 설치하는 것이 일반적이다. 이 방식이라면 기존의 조준경을 그대로 사용할 수도 있으며 낮이나 밝은 장소에서는 빼놓는 것도 가능하다.

이러한 암시장비는 정확한 저격을 위해서 필요한 장비이지만 감시 임무에서도 그에 못지않은 중요한 역할을 발휘한다. 저격수에게는 표적의 상태를 정확히 파악하기 위해 상황에 따라 적절한 열상 장비를 다루는 요령이 요구된다. 군의 저격수라면 표적과 그 주변의 상황을 정찰하는 임무가 부여되는 상황이 많으며 경찰 저격수의 경우에도 협상이나 실력행사를 위해서는 정확한 정보가 요구된다.

감시임무에는 상당히 많은 시간이 요구되기 때문에 충분한 예비 배터리가 필요하다. 암시장비는 조준경과 달라서 망원경 용도로는 사용할 수 없기 때문에 전력을 공급할 수 없다면 그저 짐이 될 뿐이다.

저격용 암시장비

암시장비는 「보이지 않는 것을 보이게 해주는」 편리한 도구.
사용하지 않는다면 정말 아까운 도구이다.

암시장비의 종류 (작동에는 배터리(전원)가 필요하다)

광증폭식 = 미세한 빛을 증폭한다.

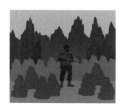

장점 : 화상이 비교적 선명하다.
단점 : 빛이 전혀 없는 곳에선 사용할 수 없다.

열감지식 = 대상에서 발생하는 열을 영상화한다.

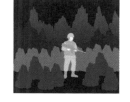

장점 : 숨거나 가려져 있는 대상도 파악할 수 있다.
단점 : 구체적인 형태는 파악하기 어렵다.

야간이나 어두운 장소에서의 저격에 편리한 것은 사실이지만……

표적이나 그 주변의 정황을 감시하는 데에는 매우 편리.
현대의 저격수에게는 필수품이라 할 수 있다.

하지만

배터리가 떨어지지 않도록 주의해야 한다.
전원이 공급되지 않는 암시장비는 그저 짐이 될 뿐이다!

원포인트 잡학

광증폭식 장비를 스타라이트 스코프라 부르듯이 열감지식 암시장비는 「서멀 비젼(Thermal Vision)」이라고 불린다.

길리수트의 역할은?

야전 저격수의 스타일이라면 보통 「길리수트」를 떠올릴 것이다. 나뭇잎이나 잔가지로 전신을 감싼 이 수트는 인간의 윤곽을 흐트러뜨려 구분하지 못하게 하는 효과가 있으며 멀리서 본다면 덤불이나 수풀이 꿈틀거리는 것으로밖에 보이지 않는다.

●스나이퍼 전용 위장복

저격이라는 행위가 기본적으로 기습인 이상, 방아쇠를 당기기 전에 발각되어버린다면 표적을 공격하기 어려워진다. 또한 목표를 자신의 사정권 안에 두기 위해서는 적의 삼엄한 경계를 빠져나갈 때 적의 눈을 속일 수 있는 「위장」이 요구된다.

길리수트란 야외 위장을 극한까지 추구한 야전 전투복의 일종으로 이 옷을 입은 상태로 땅에 엎드리면 인간이 있다는 사실을 알기 어려워진다. 이 복장을 한 상태로 포복전진을 하여 목표에 접근한다면 발견될 가능성은 크게 낮아진다.

위장을 철저히 하여 저격의 성공률을 향상시키는 것이 상식이 된 현대에는 이미 완성된 형태인 길리수트를 입수하는 것도 가능하지만, 예전부터 해오던 방식으로 길리수트를 자작하는 저격수도 많다. 즉 기존의 위장복에 위장용 그물을 꿰맨 다음 잘게 찢은 낙하산 천이나 현지에서 채취한 풀과 나뭇가지 등을 묶는 것이다.

시간이 걸리는 작업이라 생각할 수도 있겠지만 자신의 목숨이 걸린 작업을 귀찮아하는 저격수는 존재하지 않는다. 어차피 길리수트의 제작은 임무에 투입되기 전에 진행되기 때문에 임무 투입지역에 맞춰 최적화된 길리수트를 만드는 것도 어려운 일은 아니다. 현지의 식생에 맞춘 위장을 하는 등 공을 들인 만큼 저격의 성공률도 높아지게 마련이다.

길리수트를 착용하는 최대 장점은 그 위장효과가 입체적이라는 점에 있다. 기존의 위장복은 의상을 구성하는 천의 패턴에 의한 2차원적인 효과만을 제공해준다. 길리수트의 경우 그것이 인공적인 것이든, 현지의 재료를 조달하여 만든 것이든 전신에 맞춰 입체적인 형태를 이루어 미묘한 음영을 만들어내기 때문에 보다 높은 위장효과를 발휘하는 것이다.

길리수트란……

길리수트란……
야외에서의 위장을 극한까지 추구한 야전 전투복의 일종.

저격의 기본은 기습

표적에게 발각되지 않고 초탄을 명중
시키기 위해서는 발각되지 않기 위한
준비가 필수.

길리수트를 이용하여
위장효과를 높이자!

· 옷 위에 나뭇가지나 잎사귀를 걸쳐
  인간의 실루엣을 지운다.
· 피부가 드러나는 부분은 위장크림
  을 바르거나 진흙을 바른다.
· 저격소총도 천을 감아서 위장한다.

길리수트의
최대의 장점은……

불규칙한 부착물들의 조화로 만들
어진 입체적인 음영이 위장효과를
3차원적으로 높여준다.

많은 저격병들이 길리수트를 직접 만
든다. 임무 현장의 환경에 맞춰 직접 제
작한 것이 저격의 성공률을 높여주기
때문이다.

원포인트 잡학

저격총을 위장할 경우 총열에는 천이나 잔가지를 달지 않거나 붙여도 최소한으로 해야 한다. 총신에 부담이 가해
지면 원거리 저격 정밀도에 영향을 줄 수 있기 때문이다.

저격 시에는 어떤 복장이 좋은가?

저격수는 소총에 대해서 정밀한 제품을 선택하거나 특수한 방식으로 커스터마이즈하기도 한다. 그러나 몸에 걸치는 피복 및 장비에 대해서는, 특별한 제품을 사용하기보다는 다른 군인들의 것과 크게 다르지 않은 경우가 많다.

●이상적인 스타일

비단 저격수뿐만 아니라 각자의 역할이 있는 사람에게는 그에 어울리는 모습이라는 것이 있다. 예를 들어 조종사가 입는 비행복은 항공기를 조종하기 쉽도록 디자인된 옷이며 특수부대 대원들이 사용하는 장비와 피복도 그들의 전투력을 충분히 발휘할 수 있도록 기능적으로 설계되어 있다.

저격수가 하는 일은 대부분 저격소총에 의해서 달성되지만 몸에 걸치는 피복이나 장비역시 어느 정도 영향을 준다고 볼 수 있다. 「길리수트」는 특별한 기능은 없지만 착용자가주변에 인식되지 않도록 안전을 확보하면서 저격의 성공률을 높여주는 복장이다.

그러나 관련 제조업체에서는 저격수 전용 장비나 복장의 개발에 그다지 공을 기울이지않는 편이다. 고객이 되는 저격수의 수요 자체가 적기도 하거니와 딱히 어떠한 제품을 구상하기 어렵다는 점도 이유 중 하나이다. 극단적인 예시일 수도 있지만, 저격수 자신이 편하고 정신적으로 안정감을 주고 신체에 피로를 주지 않는다면 그 옷이 고급 브랜드의 정장이거나, 아키하바라의 메이드 카페에서 볼 수 있는 유니폼 스타일이어도 무방하다는 이야기이다.

물론 저격이 이루어지는 환경에 어울리는 스타일이 존재하는 것도 틀림없는 사실이다. 야산에 숨어서 저격하는 상황이라면 아무리 저격수 자신이 「나는 흰색 정장을 입어야 마음이 안정된다」고 하더라도 여러 측면에서 부정적인 영향을 가져올 것이다.

저격수가 유의해야 할 것은 자신이 좋아하는 스타일로 쏘았을 경우와 임무에 필요한 스타일—길리수트를 착용하고 장갑을 끼고 암시장비와 조준경을 통해 들여다본 상황에서 쏜 경우 사이에는 근소한 차이가 발생한다는 점이다. 개개인에 따라 다른 이 차이가 어느 정도인지 객관적으로 파악한 후 그 간극을 좁혀야만 저격의 성공률이 높아질 것이다.

저격수의 복장

저격에도 그에 맞는 복장이 있다.

길리수트가 그 대표적 복장.

가장 이상적인 것은 저격 시에 저격수의 몸과 마음을 안정시키고 피로도를 낮춰주는 등 부담이 적은 의상.

이런 점이 해결된다면 이론상 어떤 의상을 입더라도 문제될 것은 없다.

하지만 현실과의 타협도 중요.

도심지에서 정장 차림이라면 괜찮겠지만 산악지역에서 기모노라면 문제가 있을지도?

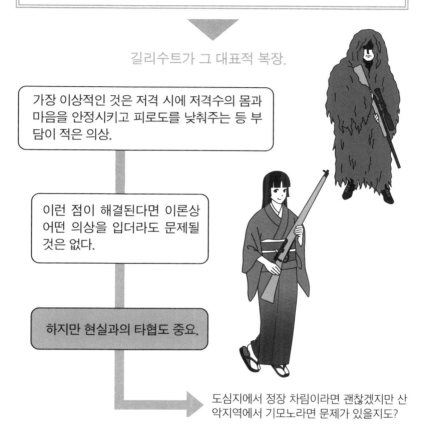

자신이 가장 선호하는 스타일과 필요한 요소를 고려한 스타일 사이에서 절충안을 찾는 것이 필요.

원포인트 잡학

저격병은 헬멧과 방탄복 등을 몸에 걸치지 않는 경우가 많다. 이것은 방탄효과보다 적으로부터 몸을 숨기는 것을 우선하기 때문이다. 또한 엎드린 자세에서 방해가 되므로 가슴이나 배 부분에는 장비를 착용하지 않는다.

No.048

저격총에 소음기를 장착하는 이유는?

저격수는 상황에 따라 자신의 저격총에 소음기(Silencer)를 장착한다. 서프레서(Suppressor)라고
도 불리는 이 장비는 저격수의 위치를 감추어주는 효과가 있다.

●자신의 위치를 숨긴다

소음기는 총구에 설치하는 옵션 장비로서 탄환이 총구를 이탈하여 날아갈 때의 충격파
를 분산시켜 발포 시의 굉음을 감소시키는 효과가 있다. 발사 시의 소음이 작아지면 이쪽
의 위치를 파악하기 힘들어지기 때문에 저격수 입장에서는 자신의 총기에 소음기를 장착
하는 것을 마다할 이유가 없다.

소음기에는 총구에서 발생하는 불꽃이나 연기를 억제하는 효과도 있다. 발사 시의 섬광
과 발포연은 멀리서도 매우 두드러지게 보여서 저격수의 위치를 알기 쉽도록 한다. 특히
발포 시에 발생하는 연기는 바람이 불지 않는다면 한동안 발사 위치의 하늘에 떠 있기 때
문에 이를 억제하여 얻는 이득은 크다.

군대 저격수의 경우 임무에서 원거리 저격을 수행하는 경우가 많은데 초속 약 340m/s
(1초에 약 340m 진행)일 경우, 500m나 1km 정도 거리의 저격에서는 「착탄된 후 총성이
들렸다」와 같은 현상이 발생한다.

이러한 경우에는 굳이 총성을 억제할 필요가 없다. 또한 소음기 장착으로 인해 탄도에
미묘한 영향을 줄 가능성도 제로가 아니다. 소음기 장착은 필수사항은 아니며 표적과의
거리, 자신의 위치, 기상 조건 등 여러 사항을 종합적으로 판단해서 결정한다.

근~중거리 저격이 많은 경찰 저격수의 경우 소음기 장착으로 인한 장점은 단점보다 크
다. 특히 농성상황 등에서 다수의 범인이 인질을 잡고 있다면 최초의 총성이 범인 일당을
흥분시켜 상황을 악화시킬 수도 있다. 전원을 동시에 무력화시킬 수 있는 상황이 아니라
면 경찰 저격수의 저격은 은밀할수록 좋다.

군 저격수의 임무와 달리 저격당한 표적의 동료가 분노의 응사를 할 가능성은 낮지만 자
신의 위치가 표적에게 알려지지 않는다는 것은 사수의 심리적 안정감을 높일 수도 있는
중요한 요소이다.

소음기의 효과

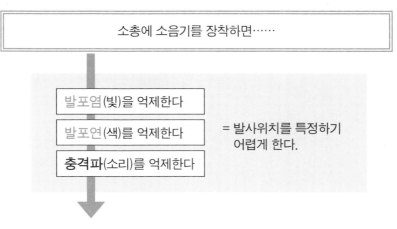

소총에 소음기를 장착하면……

발포염(빛)을 억제한다

발포연(색)를 억제한다

충격파(소리)를 억제한다

= 발사위치를 특정하기 어렵게 한다.

어떠한 상황이더라도 「자신의 위치를 특정하기 어렵게 한다」는 점은 큰 장점이므로 소음기를 장착하지 않을 이유는 없다

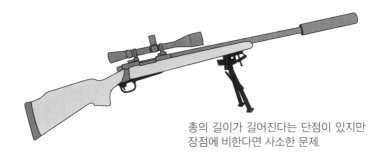

총의 길이가 길어진다는 단점이 있지만 장점에 비한다면 사소한 문제.

소음(감음)효과를 최대한으로 발휘하기 위해서는 탄속이 너무 빠르면 안 되므로 탄속을 음속 이하로 줄인 「아음속 탄환」과 조합해서 사용할 필요가 있다. 아음속 탄환은 사거리 및 위력도 줄어들어 버리므로 원거리 저격에는 적합하지 않지만 근~중거리에서의 효과는 절대적이다.

원포인트 잡학

저격수가 범죄자 입장일 경우에도 시민들로부터 몸을 숨겨야 하기 때문에(빌딩 옥상에서 저격할 경우 발포 소리에 놀란 사람들이 모이면 도주할 수 없게 된다) 소음기는 필수이다.

저격수라면 권총을 잊지 말아야 한다?

저격수에게 최대의 무기는 당연히 「저격소총」이겠지만 이 총은 어디까지나 저격에 최적화된 총이기 때문에 격렬한 총격전에는 적합하지 않다. 만일의 경우에는 작고 사용하기 쉬운 총이 더 유리하다고 할 수 있다.

●접근해온 적에게 대응

저격수는 저격 중의 무방비한 순간에 적에게 습격당하지 않도록 신중하게 행동해야 한다. 인원에 여유가 있다면 2~3명의 팀을 구성하여 목표의 확인과 주변의 경계를 분담하는 것이 일반적이다.

하지만 아무리 주의해도 최악의 상황이 발생할 가능성은 얼마든지 있다. 주변 경계를 소홀히 하지 않아도 적이 접근하는 경우는 얼마든지 있다. 부득이하게 단독행동을 한다면 그럴 가능성은 더욱 커진다.

저격수는 목표를 확실히 저격하기 위해 바닥에 엎드리거나 앉아 있는 경우가 많다. 여기에 저격소총은 길고 무게도 상당하기 때문에 측면이나 배후에서 달려드는 적에게 재빠르게 대응하기 어렵다. 위장을 위해 참호 등을 파거나 차폐물에 몸을 숨기고 자세를 고정시킨 상황에서는 대응이 더욱 어려워진다.

하지만 권총을 가지고 있다면 이런 상황에서도 최소한의 반격이 가능해진다. 위력은 약할지라도 길이가 긴 소총을 좌우로 휘두르는 것보다 현실적인 대응이 가능하다. 확실하게 작동한다는 의미에서는 리볼버가 신뢰성이 높다고 할 수 있겠지만 적에게 포위된 상황이라면 장탄수가 많으며 신속한 탄창 교환이 가능한 자동권총 쪽이 유리하다.

권총은 아무래도 위력이 부족하기 때문에 완전자동사격으로 탄막을 형성할 수 있는 기관단총을 휴대하는 저격수도 적지 않다. 제2차 세계대전에서 저격수로 명성을 높인 핀란드의 시모 해위해는 기관단총의 명수이기도 해서 많은 적병을 쓰러뜨렸다고 전해진다.

권총을 휴대하는 이유 중에는 그다지 보편적이지는 않지만 '자결용'을 염두에 두는 경우도 있다. 저격수는 어떤 전장의 어떤 적에게서도 증오의 대상이 되며, 포로로 잡힌다 해도 제대로 된 취급을 받지 못하고 고문을 당하거나 잔혹한 복수를 당하는 경우도 생각할 수 있다. '그렇게 되느니 차라리…'라고 생각하는 사람이 있는 것도 어쩔 수 없는 일이다.

권총을 휴대하는 이유

아무리 주의를 기울여도,

· 집중력이 떨어진 틈을 노려서……
· 다수의 적이 은밀하게……

적이 어느새 접근해와 있다

「단독 저격임무」일 경우에는
더욱 위험하다!

(소총 이외의) 예비 무기를 잊지 말자!

· 저격소총은 총신이 길어서 신속히 대응하기 어렵다.
· 총에 장전된 탄약이 별로 없다(5~10발 정도).

예비 무기에는 권총과 기관단총이 적절하다.

· 작아서 접근전에 유리.
· 휴대탄약수가 많다.
· 기관단총의 완전자동사격은 꽤 유용하다.

원포인트 잡학

저격용 기본화기로 볼트액션 저격소총(조작에 양손이 필요할 뿐더러 연발 사격도 안 된다)을 사용할 경우, 한 손
으로 연발 사격이 가능한 권총이나 기관단총의 의미는 매우 커진다.

저격수에게 예비탄약은 필요 없다?

저격수의 신조는 「일발 필중」이다. 표적을 일격에 잡을 수 있다면 많은 탄약은 필요하지 않다. 연발총이 등장하고 착탈 가능한 상자형 탄창이 보급되었어도 저격총의 탄창은 고정식으로 설계된 것이 일반적이다.

●대량의 탄약을 필요로 하는 임무가 아니다

제2차 세계대전 때에는 피아를 불문하고 각 군에 저격수가 존재했지만 당시에 원거리 저격용으로 사용하던 소총은 탄창이 총과 일체화된 형태가 대부분이었다. 이러한 고정탄창식 총에 장전할 경우 노리쇠를 후퇴시켜 약실을 개방한 다음 탄약을 1발씩 밀어넣는데 일반적으로 5발 정도의 탄약을 연결한 「클립(Clip)」이라는 부품을 사용하였다. 이 클립이 가이드 역할을 하여 한꺼번에 여러 개의 탄약을 총몸 안의 고정식 탄창에 장전할 수 있었다.

하지만 1발 쏠 때마다 위치를 이동하는 경우가 많은 저격수의 입장에서는 1발을 쏜 후바로 1발을 보충하며 늘 탄창이 완전히 채워진 상태가 되는 것을 선호하여 클립을 사용하지 않는 경우도 있었다. 주의할 점은 탄약을 휴대하는 방법이다. 클립을 사용하든 1발씩장전하는 방법을 사용하든 장전 방법은 어느 쪽이든 상관없지만 탄약을 옷 주머니나 가방안에 아무렇게나 넣어두면 움직일 때마다 탄약끼리 부딪혀 찰각거리는 소리가 나기 때문이다.

경찰 저격수의 경우 표적이 비교적 가까운(100~200m 거리) 경우가 많기에 표적을 놓칠 가능성은 낮은 편이지만 표적이 다수이거나 인질이 같이 있는 경우와 같이 까다로운조건에서의 저격임무가 많기 때문에 이러한 상황에 효과적으로 대응하기 위하여 연발(반자동식) 저격총을 사용하는 부대도 많다. 반자동 저격총은 대부분 착탈이 가능한 탄창을사용하기 때문에 이 경우에는 예비 탄창이 필요하다. 다만 경찰 조직에서의 저격은 「모든저격을 1명의 저격수에 의해 진행한다」는 경우는 불가피할 때 아니면 진행하지 않으며기본적으로 다수의 저격수가 각 요소에 배치되어 서로를 지원한다. 단독 점거범에 대해서2~4명의 저격수가 동시에 작전에 배치되는 경우도 드물지 않다. 이럴 경우 1명의 저격수에게 필요한 탄약수도 적어지기 때문에 예비 탄창을 휴대하지 않는 경우도 많다.

저격소총의 예비탄창

저격에 필요한 것은 긴 사거리와 강력한 위력이므로……
　・예전부터 사용된 볼트액션 소총이라도 충분.
　・완전자동 기능은 필요하지 않다.

저격에 사용되는 '소총은 원래
예비탄창을 사용하는 경우가 적었다.

「클립」이라 불리는
부품을 사용하여 장전.

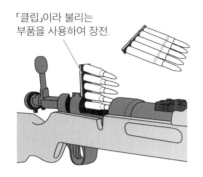

한 발씩 장전하는 경우에는 탄
약을 아무렇게나 휴대해서 소음
이 발생하지 않도록 주의!

경찰 저격부대의 경우

만일의 사태에 대응할 수 있도록 반자동
소총을 사용하는 경우도 많다.

필요에 따라 예비탄창을
휴대한다.

원포인트 잡학

일반적인 저격총의 장탄수는 5발 전후인 것이 대부분이지만 돌격소총이나 일반 소총을 기반으로 만든 저격소총
이라면 20~30발 정도의 연발도 가능하다.

저격수는 자신의 총을 다른 사람이 못 만지게 한다?

저격수는 자신의 총기를 보수하고 관리하는 데 매우 신경질적인 경우가 많다. 어찌 보면 당연한 일로, 아무리 철저히 준비해서 표적을 조준경에 포착하더라도 탄환이 엉뚱한 방향으로 날아가거나 불발이 발생해버리면 아무 짝에도 쓸모없기 때문이다.

●「만에 하나」가 일어나지 않도록

저격수에게 소총은 소중한 존재이다. 테니스 선수에게 라켓, 음악 연주가에게 악기와 마찬가지로 중요한 장사 도구인 동시에 자신과 동료의 생명을 좌우하는 전우이다.

그들은 폭발을 일으키거나 총이 겨냥한 위치 이외의 장소에 맞지 않도록 하기 위한 「안전한 취급 방법」은 물론이며 확실한 분해 조립, 효율적인 정비 방법, 부드러운 장전이나 탄피 배출 동작, 안정된 저격 자세와 슬링(어깨끈)의 사용법, 조준 조정 방법 등 자신의 소총에 관련된 모든 사항을 통달하고 있다.

자신이 사용하는 저격총과 같은 종류의 총을 손에 넣는다면 기본적인 상태로 복구시킨 다음 자신에게 맞는 설정으로 하나하나 조정하여 자신이 사용하는 총기와 유사한 상태로 세팅하는 것도 가능하다.

하지만 다른 사람이 부주의하게 총을 만져서 그 섬세한 상태를 무너뜨린다면 다시 처음부터 조정해야 한다. 전문 도구를 이용해야 하는 경우라면 현장에서 재조정하기 어려울 수도 있으며 또한 정밀한 조준의 조정 등은 시험사격을 통해 조정해야만 한다. 총신이 어딘가에 부딪혀 버리는 등 충격을 받게 되면 돌이킬 수 없는 손실이 남게 되며, 최악의 경우 그 총은 못 쓰는 총이 될 수도 있다.

이 때문에 저격수는 다른 사람이 자신의 총을 만지는 것을 극도로 피하게 된다. 저격에는 그날의 기온과 습도, 바람의 세기와 같이 인간의 의지로는 어찌할 수 없는 환경적 요인이 많다. 여기에 더해 표적이 움직이거나 보이지 않는 위치로 이동하는 등의 변수도 있다. 이처럼 많은 불규칙 요소를 고려해야 하는 입장에서 스나이퍼 자신의 노력으로 확보할 수 있는 저격총의 신뢰성만큼은 결코 소홀히 할 수 없는 것이다.

내 총에 손대지 마

일반인과 저격수의 감각에는 큰 차이가 있다.

왜 그렇게 화내는 거야? 좀 어긋나는 정도는 다시 조정하면 되잖아. 너무 신경질적인 거 아냐?

신경질적이라고? 불확정 요소를 배제하기 위한 노력을 신경질적이라고 하는 거야? 임무 달성을 위한 행동인데 뭐가 나쁘다는 거야?

……서로 이야기가 안 통한다.

소총의 보호 · 관리는 저격의 성패에 직접적으로 관련된다.

신경을 써서 지나칠 것은 없다.

자신의 생명을 좌우하는 것이다.

처음부터 타인이 만지지 못하게 하는 것이 가장 좋다.

원포인트 잡학

저격수는 자신의 임무의 성패에 「도구의 상태」가 큰 영향을 준다는 것을 잘 알고 있다. 하지만 보통 사람들은 「저격에 실패하는 건 저격수의 실력 탓」이라고 생각하는 경우가 많아 충돌의 원인이 된다.

저격과 떨어질 수 없는 「사건」

어떠한 상황에 변화를 가져오기 위해 주요인물을 제거하며, 그 직접적 수단으로 「저격」을 이용하는 경우는 많다. 그중에서도 커다란 영향을 남긴 사건이라 할 수 있는 것이 1963년의 미국 케네디 대통령 암살 사건이다. 미국 텍사스 주의 달라스에서 유세 중이던 미국 35대 대통령 존 F 케네디가 차량 퍼레이드 중 암살되었다. 범인으로 지목된 리 하비 오스왈드는 체포된 후 잭 루비라는 남자에게 사살되었으며 잭 루비조차 4년 후에 옥사하고 말았다. 사건 이후의 조사에도 논란의 여지가 많았으며 이로 인해 많은 음모론이 만들어졌다. 사건과 관련된 일부 증거는 아직까지도 미국의 국가기밀로 봉인되어 있다.

일본은 총기 규제가 엄격한 나라였기 때문에 미국이나 서구권 국가와 같은 요인 저격 사건은 일어나지 않았다. 하지만 1995년에는 쿠니마츠 경찰청 장관이 저격당하는 사건이 일어나기도 했다. 다행히 장관은 저격 직후 병원에 옮겨져 목숨에는 지장이 없었지만 범인을 체포하지 못한 채 2010년에 시효를 맞이하고 말았다. 현장의 상황과 회수된 탄환 등의 증거를 통해 흉기는 권총으로 추측되지만 그 권총 역시 발견되지는 않았다. 장관이 저격당한 거리는 약 20m 정도에 불과했다.

요인 저격과 달리, 특별한 목적 없이 일어나는 저격 사건도 있다. 1966년 텍사스 타워 난사사건은 그 전형적인 케이스이다. 미해병대를 전역한 찰스 휘트먼은 자신이 재학 중이던 텍사스 대학의 시계탑에 6자루의 총과 600발 이상의 탄약, 식량과 물, 휴지, 연료, 로프, 라디오, 쌍안경 등을 챙겨서 올라가 탑을 점거한 후 지나가는 사람들에게 무차별 난사를 가했다. 이 난사는 경찰 2명에게 범인이 사살되기까지 1시간 반 동안 지속되었고 15명을 살해하고 31명에게 부상을 입혔다. 경찰은 28층(지상 90m 이상) 높이에서 가해지는 총격에 대처할 수 없었으며 이 사건이 경찰 특수부대 「SWAT」의 설립 배경이 되었다. 총기 난사 사건은 그 후에도 수차례에 걸쳐 발생하였다. 2002년의 미국 연쇄 저격 사건은 사건이 해결될 때까지 범인의 위치를 파악할 수 없었던 사건이다. 미국의 수도 워싱턴 DC 등지에서 3주 동안 저격이 벌어졌고 13회에 걸친 저격으로 13명의 사상자를 낸 끝에야 범인을 잡을 수 있었다. 범인은 트렁크에 총을 쏠 수 있는 구멍을 뚫어 차 안에서 바깥을 저격할 수 있도록 개조한 차량을 사용하였다. 언론매체는 범인을 정신적으로 문제가 있는 백인남성으로 추측하였지만 실제로 붙잡힌 범인은 흑인 2인조(퇴역군인과 양자)였다.

중대사건을 저격으로 해결하려 한 사례도 있다. 1970년 세토우치 해상납치 사건에서는 선박을 납치 후 경찰과 대치하던 범인이 과열된 보도경쟁에 자극을 받고 말았다. 결국 흥분한 범인 때문에 인질이 위험하다고 판단한 경찰 저격수가 범인을 사살하여 사건을 종결시켰지만 그 상황조차 TV로 생중계되고 말았다. 사건 이후 인권계열 변호사가 경찰 저격수를 고발하였지만 결국 불기소로 사건은 종결되었다. 이 사건 이후 일본 경찰은 발포를 신중히 하게 되었으며, 범인이 어느 저격수에 의해 치명상을 입었는지 파악하지 못하게 하기 위해 2인 이상 다수의 저격수가 동시에 사격하게 되었다는 이야기도 있다. 1972년 뮌헨 올림픽에서는 이스라엘 선수단을 인질로 잡은 테러리스트들을 저격으로 일망타진하려 하였지만 숙련된 저격실력을 갖춘 군 부대는 법의 제한에 의해 국내의 사건에 투입될 수 없었기 때문에 경험과 장비가 부족한 경찰이 작전을 전개했다가 인질 전원이 숨지고 경찰도 사상자가 발생하는 비극이 발생하였다. 이 사건의 교훈으로 서독 경찰에는 대테러 부대 「GSG-9」이 창설되었으며 경찰용 고성능 저격총의 개발로 이어지게 되었다.

제3장
스나이퍼의 기술

저격을 할 때 잊지 말아야 할 기본 요소는?

저격이란 저격수가 현장에 가서 쏘면 그걸로 끝나는 것이 아니다. 엄격한 순서에 따라 다양한 준비를 갖춘 후 조건이 충족되었다고 확신한 후에야 사수가 방아쇠를 당기는 매우 민감하며 전문적인 작업이라 할 수 있다.

●준비해야 할 사항

저격수들이 사전에 염두에 두어야 할 것은 매우 다양하다. 우선은 저격소총에 관한 것, 특히 시험사격을 통해 조준기를 조정하는 「제로인(Zero In, 영점잡기)」 작업이 끝났는지 확인해야 한다. 특히 조준경을 사용할 때는 이 작업이 필수이며, 가능하다면 100m 정도 거리에서 조정을 마친 다음 200m, 300m, 400m로 점차 거리를 늘려 나가야 한다. 사용할 탄약이 앞으로의 저격에 적절한지도 체크해야 한다. 방아쇠는 미리 수차례에 걸쳐 당겨보면서 당기는 힘을 기억해둬야 한다.

저격소총 다음에 준비해야 할 것은 저격수 자신이다. 바른 자세로 총을 겨누고 있는지 확인하려면 일단 표적을 조준한 상태에서 눈을 감고 10초를 센 다음 여러 번 숨을 쉰 후 눈을 뜬다. 이때 조준경이나 조준기의 위치가 목표한 곳에서 움직이지 않아야 한다. 마스터 아이가 오른쪽 눈으로 잡혀 있는지 확인한 후 왼쪽 눈은 감지 않는다. 조준경에 맺힌 상이 흔들린다면 호흡으로 조정한다. 폐에 공기가 70%인 상태—편안하게 안정된 상태에서 허파의 공기를 30% 정도 뱉어 냈다고 판단되었을 때 호흡을 멈춘 다음 산소 결핍이 일어나기 전(약 10초 이내)에 조준과 사격을 진행한다.

주변 환경에 대한 확인도 게을리 해선 안 된다. 표적까지의 거리는 명중률에 직접 영향을 주기 때문에 최대한 정확하게 계측한다. 위아래의 각도를 고려해야 한다면 그 역시 계산에 넣어둬야 한다. 사거리 400m를 넘는 저격일 경우에는 바람의 방향과 세기도 중요하다. 탄약의 제원표에서 「몇 미터의 거리를 날아간 이후 몇 센티미터 정도 탄환의 낙하가 이루어지는지」를 확인한 다음 그 정보를 기준으로 온도와 습도 등에 의한 영향을 고려하면서 조준경을 조절한다.

저격 위치 결정에 관해서는 이외에도 적의 경계부대의 여부와 자신의 탈출로 확보 등, 생존과 관련된 사항도 고려해야 한다. 이처럼 한 번의 저격을 위해 고려해야 할 중요한 사항은 매우 많다. 만약 이 모든 것에 대한 확인과 준비가 불충분하다면, 저격의 기회가 있다고 생각되어도 다음 기회를 기다리는 것이 원칙이다.

저격을 위해 필요한 「준비」

저격을 하기 위해서는 그 나름의 준비가 필요하다.
다음 항목들을 체크해보자.

총에 대하여 ※필요한 정비를 완벽하게 완료하는 것이 대전제!

· 제로인은 완료했는가?
· 사용탄약의 종류와 특성은 파악하였는가?

자신에 대해 ※심신 상태의 완벽한 유지가 대전제!

· 자세가 흔들리지는 않았는가?
· 호흡이 흐트러지지는 않은가?

환경에 대하여 ※가능하다면 사전답사를 마칠 것.

· 표적까지의 거리는 파악했는가?
· 사수와 표적 사이의 상하 각도는 어느 정도인가?
· 바람의 방향과 세기는 어느 정도인가?
· 온도와 습도는 어느 정도인가?

주변의 위험도와 탈출 경로를 확보하였는가의
확인도 중요한 요소이다.

이 모든 준비가 끝나지 않았다면 목표가 시야에 들어와도 「쏘지 않고 다음 기회를 노리는 것」도 하나의 방법이다.

원포인트 잡학

저격수, 관측수, 주변 경계담당 등 2~3명의 팀이 저격임무를 수행할 경우 사전준비를 분담하는 경우도 있다. 그러나 최종적으로 저격의 결정을 내리는 것은 팀의 리더인 저격수이다.

저격자세를 취할 때 중요한 점은?

저격을 할 때는 저격소총을 확실하게 견착하는 것이 중요하다. 저격자세에는 다양한 종류가 있지만 저격수는 어떤 자세로도 쏠 수 있도록 정확한 사격 기술을 습득해야 한다.

●총을 몸의 일부로

저격에서 사용되는 자세는 다양하다. 땅에 엎드려서 쏘는 「복사(Prone, 엎드려쏴)」, 무릎을 굽히고 앉아 쏘는 「슬사(kneeling, 무릎쏴)」, 똑바로 선 상태에서의 「입사(Standing, 서서쏴)」, 앉아서 쏘는 「좌사(Sitting, 앉아쏴)」 사격 등 여러 종류가 있지만 어떤 자세를 취하든 사수와 저격소총의 위치관계는 항상 같은 상태로 유지하는 것이 기본 원칙이다.

손잡이를 쥔 손, 방아쇠에 걸친 손가락, 개머리판과 어깨의 높이와 각도, 뺨받침대의 위치 등이 사격을 할 때마다 조금씩 달라진다면 원거리 사격의 성공은 기대하기 어렵다. 총을 받치는 사수가 견고한 상태를 갖추지 못한다면 아무리 고성능 저격소총이라 하더라도 의미가 없다.

저격소총은 저격수의 몸의 연장선상에 놓으며 시선의 끝—조준점에 자연스럽게 총구가 향하는 상태가 이상적이라 할 수 있다. 저격총을 확실하게 견착해야 하지만 이때 어깨나 뺨 등을 너무 강하게 밀착하면 역으로 안정성이 떨어지며 적절한 힘을 배분하여 안정된 상태를 취해야만 신체의 피로 역시 억제할 수 있다. 저격총을 근육으로 지탱할 경우 장시간 같은 자세를 취하게 되면 피로도가 높아지므로 골격을 이용하여 총을 받치는 것이 좋다.

총을 받치는 사수의 신체를 안정시킨다는 점에서 본다면 사수의 몸과 지면이 접하는 부분도 중요하다. 서서 쏘거나 무릎 앉아 자세로 사격할 경우 총이 지면에서 멀어진 만큼 자세도 불안정해지기 쉽기 때문에 보다 안정적인 자세를 취하는 것이 좋다. 야외에서는 바위나 나무그루터기 등 지형지물을 이용하고 실내에서는 테이블이나 서랍장 등 가구를 이용하여 총기의 안정성을 높일 수 있다.

하지만 지형지물이나 가구 등을 이용하기 위해 허리를 크게 구부리거나 다리를 크게 벌리는 등 무리한 자세를 취해야 한다면 그것은 오히려 역효과를 불러온다.

부자연스러운 자세를 유지하기 위해서는 그만큼 신경을 써야 하며 그로 인해 피로가 높아지고 집중도가 떨어진다면 저격의 실패 확률도 높아지기 때문이다.

저격자세의 기본 원리

사격자세는 현장의 상황에 맞추는 것이 상식이다.

· 엎드려쏴 : 지면에 엎드려 쏘므로 안정성이 높다.
· 무릎쏴 : 다양한 상황에 대응할 수 있는 자세.
· 서서쏴 : 즉시 이동하거나 회피행동이 가능.
.......등

각 자세에 공통된 원리는 아래와 같다.

개머리판에는 적당히
몸을 밀착시킨다.

개머리판을 어깨에 확실히
견착한다(힘을 너무 넣지
않는다).

쥘 때 너무 힘을 주면 오히려
안정성이 떨어진다.

사격 시 어깨, 손, 방아쇠에 걸친 손가락이 움직이지
않도록(항상 같은 위치에 놓이도록) 한다.

저격소총은 근육이 아니라
골격으로 지탱한다.

저격소총은 신체의 연장이며, 몸의 일부가 되어야 한다.

되도록 자연스러운 자세로

부자연스러운 자세로 있으면 그 유지에 힘이 필요하다. 그로 인해 발생하는 긴장
과 피로는 실패를 불러온다.

원포인트 잡학

「부자연스러운 자세」와 「육체에 걸리는 불필요한 부담」은 근육 내에 젖산을 축적시키며 이는 근육에 쥐가 나거나
경련이 일어나는 원인이 된다.

가장 안정된 사격자세는?

지면이나 바닥에 엎드린 상태에서 사격하는 「엎드려쏴(복사)」 자세는 저격자세 중 가장 안정된 자세이다. 신속한 동작이 불가능하다는 단점도 있지만 적에게 발견되기 어렵기 때문에 저격수에게는 기본자세라 할 수 있다.

●엎드려쏴에 의한 저격

엎드려쏴(복사)는 접지 면적이 넓으며 매우 안정된 자세이다. 이 자세로 저격하는 경우 두 가지 장점이 있다. 첫째로 소총의 명중 정확도가 높아진다.

엎드려쏴 이외의 자세일 때는 「몸을 안정시킨다」와 「소총을 지탱한다」는 것을 동시에 행하지 않으면 안되지만 지면에 밀착된다면 몸의 안정에 대한 부담이 크게 줄어들며 그만큼 표적 조준에 집중할 수 있게 된다. 특히 크고 중량이 무거운 대물저격총을 사용할 경우에 이 장점이 더욱 부각된다.

두 번째로 사수 자신의 안전성이 높아진다. 군인들이 전쟁터에서 포복전진을 하는 것에서 알 수 있듯이 지면에 밀착되어 움직이면 적에게 발견되거나 적의 공격에 맞을 확률을 크게 낮출 수 있다. 저격수가 임무를 마친 이후에는 대강의 위치를 가늠한 적이 무차별 공격을 가하는 경우가 많은데 적이 아무리 저격수의 정확한 위치를 모른다 하더라도 절대로 맞지 않으리라는 보장은 없다. 이때 자세를 낮추고 있다면 공격에 당할 위험을 줄일 수 있다.

엎드려쏴는 여러 면에서 저격에 적합한 사격 자세이지만 주의해야 할 점도 있다. 땅에 엎드릴 수 있을 정도의 공간이 필요하기 때문에 좁은 장소에서는 사용할 수 없는 점도 그 중 하나이다. 자갈이 많거나 파편, 유리조각이 흩어진 곳이라면 깔판을 깔아야 한다. 젖었거나 온도가 차가운 곳에 장시간 엎드리게 되면 지면에 체온을 빼앗겨 체력이 떨어져 작전능력이 저하될 수도 있다.

또한 엎드려쏴 자세를 취하고 있는 동안은 목을 돌려 주변을 볼 수 있는 범위가 한정되기 때문에 자신의 뒤나 위를 살펴보기 어려워진다. 경찰 저격수들의 방식으로 다수의 저격수가 서로의 사각을 엄호하면서 임무를 수행하거나, 군 저격수의 기본 구성인 저격수와 관측수의 2인 1조 팀이 임무를 수행할 경우에는 문제가 없지만 단독으로 임무를 수행하는 경우에는 충분한 안전 확보가 요구된다.

엎드려쏴 자세

지면에 엎드려 쏘는 것을 「엎드려쏴(복사)」라고 한다.

엎드려쏴

양발을 넓게 벌려
몸을 안정시킨다.

인체 구조상 위를 볼 수 없기 때문에
머리 뒤와 위의 확인이 어려워진다.

손은 소총을 쥐는 게
아니라 지탱할 뿐.

양각대

가방이나 모래주머니

대형 소총이라도 지면에 거치하면
안정감이 높아진다.

엎드려쏴의 특징

· 명중 정확도를 크게 높일 수 있다.
· 사수의 안전성이 높아진다.
· 엎드릴 수 있는 공간이 요구된다.
· 주변 확인이 어려워진다.

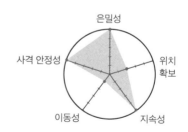

은밀성
사격 안정성
위치 확보
이동성
지속성

움직임은 제약되지만 저격 시에 사수가 많이 움직이게 되는 경우는 별로 없으므
로 큰 문제는 아니다.

원포인트 잡학

실내에서 창밖을 관측할 때 창틀의 위치가 높아서 엎드려쏴 자세를 취하기 어려울 경우가 있다. 이럴 땐 식탁용
테이블 등을 이용하여 그 위에 엎드려서 창밖을 보면 된다.

무릎쏴 사격자세는 활용도가 높다?

한쪽 무릎을 꿇고 한쪽 무릎은 세운 상태에서 사격하는 것을 무릎쏴(膝射, 슬사) 자세라 한다. 앉아쏴(좌사) 자세와 닮은 점이 있기는 하지만, 엉덩이를 땅에 붙이며 완전히 주저앉지 않는다는 차이점이 있다.

●무릎쏴에 의한 사격

무릎쏴는 땅에 엎드려서 쏘는 엎드려쏴 자세와 함께 전통적으로 알려진 사격 자세이다. 오른손으로는 방아쇠를 당기며, 소총을 받치는 왼팔의 팔꿈치를 왼쪽 무릎에 얹어 총의 무게를 다리로 분산시킬 수 있다. 그리고 총을 몸 전체로 지탱하기에 안정성이 높으며 몸을 일으키고 있기 때문에 엎드려쏴 자세보다 목의 움직임이 자유로워 주변 환경을 관측하기에도 유리하다. 엎드려쏴 수준의 높은 안정성은 기대할 수 없지만 서서쏴보다 훨씬 안정된 자세이기 때문에 엎드려쏴 자세를 취할 수 없는 상황에서 유용하다.

또한 엎드려쏴나 앉아쏴 자세는 신속한 움직임이 어렵지만 무릎쏴는 땅에 무릎을 꿇고 있을 뿐이어서 바로 일어나거나 이동하기가 쉽다. 이로 인해 자신의 위치가 적에게 발각될 가능성이 있어서 이동을 해야 하거나 이동 후 저격을 해야 하는 상황 등에서 유용하다. 반면 자세가 높아지는 만큼 저격 전에 적에게 발각되기 쉽고 저격 후에도 적이 반격할 때 표적이 되기 쉽기 때문에 저격 위치와 자세를 정할 때에는 이러한 점을 모두 충분히 고려해야 한다.

무릎쏴 자세는 장애물을 이용하여 사격할 때에도 유용하다. 엎드려쏴의 경우 지면의 굴곡이나 나무뿌리 등, 「땅 근처의 낮은 것」만이 엄폐물로 이용될 수 있지만 무릎쏴 자세는 총을 겨냥하는 위치가 지면보다 높은 만큼 건물의 벽, 담장, 문, 가구 등 다양한 것을 엄폐물로 이용할 수 있다. 단순히 엄폐물로 이용할 뿐만 아니라 총을 올려놓고 몸을 기대는 등 사격의 안정성을 향상시키는 데에도 사용할 수 있다.

무릎쏴 자세

무릎을 세우고 앉아서 쏘는 자세를 「무릎쏴(슬사)」라고 한다.

무릎쏴

머리 위치가 높아져 주변 확인이 수월해진다(반면 적에게 발각되기도 쉽다).

엉덩이는 종아리나 발꿈치 위에 올린다.

엄폐물에 소총을 올려 안정시키는 것도 좋다.

팔꿈치를 무릎 위에 올려 안정시킨다.

무릎쏴의 특징

· 위치를 옮겨 다녀야 하는 저격임무 시 유용하다.
· 주변을 관측하기 용이하다.

· 엎드려쏴만큼의 안정성은 기대하기 어렵다.
· 서서쏴만큼의 이동성은 기대하기 어렵다.

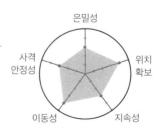

은밀성

사격
안정성

위치
확보

이동성

지속성

이른바 중간 자세로, 움직임의 자유도가 높으며 엄폐물의 선택폭도 넓다.

원포인트 잡학
무릎쏴의 요령은 상체와 하체에 각각 삼각형을 만든 후 이를 조합하여 총을 안정시키는 토대로 삼는 것이다.

서서 쏘는 사격자세는 불안정한가?

다리를 벌리고 똑바로 선 상태에서 사격하는 것을 「서서쏴(입사)」라고 한다. 지면에 앉거나 엎드린 자세와 달리 신속히 이동할 수 있다는 장점이 있으며, 적에게 발각되기 쉽고 총의 안정성이 떨어진다는 단점이 있다.

●서서쏴에 의한 사격

서서쏴(입사)는 이름 그대로 선 자세로 소총을 겨누는 스타일이다. 엎드려쏴나 무릎쏴에 비해 적에 대해 드러나는 몸의 면적이 넓어지기 때문에 적에게 발각되기도 쉽고, 반격 시 피탄될 확률도 높다.

사격 경기 등에서는 기본이 되는 스타일이지만 몸을 숨기고 표적을 노려야 하는 저격에는 그다지 적합하지 않다고 할 수 있다. 실제로 저격 임무에서 이 자세를 사용할 때에는 건물에서 저격하거나, 차량, 바위 등 엄폐물이 있는 경우가 많다

서서쏴 자세는 소총의 중량을 팔과 어깨 등 상반신으로만 받아내야 한다. 그래서 양각대를 사용하여 소총을 지면에 올려놓을 수 있는 엎드려쏴와 소총을 지탱하는 팔을 무릎과 허벅지 위에 올릴 수 있는 무릎쏴와 앉아쏴 등에 비하면 소총 조준 시의 균형이 불안정한 편이다. 또한 저격소총의 긴 총신은 가뜩이나 바람의 영향을 받기 쉬운 편인데 서서쏴 자세에서는 그 정도가 더욱 심각해진다. 이런 문제점을 보완하기 위해서 건물의 벽, 가구, 나무의 굵은 줄기 등을 이용하여 총기를 안정시키는 방법이 있다.

이처럼 저격 자세로서는 단점이 많은 편이지만 서서쏴 자세만의 장점도 있다. 서서쏴 자세는 신속한 행동이 가능하여 사격 후 바로 이동하거나 몸을 숨길 때에 유리하다. 시가지나 폐허, 삼림지대 등 비교적 건물이나 엄폐물이 많은 곳이라면 앉아쏴 사격 자세와 서서쏴 자세를 적절히 사용하며 저격을 하는 것도 하나의 방법이다.

서서쏴 자세

> 지면에 선 채로 사격하는 것을 「서서쏴(입사)」라고 한다.

서서쏴

몸은 표적을 향해
옆으로 선다.

무겁고 긴 소총을 받쳐서
지탱하는 것이 다소 부담

벽이나 엄폐물 등을
이용하면 좋다.

다리는 어깨보다
좀 더 넓게 벌린다.

서서쏴의 특징

· 다음 행동을 위해 신속히 움직일 수 있다.
· 건물 내부에서 저격할 경우에는 상당히
　유용하다.

· 안정성이 낮아 바람의 영향을 크게 받는다.
· 멀리서 봐도 쉽게 눈에 띈다.

은밀성
사격
안정성
위치
확보
이동성
지속성

**단점이 많은 자세지만 지형이나 엄폐물에 따라서는 이 자세가 아니면 안 되는
경우도 많다.**

원포인트 잡학

사수의 부담이 크기 때문에 장시간 매복에는 적합하지 않지만, 대기 장소가 「건물 옥상」이나 「감시탑」 같은 경우에
는 이 자세에서 저격이 이뤄지는 경우가 적지 않다.

바닥에 앉아서 저격을 하는 자세는 어떤가?

땅바닥에 주저앉아 사격하는 것을 「앉아쏴(좌사)」라고 한다. 무릎쏴에서 파생된 사격자세라고 할 수 있는데, 무릎쏴보다 높이가 낮은 자세로 안정성을 가지고 있어서 장시간의 감시와 대기에 유리하다.

●앉아쏴에 의한 저격

앉아쏴 사격 자세는 얼핏 보기에는 「쉬고 있는」 자세로 보이기도 하기 때문에 보이는 이미지를 중시하는 영화나 만화 등에서는 그다지 인기 있는 자세가 아니었다. 하지만 실전에서 효과적인 저격 자세라는 점만큼은 분명하다.

앉아쏴 자세는 무릎쏴 자세보다도 더 바닥에 앉아버리는 자세인 만큼 총을 겨누는 자세의 안정성도 더욱 높다. 이 때문에 이동 시 「일어난다」는 동작이 늘어나서 무릎쏴보다 즉각 대응능력은 떨어지지만 납득할 수 없는 수준은 아니다. 애당초 이 자세는 저격임무에서 오랜 시간 대기하더라도 피로가 높아지지 않도록 하는 것을 목적으로 만들어진 자세이다. 엎드려쏴 만큼은 아니더라도 땅바닥에 앉아 몸을 숙이는 만큼 조준 시의 자세는 안정적이며 사수의 실루엣이 작아지기 때문에 표적 감시 중 적에게 발각될 확률이 낮다.

얼마나 몸을 숙이는가에 대해서는 사수에 따라 다르다. 엎드려쏴나 서서쏴처럼 기본자세라 할 만한 규칙이 없으며, 사수가 가장 편하고 안정된 상태에서 무리 없이 저격소총을 겨누고 앉는 것이 이 자세의 기본이다. 양 다리를 크게 벌리고 앉거나, 책상다리로 앉는 등 다양한 자세가 있지만 양팔꿈치에 걸리는 저격소총의 무게를 다리를 이용해 지면으로 분산시킨다는 공통점이 있다.

앉아쏴 자세는 무릎쏴를 응용한 자세여서 여러 모로 공통점이 있지만 실제로는 무릎쏴와 엎드려쏴의 중간지점이 되는 자세라 할 수 있다. 어딘가에 등을 기대고 무릎을 세운 후 거기에 총을 올리는 식의 앉아쏴 자세도 있는데 이 자세는 무릎쏴보다는 엎드려쏴 쪽에 가까운 것이다.

앉아쏴 자세

앉은 상태에서 쏘는 자세를 「앉아쏴(좌사)」라 한다.

앉아쏴

엎드려쏴만큼은 아니지만 엄폐성이 상당히 높다.

다리를 크게 벌리고 앉는 자세라 해도 사수가 편안하다면 그걸로 충분하다.

팔꿈치를 무릎 위에 올린다.

엉덩이는 지면에 댄다.

앉아쏴의 특징

· 피로도가 낮은 자세.
· 무릎쏴보다 더욱 높은 안정성.

· 무릎쏴보다 대응능력은 떨어진다.
· 얼핏 보기엔 편하게 쉬는 것처럼 보인다.

은밀성
위치
확보
사격
안정성
이동성
지속성

이 자세는 사수마다 최적의 상태라 할 수 있는 자세가 다르며 장시간 대기와 감시에 적합하다.

원포인트 잡학

엎드려버리면 고저차가 있는 표적은 겨냥하기 힘들기 때문에 높은 장소(절벽 위 등)에서 아래의 길을 지나가는 표적을 노릴 경우에 이 자세가 이용된다. 양각대나 삼각대로 소총을 고정시키면 정확도는 더욱 높아진다.

저격할 때 호흡은 얼마나 중요한가?

저격에서는 아주 작은 손떨림도 용납되지 않는다. 저격수는 사격자세뿐 아니라 양각대 등의 장비, 주변의 소품을 이용하는 등 다양한 수단을 동원하여 저격총을 고정해야 하는데 이때 호흡 조절도 잊어서는 안 될 중요한 요소이다.

●호흡 조절(Breath Control)

저격에서 중요한 것은 사수의 몸과 총을 하나로 만드는 것이다. 조준한 다음 방아쇠를 당겨 탄환이 총구에서 이탈할 때까지 소총을 조금의 흔들림도 없이 유지하는 것이 무엇보다도 중요하다. 장거리 사격 시에는 소총의 총구가 몇 밀리미터 움직인 것만으로도 탄환이 수백 미터 어긋난 곳으로 날아가는 큰 오차가 만들어진다. 총구가 제대로 안정되지 않는 원인에는 견착 방법이 나쁘거나 사격 자세가 불안정하다는 등 여러 요소가 있는데 사수가 호흡 시에 발생하는 몸의 변화도 무시할 수 없는 이유가 된다.

호흡을 하면 폐의 수축에 따라 가슴이 위아래로 움직이게 되는데 이 움직임을 막기 위해서는 숨을 멈추는 것이 가장 좋다. 하지만 당연히도 저격수도 사람인 이상 호흡을 하지 않으면 죽으므로 호흡을 멈추기 위한 요령이 필요하다. 무턱대고 갑자기 숨을 멈추면 안되고 자연스러운 호흡의 흐름을 무너뜨리지 않으면서 안정된 상태에서 일시적으로 멈춰야 한다.

예를 들어 폐의 공기를 30% 정도 내뱉은 시점에서 자연스럽게 호흡을 멈추는 방법이 널리 쓰이고 있다.

숨을 멈추면 폐의 산소가 피를 통해 몸 안에 공급되지 않게 된다. 그러면 몸의 곳곳이 산소 부족의 영향을 받게 된다. 이 시간이 길어지면 손끝이 떨리고 눈이 침침해지는 등 신체 기능이 떨어지게 된다. 이 때문에 숨을 멈출 수 있는 시간은 아주 짧은 순간뿐이다.

단순히 숨을 멈추는 훈련을 반복하면 1분이나 2분 정도 숨을 멈추는 것도 가능하지만 이렇게 하면 숨을 멈추는 데 정신이 집중되고 신체능력이 떨어지기 때문에 저격을 위한 준비태세로서는 적절하지가 않다. 또한 긴장 시에 뇌에서 분비되는 아드레날린도 신체의 안정성에 악영향을 준다. 훈련으로 저격을 위해 숨을 멈추는 시간을 다소 늘릴 수는 있더라도 몸에서 고통스러운 신호가 오기 전 몇 초 동안에 방아쇠를 당길 것인가 다음 기회를 기다릴 것인가를 판단하지 않으면 안 된다.

저격과 호흡

저격에서는 최대한 총을 고정시켜야 한다.

장거리 사격에서는 1mm 정도 손을 떨어도 조준이 크게 어긋난다.

호흡을 위한 몸의 움직임은 사수의 가슴을 수 밀리미터 단위로 움직이게 한다.

그러므로 숨을 멈추어야 한다.

물에 들어갈 때처럼 크게 숨을 들이마신 후 숨을 멈추는 것은 적절하지 않다.

안정된 상태에서 폐의 공기를 30% 정도 토해낸 시점에서 호흡을 멈춘다.

호흡을 멈추면 산소부족으로 인해 몸과 정신에 부담이 가해진다.

숨을 멈출 수 있는 시간은 극히 짧다.

결심하고 방아쇠를 당긴다.

다음 기회를 노린다.

어느 쪽을 선택할지 신속하게 결정할 필요가 있다.

원포인트 잡학

숨을 들이마시는 것을 업 브레스, 토할 때를 다운 브레스, 들이마시거나 토하는 도중에 몸이 정지할 타이밍을 포즈라고 한다. 스나이퍼는 몇 초 간의 포즈 타이밍에 맞춰 사격할지 말지를 판단할 수 있어야 한다.

방아쇠는 당기는 게 아니라 조이는 것이다?

저격 시의 총기 조작은 하나하나 세심한 주의를 기울여야 할 필요가 있다. 방아쇠를 당기는 동작 역시 마찬가지이다. 방아쇠의 모양과 구조도 중요하지만 사수가 신중하게 방아쇠를 다루지 않으면 저격의 실패 확률이 높아진다.

●주저하지 말고 부드럽게

적절한 저격 위치를 확보한 후 알맞은 사격 자세로 완벽한 조준을 하더라도 마지막 순간에 방아쇠를 당기는 순간 실수를 하게 되면 그때까지의 노력이 모두 물거품이 되어버린다. 방아쇠 조작(Trigger Control)은 사격술의 기본으로 어떠한 상황에서도 완벽해야 한다.

방아쇠는 「재빨리 단숨에 당기는」 것이 아니라 부드럽게 일정한 속도로 천천히 「쥐어짜는」 것이다. 방아쇠에 집게손가락 안쪽을 올린 다음 엄지손가락을 향해 천천히 조이는 듯한 느낌이다.

방아쇠를 재빨리 당기게 되면 순간적으로 걸린 힘이 팔과 어깨 등으로 흘러가게 되고 이로 인해 사격 자세가 비뚤어져 결국은 소총의 견착이 흐트러지며 조준한 목표로 탄환이 날아가지 않게 된다.

방아쇠를 강하게 당기는 것은 사수가 격발 시의 소리와 반동에 반응하기 때문이기도 하다. 총탄이 발사되는 순간의 충격에는 무의식적으로 반응하게 되므로 사수는 자신이 격발 시의 소리와 반동에 의해 영향을 받는다는 것을 의식하고 교정해야 한다. 이에 대해 사격 훈련 중 「화약을 뺀 탄약을 섞어 쏘는」 방법이 있다. 화약이 들어 있지 않은 탄약은 방아쇠를 당기더라도 격발이 일어나지 않는다. 탄환이 발사될 것이라 생각하고 무의식적으로 방아쇠를 강하게 당기던 사수라 해도 격발 시에 아무런 충격이 없으면 그 순간 자신이 얼마나 힘을 주는지를 파악할 수 있다. 이러한 훈련을 반복하여 자신이 얼마나 격발 시에 불필요한 힘을 주는지 명확히 인식하게 된다.

매우 흔한 방법이지만 동전을 사용한 훈련도 효과적이다. 소총을 겨눈 상태에서 총열 위에 동전을 얹고, 그것이 떨어지지 않게 방아쇠를 당기는 이 훈련법은 탄약을 사용하지 않기 때문에 장소를 가리지 않고 연습할 수 있으며 트리거 컨트롤 능력을 꾸준히 향상시킬 수 있다.

섬세한 손가락 사용

조준이나 자세가 완벽하더라도
방아쇠를 당기는 단계에서 실패하면 모든 것이 허사이다.

방아쇠를 당기는 기술인 「트리거 컨트롤」은 사격술의 기본이며
저격수라면 확실하게 몸에 익혀야만 하는 기술이다.

방아쇠는 한 번에 당기지 말고 쥐어짜듯이 당긴다.

방아쇠를 세게 당기면……

「총이 흔들리며」, 「사격자세가
비뚤어지는」 등의 이유로 명중
도가 떨어진다.

방아쇠를 세게 당기게 되는 이유

발포 순간 반사적으로 소리와 반동에
대해 몸이 반응한다.

몸이 그렇게 길들여져 버리면
교정에 시간이 필요하다.

격발 교정의 방법

화약이 채워지지 않은 훈련탄을
섞어서 훈련한다.

불발 시에 몸이 움찔하지 않게
될 때까지 반복훈련.

총열 위에 동전이나 바둑알을 올려
방아쇠를 당긴다(비장전 상태).

진동으로 동전이
떨어지지 않으면 합격.

원포인트 잡학

방아쇠를 세게 당기는 것을 「저킹(jerking)」이라고도 한다. 발포 시에 몸이 움직여버리는 「플린칭(flinching)」은 근
육의 위축에 따라 발생하는 수동적인 현상으로, 전문적으로는 「저킹」과 구별된다.

락타임이란 무엇인가?

방아쇠를 당긴다고 해서 바로 탄환이 총구에서 나오는 것은 아니다. 공이가 뇌관을 때려서 탄약 내의 화약을 연소시키고 이로 인해 발생한 가스의 압력으로 총열 내를 전진하여 총구에서 발사되는 것이다. 이 과정에 소모되는 시간을 락타임이라고 부른다.

●탄환이 발사될 때까지의 시간차

과거의 서양 귀족들이 결투에 사용하거나 해적들이 가지고 다니던 구식 머스킷 총은 작동 방식에 따라 휠락(Wheellock)과 플린트락(Flintlock) 등으로 구분된다. 종류는 여러 가지가 있지만 이름을 붙이는 방식을 보면 「OO+락(Lock)」으로 불리는 것을 알 수 있다. 화약의 점화에 톱니바퀴(Wheel)를 사용하는 것이 휠락, 플린트(Flint, 부싯돌)을 사용하는 것이 플린트락이다.

락이란 작동 구조를 가리키는 말이며 「방아쇠를 당겨서 탄환이 발사되기까지 필요한 시간」을 「락타임」이라 부르게 되었다. 발사과정에 시간이 걸려서 락타임이 길어지면 그 사이에 조준이 흐트러질 수도 있으며 이럴 경우 탄환이 조준한 것과 다른 방향으로 날아가게 된다. 현대 총기의 락타임은 1초도 걸리지 않지만 그 짧은 순간이라도 몇 밀리미터의 오차가 발생할 경우 악영향을 받아 실패할 수도 있는 것이 저격이다.

락타임은 방아쇠의 작동 거리와도 관계가 있다. 사수가 사격을 결심하고 손가락에 힘을 준 순간부터 방아쇠를 완전히 당겨서 격발될 때까지 시간이 길면 그만큼 락타임이 길어지기 때문이다.

저격수는 락타임을 단축하여, 원하는 타이밍에 격발이 되도록 방아쇠를 2단계로 나누어 당긴다. 우선 방아쇠를 당기되 「아주 약간만 더 힘을 주면 격발이 될」 정도의 상태를 만들고 그 상태를 유지하는 것이다. 이후 그 상태에서 표적을 관찰하다가 필요한 순간에 마지막 힘을 주는 것이다.

이 기술은 저격수가 경계상태일 때 주로 사용하는데 만약 방아쇠의 압력이 강할 경우 방아쇠를 당기는 손가락의 피로도가 높아져 안정된 임무수행이 어려워지기 때문에 방아쇠의 압력을 약한 것으로 교체하기도 한다. 이러한 2단 격발의 기능을 가진 방아쇠를 2단 격발 방아쇠(2 Stage trigger)라고 부른다.

락타임

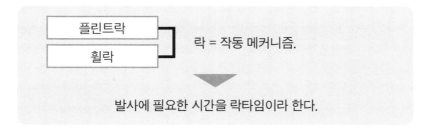

플린트락
휠락

락 = 작동 메커니즘.

발사에 필요한 시간을 락타임이라 한다.

락타임은 짧을수록 좋다.

방아쇠를 당긴 후 발사되기까지의 시간이 길면
그 사이에 총기가 움직여 조준이 흐트러진다.

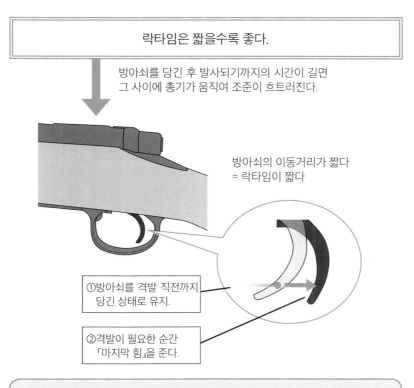

방아쇠의 이동거리가 짧다
= 락타임이 짧다

①방아쇠를 격발 직전까지
 당긴 상태로 유지.

②격발이 필요한 순간
 「마지막 힘」을 준다.

락타임을 단축시키기 위해 방아쇠를 2단계로 나눠서 쏘는 기술이 사용된다.

원포인트 잡학

아무리 빠르게 방아쇠를 당겨도 락타임이 0이 되지는 않지만 전기회로를 이용한 전기식 방아쇠(Electronic Trigger)라면 콤마 몇 초 이하의 시간 안에 탄환을 발사할 수 있다.

개인의 습관은 고쳐야만 하는 것인가?

저격수 훈련에서는 각종 저격자세를 비롯하여 「해야 할 일」과 「하지 말아야 할 일」들을 배운다. 훈련을 받기 이전부터 몸에 익은 버릇이나 습관 같은 것은 어떨까. 완전히 없애야 할까 아니면 그냥 놔둬도 되는 것일까.

●맞지 않는다면 의미가 없다……?

저격에서는 중요한 요소가 2가지 있다. 하나는 당연히도 「표적을 잡아서 정확히 겨누는 능력」이다. 그리고 또 하나 중요한 것은 「언제든지 같은 수준의 사격을 가할 수 있는 능력」이다.

항상 같은 총으로, 같은 상태를 유지하며 저격수가 자신의 눈과 조준경과 총구를 항상 동일한 위치관계로 놓을 수 있다면 탄환은 반드시 같은 곳으로 날아가게 마련이다.

이것이 불가능하다면 바람이나 기온, 습도와 같은 불확정 요소에 의한 수정을 가할 때 기준이 되는 토대 자체가 형성될 수 없는 것이다. 뛰어난 저격수는 이러한 불확정 요소가 없는 상태라면 「몇 발을 쏘더라도 같은 장소를 맞힐 수 있는」 실력을 가지고 있어야 한다.

물론 말이 쉽지 실제로는 상당히 어려운 이야기이다. 저격수가 역사에 등장한 지 200여 년간, 확립된 사격자세와 노하우 등이 존재하지만 그런 것들보다 자신 만의 룰에 따르는 것이 오히려 더 좋은 성적이 나온다고 믿는 사람도 적지 않다.

수렵 경력이 풍부한 사냥꾼이나 사격 경기에서 높은 성적을 거둔 선수들이 특히 이러한 경향이 강하며 각각 나름의 독자적인 사격 철학을 갖고 있는 경우도 많다. 그러다보니 사격에 대한 생각으로 사격훈련 교관과 대립하는 경우마저 드물지 않다. 결과적인 면만 본다면 어떠한 사격 방법이라도 잘 맞기만 한다면 그걸로 족하다. 테러리스트인 저격수라면 「저격을 성공」시키는 것보다 중요한 것은 없다.

하지만 군대나 경찰 등 조직에 소속된 저격수라면 조금 이야기가 다르다. 조직을 유지하고 발전시키기 위해서는 저격수의 기술을 내부에서 전파하고 발전시켜 나아가야 한다. 그런데 본인밖에 재현할 수 없거나 본인의 특성에만 맞는 기술과 노하우라면 어떨까. 이러한 것은 조직 전체의 저격 역량을 발전시키는 데 도움이 되지 않는다.

독자적인 저격술

습관이나 독특한 기술을 인정할 것인가 말 것인가?

이른바 자기만의 스타일

· 다른 사람과 분명히 다른 사격자세.
· 필요한 순서나 규칙을 무시.
· 불필요한 일이나 과정에 집착.

기본적으로, 그러한 저격이 성공만 한다면야
자기만의 스타일도 다소 허용 가능하다.

저격수는 특성상 어느 정도 자유재량이 허용되는 입장이기 때문에 결과가 좋다면 다소 특이한 습관이 있어도 문제가 되지 않는다.

독자적인 사격경험과 철학을 가지고 있는 사람들은 아래와 같은 경향이 강하다.

· 사냥꾼 경험이 풍부한 사람.
· 사격경기 등에서 높은 성적을 거둔 사람.

하지만 개인이 아니라 조직에 속한 저격수의 입장이라면 조금 다르다

· 조직의 규율과 부딪힌다.
· 조직의 저격기술 향상에 도움이 안 된다.

이런 이유로 도가 넘는 개성은
용납되지 않는다.

원포인트 잡학
지나치게 독특한 특징은 자신을 쫓는 자에게 단서를 주게 된다. 적의 저격수와 대결할 가능성이 있거나, 수사기관에 쫓기는 자들은 이런 점을 유의한다.

탄환은 직선으로 날아가는 것이 아닌가?

총에서 발사된 탄약은 사수가 조준한 곳을 향해 날아가지만 언제까지나 「직진」할 수 있는 것은 아니다. 멀리 날아가다가 중력의 영향으로 밑으로 떨어지기도 하며 기온과 습도에 따라 탄도가 크게 늘어나는 경우도 있다.

●중력과 공기 저항의 영향

총구에서 발사된 탄환은 긴 거리를 날아가는 동시에 운동 에너지를 상실하며 지구의 중력에 의해 점점 땅으로 떨어지게 된다. 게다가 거리가 먼 표적을 노릴 때에는 확실한 명중을 위해 총열을 조금 들어서 각도를 주게 된다. 이는 야구공을 멀리 던지기 위해서 조금 위를 향해서 던지는 것과 같은 이치이다. 탄환은 일직선이 아니라 포물선을 그리며 목표에 도달한다.

이러한 포물선의 호는 탄약의 위력이 커질수록 작아진다. 즉 5.56mm보다는 7.62mm, 7.62mm보다는 12.7mm 구경 쪽이 탄도가 평탄하며 흔들림을 고려할 필요가 적어지는 것이다. 원거리 저격에서 12.7mm와 7.62mm의 대구경 소총이 인기인 것은 이런 이유에서이다.

기온이 높고 습도가 낮을 경우에는 탄도가 늘어나게 된다. 이처럼 탄도가 상하로 변화하는 경우에는 불규칙적인 요소는 그다지 관계없으며, 계산과 경험에 의한 직감으로 대응할 수 있다. 같은 탄약을 사용한다면 총구에서 몇 미터 지점에서 공기 저항에 의해 탄환이 상승하며 몇 미터 지점에서 힘을 잃어 추락하게 되는지 파악하고 있을 것이다.

탄도가 좌우로 변화하는 경우, 즉 옆바람으로 인한 영향의 경우는 신중하게 고려해야 한다. 특히 5.56mm탄과 같은 소구경탄을 사용한 저격의 경우라면 탄약이 가볍기 때문에 바람에 휩쓸리기 쉽다. 이러한 요소는 훈련과 직감만으로는 극복하기 어려우므로 바람이 그칠 때까지 기다리거나 과감하게 저격 지점의 후보에서 제외하는 등의 발상의 전환이 필요한 경우도 있다.

「편류」에 대해서도 고려할 필요가 있다. 탄환이 날아가다가 중력에 이끌려서 떨어지지만 그 과정에도 공기의 저항이 생겨난다. 탄환은 강선의 효과로 회전하고 있어 곧바로 아래 방향으로 떨어지지는 않는다. 대부분의 소총류 총기의 강선은 오른쪽 회전이어서 탄환은 중력으로 낙하할 때 오른쪽으로 흘러가게 된다(7.62mm탄을 800m거리에서 쏘았을 경우라면 30cm 가까이 오른쪽으로 흐르게 된다).

각 사수는 탄도변화를 계산에 넣어서 사격한다

발사한 탄환이 상하좌우로 움직이는 것은 당연한 일.

위로 올라가는 경우

⇒ 기온이 높고 습도가 낮으면 탄환은 좀처럼 떨어지지 않는다. 탄환의 비행고도가 상승하는 경우는 좀처럼 없지만 계곡 등에서 상승기류가 있을 경우 등 예외도 있다.

좌우로 흔들리는 경우

⇒ 옆으로 바람이 부는 상태라면 탄환은 그 바람의 방향으로 흐르게 된다. 탄환의 비행거리가 길어져 운동 에너지가 약해질수록 바람의 영향을 크게 받는다.

아래로 떨어지는 경우

⇒ 중력이 있기 때문에 다른 외적요인이 없더라도 시간이 지나면 자연스럽게 아래로 떨어진다. 강선에 의한 회전 때문에 편류가 발생하여 탄환은 곧바로 아래로 떨어지지 않고 회전하는 방향으로 떨어지게 된다.

다만 이러한 점을 염두에 두어야 하는 것은 400m를 넘는 저격일 경우이다. 100~200m의 근거리 저격에서는 크게 걱정할 필요가 없다. 경찰조직에 소속된 저격수는 200m 이내의 거리에서 저격하는 경우가 대부분이므로 조준경의 십자선에 맞춘 곳에 그대로 명중한다고 보면 된다.

원포인트 잡학
조준 조정 시 상하의 낙차는 과학적인 계산으로 뽑아낼 수 있지만 옆에서 부는 바람에 의한 영향은 경험이 풍부한 사수가 아니라면 가늠하기 어렵다.

탄착점을 정확히 예측하기 위해서는?

저격수는 자신이 쏜 탄환이 어디에 맞았는지를 그때마다 정확히 파악해야 한다. 과녁을 벗어났을 때의 조준을 재조정하는 것은 물론이며 조준 시의 이미지와 실제의 탄착점의 차이를 조율하기 위해서도 필요한 것이다.

●가능하다면 2인 이상으로

저격수가 사용하는 저격소총의 탄환은 엄청난 고속으로—경우에 따라서는 음속도 넘는 속력으로 비행하기 때문에 날아가는 모습을 육안으로 보는 것은 불가능하다. 스프링의 힘으로 피스톤을 압축하거나 가스 압력으로 플라스틱 총알을 사용하는 장난감 총을 쏘는 감각으로 날아가는 탄환을 보며 어디에 맞는지를 확인할 수는 없는 것이다.

이 때문에 탄환이 맞은 곳에서 피어오르는 「흙먼지」로 탄착점을 재는 방법이 사용된다. 물론 맞은 곳이 바위나 벽 같은 딱딱한 곳이라면 파편이 날아갈 것이며 인간이나 동물의 몸이라면 혈액, 수면일 경우에는 물보라가 일어날 것이다. 그 순간을 놓치지 않고 차탄 발사를 위한 조준 조정에 반영하는 것이다.

물론 1km를 넘는 원거리 저격일 경우에는 그 광경을 직접 볼 수 없으므로 조준경에 맺힌 영상으로 확인해야 한다. 그러나 원거리 저격일 경우에는 저격총을 조금만 움직여도 조준경 내의 표적이 사라져 버린다. 원거리 저격에 사용하는 저격총은 7.62mm 이상의 대구경인 경우가 많다. 이런 총은 발사 시의 반동도 강하다. 원거리 저격일수록 고도로 훈련된 기량을 갖춘 사수이거나 저격소총 자체에 충격을 흡수하는 장치가 되어 있지 않는 한 시계를 안정시키거나 탄착점을 확인하는 것은 매우 어려운 일이다.

이때 중요한 역할을 하는 것이 관측수이다. 사수는 표적에 집중하는 경우가 많으므로 탄착의 흔적을 놓치기도 쉽다. 반동으로 인해 총이 움직이는 등 표적이 조준경의 시야와 크게 멀어지는 경우 사격 후의 정보수집도 어려울 수밖에 없다. 높은 배율의 조준경일수록 주변 시야도 좁아져서 이러한 어려움도 커진다. 관측수는 자신의 소총에 장착된 조준경이나 전용 관측용 망원경 등으로 착탄을 확인하고 적절한 조준 수정 지시를 사수에게 내려서 신속하게 제2발을 준비할 수 있게 해줘야 한다.

탄착점의 확인

자신이 쏜 탄환이 어디에 맞았는가?

물론 저격의 이상은 초탄필중이겠지만……

약간의 수정으로 차탄을 명중시킬 수 있을 것인가?

전혀 예상치 못한 곳에 착탄되어 1회의 수정만으로는 맞히기 어려운 상황인가?

저격임무를 「계속」할 것인가 「중지」할 것인가를 판단하기 위해서도 정확한 탄착점의 확인이 필요하다.

탄의 궤도를 파악하고 탄착점을 알기 위해서는……

보통 탄도를 육안으로 볼 수는 없지만……

· 탄환이 공기를 가르며 흐르는 궤적이 보이는 경우가 있다.
· 탄환이 빛을 반사하여 순간적으로 궤도를 볼 수 있는 경우가 있다.
· 예광탄을 사용하여 탄도를 확인할 수 있다(눈에 띄기 때문에 주변에도 들킨다).

탄이 명중한 곳에서는……

흙먼지　　**파편**　　**피**　　**물보라**

등이 일어나므로 이를 통해 탄착점을 파악한다.

예광탄을 쏘면 이쪽의 위치가 드러나서 위험하기도 하지만 적의 저격수가 숨어 있는 곳에 쏴서 아군 부대에게 적의 위치를 전파해 일제 사격으로 제압하는 방법도 있다.

비가 오는 날에는 탄도가 휜다?

하늘에서 내리는 빗방울 그 자체는 저격 시에 그다지 문제가 안 된다. 하지만 비가 내린다는 것은 주변의 「기온이 낮고」 「습도가 높은」 상황이라는 이야기이다. 이런 환경은 탄도에 큰 영향을 미친다.

●기온과 습도의 영향

저격수라면 표적이 헛점을 보일 때까지 비가 오든 눈이 오든 기다리는 것이 일이다. 그러한 노력을 헛되게 하지 않기 위해서라도 「비 오는 날의 저격이 탄도에 미치는 영향」을 이해해야 한다.

특히 기온이 높고낮음에 의한 영향이 크다. 기온이 높아지면 탄약의 연소가 빨라져 탄환을 발사하기 위한 가스의 힘이 강해지며 초속이 증가하고 운동 에너지도 강해진다. 반대로 기온이 낮아지면 탄약의 연소 속도가 늦어지며 탄환의 초속이 떨어진다.

초속이 떨어지면 비거리도 짧아지므로 초탄의 탄착점도 변하게 된다. 여러 발을 사격하게 될 경우 약실 내 온도가 상승하고 초속도 올라가기 때문에 최초의 1발로 임무가 완료되는 경우가 아니라면 이러한 변화를 고려하여 조준을 조정해야 한다.

습도가 높으면 대기 중의 저항이 커지면서 탄환의 에너지 손실도 커진다. 사막 지역의 공기는 따뜻하고 건조하여 공기의 밀도가 낮기 때문에 탄환이 멀리까지 날아가며 같은 곳에 조준하여도 조금 높은 곳에 명중한다.

비가 많이 오는 지역에서 저격을 해야 할 경우 또 한 가지 고려해야 할 문제가 있다. 바로 총기와 탄약이 비에 젖어버리면서 건조한 상태에서 조정한 총의 조정상태를 상실하게 되는 것이다. 미리 총과 탄약의 온도가 차가워지거나 습기가 스며들지 않도록 조치하는 것이 바람직하지만 여의치 않은 상황이라면 역발상으로 모두 물에 담가버린 다음 그 상태에서 재조정을 해야 한다. 이 경우에도 정밀기기인 조준경에는 커버를 씌우거나 비닐을 감는 등의 보호조치를 해야 하며 렌즈를 닦기 위한 부드러운 천 등도 준비해둬야 한다.

비오는 날의 저격

> 「비가 오니까 쉬었다 하자」
> ……같은 말은 기대할 수 없는 것이 저격의 세계.

저격의 기회는 햇볕이 쨍쨍한 날에만 있는 것이 아니다.

「비」라는 기상조건이 저격에 미치는 영향

낮은 기온

⇒ 화약의 연소 속도가 느려지며 초속이 떨어진다. 초속이 낮으면 거리도 짧아지고 기온이 높을 때에 비해 탄착점도 달라진다.

높은 습도

⇒ 공기저항이 커지는 만큼 비행하는 탄환에게 더 많은 에너지 소모를 강요한다. 이로 인해 사거리가 짧아지며 탄착점도 달라진다.

총의 조정상태

⇒ 총과 탄약의 온도가 낮아지거나 습기가 차면서 처음에 조정한 것과 다른 상태가 된다. 특히 조준경은 정밀기기이므로 상당한 주의를 기울여야 한다.

사전에 비가 오는 상황에서 저격할 것을 알았다면
이러한 요건을 고려하여 준비와 조정을 해둔다.

원포인트 잡학

현대의 총기에 사용되는 탄약은 완전밀폐식이므로 비에 젖는 정도의 습기로 인해 불발탄이 되는 경우는 일어나지 않는다.

바람이 강한 날에 주의해야 할 것은?

총탄은 「맞으면 사람이 죽을」 정도의 위력으로 날아가므로 웬만한 바람이라면 별 문제가 없으리라 생각된다. 100~200m 거리의 저격이라면 그 말이 맞다. 하지만 그 이상의 원거리 저격이라면 바람의 영향을 무시할 수 없다.

● 장거리 사격에서는 바람에 탄환이 밀린다

총탄은 사거리만큼 날아가며, 최대 사거리에 가까워질수록 발사 시에 가지고 있던 에너지를 잃게 된다. 에너지가 적어질수록 당연히 「앞으로 나아가려는 힘」도 약해지므로 옆에서 부는 바람에 의한 영향을 받기도 쉬워진다. 야구공이 홈런이 되기 직전에 바람에 휩쓸려서 파울볼이 되는 것은 흔한 일이다. 야구공보다 훨씬 작고 가벼운 탄환이 바람의 영향을 받는 것도 당연한 이야기일 것이다.

총구에서 발사된 탄환이 바람에 휩쓸리는 것은 초능력자라도 되지 않는 한 어쩔 수 없는 일이다. 따라서 처음부터 바람의 움직임을 고려하여 목표를 조준할 필요가 있다. 표적까지의 거리와 풍속, 풍향 등의 영향을 계산하여 조정 손잡이를 어떻게 조작해야 좋을지를 산출하는 것이다.

풍속계 같은 도구가 있다면 정확하고 적절한 수치를 낼 수 있지만 그러한 장비가 없을 경우에는 「지식과 경험」으로 값을 알아내야 한다. 풍속과 풍향은 연기나 키가 큰 풀, 나뭇잎이나 종이, 모래 먼지, 깃발, 빨래 등을 통해 읽을 수 있다. 순풍과 역풍은 탄도에 큰 영향을 주지 않지만 옆 방향에서 불어오는 바람의 경우는 주의해야 한다.

바람은 저격수의 자세에도 영향을 준다. 저격소총은 긴 총신을 가지고 있기 때문에 강한 바람 속에서는 조준 자세를 유지하는 것이 어려워진다. 바람에 의해 총열이 1mm 정도 어긋나기만 해도 수백 미터 날아가는 동안 몇 미터 이상 탄도가 어긋나는 것은 흔한 이야기이다.

엎드려쏴 자세로 총기에 양각대를 장착하는 등 안정성을 최대한으로 높일 수는 있지만 바람에 의한 흙먼지가 눈에 들어가는 등 예상치 못한 「사고」는 얼마든지 일어날 수 있다. 이를 피하기 위해서라도 실내 저격을 검토하거나 바람막이를 준비하는 등의 준비를 해야 한다.

바람의 영향

근거리라면 「바람의 영향」을 크게 고려하지 않아도 되지만……

 장거리 저격의 경우 탄환은 바람에 밀리게 된다.

처음부터 바람의 강도와 방향을 고려하여 조준할 필요가 있다.

풍속계를 이용하여 정확한 수치를 확인할 수도 있지만……

· 풍속계가 고장났거나 가지고 있지 않은 경우.
· 표적 근처의 데이터는 현재 위치의 풍속계로는 파악할 수 없다.

이러한 것들을 통해 바람의 움직임을 파악해야 한다.

연기의 방향이 곧게 피어오른다
풍속 5m/h 미만

잎사귀나 꽃잎이 흔들린다
얼굴로 바람이 느껴진다
풍속 10m/h 정도

흙먼지나 종이 쓰레기 등이 날린다
풍속 15m/h 정도

깃발이나 세탁물
각도에 따라 풍속을 알 수 있다

발사된 탄환이 아니라 총기 그 자체가 바람의 영향을 받는 경우도 잊지 말아야 한다.

바람에 의해 총열이 1mm 정도 흔들리는 것만으로도 몇백 미터를 날아가는 탄도에 큰 영향이 생긴다.

원포인트 잡학
조준을 조정할 때, 바람의 영향을 고려한 좌우 조율은 경험이 풍부한 사수가 아니면 성공하기 힘들다.

No.066

시험사격을 하지 않으면 저격은 실패한다?

다른 사람이 쓰던 총을 건네받은 저격수가 신속하게 저격 자세를 취한 다음 쏘자마자 1발에 표적을 맞힌다. 픽션의 세계에서는 종종 연출되는 장면이지만 실제로는 거의 일어나기 어려운 일이다.

●「영점잡기」의 중요성

제대로 훈련받은 저격수가 아무런 준비도 없이 「실전」에 임한다는 것은 생각하기 어려운 일이다. 총알이 빗발치는 전쟁터라면 적당한 표적을 노려 시험 사격을 해서 총기의 상태를 파악한 다음, 상황이나 환경에 맞춘 조정을 하여 저격의 성공률을 높이는 방법을 사용할 수 있다.

그러나 적의 세력권 내에 잠입한 다음 중요 인물을 암살하는 「저격 임무」의 경우라면 그럴 여유가 없다. 일반적으로 첫발로 목적을 달성하지 못한다면 표적의 도주와 반격을 허용하면서 임무가 실패로 끝나고 만다. 이처럼 현장에서 준비를 할 수 없는 상황이 예상된다면 사전에 최대한의 준비를 해가는 수밖에 없다. 발사된 탄환이 마음먹은 곳에 정확히 맞도록 조준을 제대로 조정하는 것을 영점잡기(Zero in)라고 한다. 영점잡기의 기본은 간단하다. 일단 표적의 중심을 노리고 쏜 후 자신이 조준한 곳과 실제로 맞은 곳 사이에 「얼마나 탄착점이 어긋났는가」를 확인한다. 그 다음 틀어진 거리만큼 소총의 조준 조정 손잡이를 움직이는 것이다. 예를 들어 탄착점이 표적의 중심에서 「위로 3cm」, 「왼쪽으로 4cm」 어긋난 경우라면 상하 조절 손잡이를 「아래로 3cm분」, 좌우 조정 손잡이를 「오른쪽으로 4cm분」 움직이는 식으로 진행한다. 이렇게 사격과 조정을 「탄이 조준점 한복판에 명중」할 때까지 반복한다.

표적까지의 거리, 현지 기상조건 등을 미리 파악하고 있는 경우라면 같은 조건으로 영점 조정을 해놓은 다음 현지에서 최소한의 미세조정을 하는 정도로 저격을 수행할 수 있지만 그렇게 좋은 조건하에 저격을 수행할 수 있는 상황은 드물다. 그래서 일단 400m 안팎(이 거리는 임무와 사수의 취향에 따라 다르다)의 거리에서 영점을 잡아둔 다음 저격 위치에서 표적을 포착했을 때 설정된 거리와 실제 저격 거리의 차이와 바람의 영향 등을 「계산」하고 나서 「사수 자신의 경험에서 오는 직감력」으로 수정하는 것이 일반적이다.

다른 사람이 사용하던 총의 조준은 자신에겐 안 맞는다고 생각하라

영점잡기(제로 인)란······

| 조준기에 표시되는 중심 | 에 | 조준을 정확히 맞히는 것 |

(조준기가 조준경이냐 기계식 조준기이냐는 상관없다)

> 어? 총의 조준은
> 정확히 맞는 게 당연한 거 아냐?

· 총을 보관 중이거나 운반할 때 조정 손잡이를 건드리거나 움직일 가능성.
· 자기만의 버릇이 강한 사수는 조준의 위치도 일반적이지 않은 경우가 있다.

저격수는 「자신이 영점을 잡은 총기의 조준」 이외에는 믿지 않는다.

영점잡기의 순서

1발 쏴서
탄착점을 확인. ▶ 빗나간 거리만큼
「상하」 「좌우」
조정을 한다. ▶ 한 번 더 쏜 다음
탄착점을 확인. ▶ 영점잡기
완료.

겨냥한 곳에 착탄될 때까지 반복한다.

현장에서는 한 발로 끝내는 경우가 대부분이다. 기온과 습도, 바람의 방향 등의 불확정 요소의 수정은 현장에서 진행하지 않으면 안되는 만큼 총기의 조준 조정만큼은 사전에 완벽하게 완료해야 한다.

원포인트 잡학

영점잡기는 영어로 「Zero in」 「Sight in」 「Zeroing」이라고도 부른다. 작업 전에 각 부품과 총열 등을 확실하게 손질해둔 다음 총열이 식은 상태에서 진행해야 한다.

조준경 조정은 어떻게 하는가?

조준경은 저격소총에 필수인 존재이지만 소총이 제조된 시점에서는 장착되어 있지 않은, 어디까지나 「추가 옵션」이다. 이 때문에 사용자가 직접 장착하고 조정하는 등의 작업을 진행해야 한다.

●조준 조정 손잡이를 사용

저격소총의 조준경은 사수가 직접 조정해야 하는 장비이다. 만약 「처음부터 조준경이 장착된 상태」로 전달된 경우라 해도 직접 조정을 해두는 편이 좋다. 「조정을 마친 상태」로 손에 넣었다 하더라도, 체형이 다르고 손에 드는 방법도 다른 타인이 조율한 조준경을 무조건 믿는 것은 어리석은 일이다.

조준경에는 조준 조정을 위해 다이얼 형태의 손잡이가 붙어 있다. 조준경의 영점은 영점 사격을 하며 이 손잡이를 돌려 십자선 중심으로 탄착점이 오도록 하는 방식으로 잡는다. 조정 손잡이는 금고의 다이얼처럼 1눈금을 움직일 때마다 「딸칵」 거리는 소리가 나거나 가볍게 걸리는 느낌이 있는 형태로 사용자가 조정되는 상황을 파악할 수 있게 해준다.

조정 다이얼을 돌렸을 때 「딸칵」 거리며 움직이는 1눈금을 「1클릭」이라고 부른다. 1클릭씩 변경하며 영점을 잡기보다는 예상된 변경폭보다 조금 더 클릭을 돌린 다음 반대 방향으로 되돌리는 방식이 정확한 영점을 잡는 데 도움이 된다. 예를 들어 4클릭 정도 왼쪽으로 돌려야 한다면, 6클릭 왼쪽으로 돌린 다음 2클릭 오른쪽으로 되돌리는 식이다.

이는 정밀기기를 조정할 때 사용하는 일반적인 방식으로 「미세한 기계적 오차」를 피하기 위해서라는 이유로 널리 사용되는 방식이다. 자신의 경험상 품질이 낮은 조준경이 아니라면 이렇게까지 할 필요는 없다고 생각하는 저격수도 있다.

조준경을 현지에서 장착하는 것은 그다지 좋은 행동이 아니다. 설치되는 위치가 1mm, 각도가 1도 어긋나는 것만으로도 원거리 저격의 탄착점이 달라지기 때문이다. 원칙적으로 조준경은 저격소총에 장착하여 영점을 잡은 그 상태 그대로 저격 지점까지 운반해야 한다. 물론 임무상의 제약으로 저격총과 조준경을 따로 운반해야 하는 경우도 있지만 그런 경우에는 영점을 다시 잡거나, 여의치 않을 경우 최소 1발은 쏴서 총이 기존의 영점 상태에서 얼마나 다른 상태가 되었는지 정도라도 확인해야 한다.

조준경의 장착과 조정

조준경은 「장착」하는 것만으로는 아무런 쓸모가 없다.

반드시 사수 자신이 「영점」을 잡아야 한다.

우선 조준경이
정확히 마운트에
장착되어 있는지 확인한다.

마운트에 밀착
되어 있는가?

나사가 느슨해지지는
않았는가?

그 다음 조준경의 영점을 조정한다.

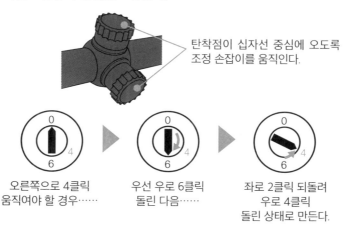

탄착점이 십자선 중심에 오도록
조정 손잡이를 움직인다.

오른쪽으로 4클릭
움직여야 할 경우……

우선 우로 6클릭
돌린 다음……

좌로 2클릭 되돌려
우로 4클릭
돌린 상태로 만든다.

장착 위치와 조준경 영점 조정 등을 일정하게 하여 장착 후의 수정을 최소한으로 할 수 있다.

원포인트 잡학

갑작스럽게 표적이 움직이거나 바람이 강하게 분다든가 하는 돌발상황 때, 클릭 조정으로 조준을 고칠 여유가 없다면 조정 손잡이 대신 조준경 내 조준선의 밀닷(Mildot)을 기준으로 눈가늠으로 조준을 수정하여 저격해야 한다.

보어사이팅이란 무엇인가?

조준경을 장착하고 영점사격을 해도 표적지에 제대로 명중시키지 못하는 경우가 있다. 총열이 휘어 있지 않고서야 이런 일은 일어나지 않는다. 우선 조준경이 제대로 장착되어 있는지부터 확인해 봐야 한다.

●총열을 들여다보며 중심을 잡는다

조준경은 총기의 상부, 총열과 평행으로 배치되는 것이 일반적이지만, 실제로는 조준경으로 겨냥한 라인(조준선)이 총열을 통해 총탄이 날아가는 라인(총열선)을 따라가다가 어느 지점부터는 아래로 내려가게 된다.

이 지점을 원하는 탄착점과 일치시켜야 하기 때문에 「보어사이팅(Boresighting)」이라 불리는 작업이 필요하다. 가장 기본적인 보어사이팅 방법은 볼트액션 저격총의 경우 노리쇠를 분해한 다음 약실을 통해 총열을 들여다보았을 때 표적이 중심에 놓이도록 작업용 선반 등에 총기를 고정시키고 조준경의 영점을 잡는 것이다. 이 방법으로 조준선과 총열선이 일치하게 한다.

노리쇠를 분해해도 약실을 통해 총열을 들여다볼 수 없는 자동소총과 같은 총기의 경우 전용 레이저 포인터를 사용하는 방법이 있다. 탄약 같은 형태로 만들어져 총열 뒤쪽에 집어넣어 사용할 수 있는 것과, 총열 앞부분에 끼워서 사용하는 것 등 여러 가지 디자인이 있다. 공통점은 레이저 포인터로 빛이 나와서 표적에 비출 수 있다는 점이다. 이 빛이 표적의 중심에 놓이도록 한 상태에서 총기를 고정시켜 놓으면 총열에서 표적을 들여다보고 중심에 맞추는 것과 같은 효과를 볼 수 있다.

또 하나 중요한 것이 「조준경의 중심 잡기」이다. 보어사이팅 작업을 거쳐 조준선 중심을 탄착점에 맞췄다 하더라도 조준경의 중심점이 제대로 맞지 않았을 가능성은 남아 있다(다른 사람이 사용하던 조준경이라면 이런 위험성이 더욱 커진다).

조준경 중심을 잡는 방법은 단순하다. 조준경의 조정 손잡이를 한쪽 끝으로 완전히 돌린 다음 다시 반대쪽 끝으로 돌리면서 그 과정에 몇 클릭이나 돌리는지 센 다음, 그 클릭 수의 반만큼 되돌리는 것이다. 좀 더 정확한 조정을 위해 모눈종이를 사용하는 방법도 있다. 조준선을 모눈종이 눈금에 맞춰 상하반전시킨 다음 눈금에 어긋나는 만큼 손잡이를 돌려 바른 위치로 조절하는 것이다. 같은 순서로 좌우반전을 시켜 눈금에 맞춰 조정하는 방법을 거친다. 이를 통해 조준경의 중심을 잡을 수 있다.

보어사이팅과 조준경 중심 잡기

「조준경의 조준선」과 「총열의 연장선」이 일치하지 않으면
탄은 명중하지 않는다.

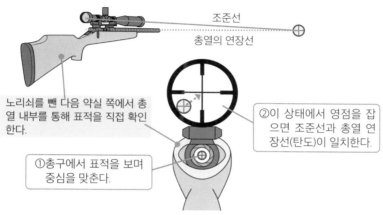

조준선

총열의 연장선

노리쇠를 뺀 다음 약실 쪽에서 총열 내부를 통해 표적을 직접 확인한다.

②이 상태에서 영점을 잡으면 조준선과 총열 연장선(탄도)이 일치한다.

①총구에서 표적을 보며 중심을 맞춘다.

이런 방법으로 조준을 조정하는 방법이
「보어사이팅」이다.

구조상 노리쇠를 분해해도 눈으로 약실을 통해 표적을 직접 보기 어려운 총의 경우 레이저 포인터를 이용하여 보어사이팅을 진행한다.

탄약 모양의 레이저 포인터(총열 앞쪽에 장착하는 모양의 제품도 있다).

조준경의 중심을 맞추는 방법

① 다이얼 손잡이를 한쪽 끝까지 돌린다.

② 다시 반대쪽으로 돌리면서 몇 클릭을 돌리는지 센다.

③ 끝에서 끝으로 돌려야 하는 클릭 수의 반만큼만 손잡이를 돌린다.

원포인트 잡학

총기를 테이블 등에 고정시키는 전용 기구를 「건 바이스(Gun Vise)」라 부른다. 전문점에서 판매하기도 하지만 미국에서는 직접 만들어 쓰는 사람도 적지 않다.

표적까지의 거리를 측정하기 위해서는?

올림픽이나 사격경기대회와 같은 표적사격이라면 사수와 표적까지의 거리가 일정하게 정해져 있다. 하지만 저격 현장에서는 「표적까지의 거리」 같은 표시가 없기 때문에 저격수는 스스로 직접 거리를 파악해야 한다.

●지식과 경험에 비추어

저격수는 먼 곳에 있는 표적에 총탄을 명중시킬 수 있지만 한계가 없는 것은 아니다. 아무리 뛰어난 저격수라 하더라도 총의 사거리보다 멀리 있는 표적을 명중시킬 수는 없다. 또한 생물을 살상하거나 물체를 파괴하기 위해서는 탄환이 명중한 후에도 어느 정도의 힘이 남아 있어야 한다. 사거리 거의 끝에서 간신히 명중시켰다고 한다면 살상이나 파괴 위력은 거의 기대할 수 없다.

이 때문에 저격수는 자신과 표적 사이의 거리가 어느 정도인지 파악한 다음, 효과적인 저격 위치를 설정해야 한다. 전용 도구와 계산식을 이용하여 정확한 거리를 산출할 수도 있지만 그전에 「대강 OOm 정도」라고 어림잡을 수 있다면 더욱 빠르게 임무를 수행할 수 있다.

이때 흔히 사용되는 방법이 주변의 다른 존재를 「거리의 잣대」로 삼는 방법이다. 사수 자신이 평소에 잘 알고 있어서 이미지를 쉽게 떠올려 활용할 수 있는 것이 좋다. 예를 들어 육상 경기 트랙의 직선 거리라든가 국제 규격의 축구장 필드의 길이는 100m 정도이기 때문에 이런 것을 잘 파악해둔다면 눈앞의 경치에 경기장 등의 이미지를 겹쳐서 거리를 가늠하기가 쉽다. 어느 정도 크기인지 알고 있다면 전철역 플랫폼이나 다리 길이 같은 것을 떠올리는 것도 도움이 된다. 긴 거리를 전철역 플랫폼이나 다리가 몇 개 놓여 있는지 상상하는 것으로 대략의 거리를 가늠하는 식이다.

멀리 있는 존재가 어떻게 보이는지를 통해 거리를 판단하는 방법도 있다. 예를 들어 적의 장교가 표적이라면, 같은 복장의 인형을 100, 200, 300m…와 같이 적절한 거리별로 배치한 다음 조준경을 통해 관찰하는 것이다. 100m 거리라면 옷과 장비의 세밀한 형태까지 파악할 수 있지만 거리가 멀어질수록 형태가 흐릿해지고 세밀한 부분을 파악하기 어려워진다. 이러한 차이점을 미리 판별해놓으면 거리에 따라 표적의 형태가 어떻게 보이는지를 파악할 수 있다.

거리계를 사용하지 않고 거리를 측정한다

표적까지의 거리는 「거리계」를 사용하면
정확한 수치를 파악할 수 있지만……

↳ 고장이 났다든가 사용할 수 없는 상황에 대비하여 「기기를
사용하지 않은 거리측정법」을 익혀놓을 필요가 있다.

애당초 예전에는 거리계 같은 것이 없었다.

기준이 되는 거리를 정해서 거리를 가늠한다.

⇒ 자신에게 친근한 무언가(예를 들어 스포츠 경기장 크기 등)나 「건물의
크기」 등을 기준으로 머릿속에서 그 이미지를 떠올려 현재 보고 있는
표적과의 거리와 비교하는 것으로 대강의 거리를 예상할 수 있다.

사물이 보이는 형태의 차이로 거리를 가늠한다.

건강한 시력(2.0 ~ 1.5)의 경우 아래와 같이 사물의 형태가 다르게 보인다.

눈의 모양이나 색깔 등 세밀한 부분까지
어느 정도 구분이 가능하다. ⇒ 200m

목표의 윤곽이나 색은 분명하게 구별된
다. 얼굴 표정은 파악하기 어렵다. ⇒ 300m

윤곽은 구별할 수 있지만 그 이상은 파악
하기 어렵다. ⇒ 400m

목표의 윤곽이 흐릿해지고 구별하기 어려
워진다. ⇒ 500m

목표가 존재하는 것은 알 수 있지만 그 이
상의 정보는 파악하기 어렵다. ⇒ 600m

원포인트 잡학

레이저를 사용한 거리 측정기(레이저 레인지 파인더)는 편리한 기기이지만 적이 열상 장비(일부 모델은 레이저 광
선을 파악할 수 있다)를 가졌거나 레이저 탐지기를 가지고 있을 경우 이쪽의 위치가 들통날 수 있다.

거리측정의 정확도를 높이기 위해서는?

저격수에게 표적까지의 정확한 거리를 파악하는 것은 매우 중요한 문제이다. 조준경이나 조준기에 표적을 잡지 않으면 조준을 할 수 없는 것처럼 거리를 알 수 없다면 탄을 맞힐 수 없기 때문이다.

●전용 장비로 확실하게

총구에서 발사된 탄환은 그대로 공중을 날아가기만 하는 것이 아니다. 중력과 공기 저항의 영향으로 서서히 낙하할 수밖에 없다. 원거리의 표적을 정확히 맞히려면 명중하기까지의 거리 동안 탄환이 얼마나 낙하하는지를 고려하여 위로 겨냥할 필요가 있다. 표적까지의 거리가 멀수록 탄환의 낙차도 커지기 때문에 거리를 안다는 것은 「탄환이 얼마나 떨어지는지」를 계산하기 위해 반드시 필요한 정보이다.

저격용 조준경이 등장하면서 조준경 안쪽에 새겨진 눈금(Mildot)을 통해 정확한 거리를 재는 것이 수월해졌다. 우선 조준경에 비친 표적이 눈금 몇 개 정도 크기인지 잰 다음 그 눈금의 수로 「표적 크기를 1,000배로 한 수」를 나눈다. 이를 통해 표적까지의 거리를 도출하는 것이다.

이 방법은 표적의 크기를 알아야만 사용할 수 있지만, 일반적인 사람의 키, 그 지역의 건물 현관의 높이, 적이 사용하는 차량의 제원 등을 알고 있다면 어느 정도 대응할 수 있는 방법이다.

관측수가 사용하는 관측용 망원경에는 저격용 조준경과 같은 눈금 외에도 풍속계, 기온, 습도 등을 계측할 수 있는 기능을 갖춘 모델이 있어서 이를 통해 보다 정확한 정보를 얻을 수 있다.

기술의 발전으로 이러한 기기가 나오기 전까지는 거리를 재는 것은 저격수의 느낌과 경험에만 의지해야 하는 작업이었으며, 특정한 지형이나 환경은 거리감을 흐트러뜨려서 거리 측정을 어렵게 하였다. 평탄한 지형이나 밑에서 올려다보는 지형에서는 표적을 가까이 있는 것으로 착각하기 쉬우며, 반대로 위에서 아래로 내려다보는 지형에서는 실제 거리보다 멀리 있는 것으로 느끼기 쉽다.

게다가 눈의 착각도 표적과의 거리를 파악하기 어렵게 한다. 색깔이나 모양 때문에 실제보다 가까이 있는 것으로 착각할 수도 있으며, 사람의 크기를 상대적으로 작게 보이게 하는 커다란 건물이나 나무 옆에 있는 경우에는 실제보다 멀리 있는 것으로 착각하기 쉽다.

기기를 사용하여 거리를 잰다

거리 측정=표적까지의 거리를 파악하는 것.

거리를 알 수 없다면 조준의 조정이 어려워진다.

조준경의 눈금(밀닷)을 사용하는 방법

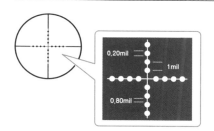

0.20mil
1mil
0.80mil

① 표적이 「조준경의 눈금 몇 개 정도 크기」인지 잰다.

예: 3.6밀

② 눈금수로 「표적의 크기를 1,000배로 한 수」를 나눈다.
신장 1.8m라고 가정한다면…

$(1.8 \times 1000) \div 3.6 = 500$

표적까지의 거리는 「500m」구나!

관측용 망원경을 사용하면 좀 더 정확히 거리를 측정할 수 있다.

풍속계, 기온, 습도계의 기능을 갖춘 모델도 있다.

육안으로는 가까이 보인다	육안으로는 멀리 보인다
· 표적을 올려다보는 경우. · 색이나 형태가 배경보다 튀는 경우.	· 표적이 낮은 위치에 있는 경우. · 커다란 건물이나 나무 옆에 있는 작은 것.

이러한 착각에 넘어가서는 안 된다.

원포인트 잡학

현재의 관측용 망원경 중에는 디지털 카메라와 연동하여 화상이나 정보를 기록하거나 송신하는 기능을 갖춘 모델도 존재한다.

거치사격은 어떻게 하는 것인가?

아무리 정확히 조준을 한다 해도 총기 자체가 불안정하다면 조준한 위치에 명중시킬 수 없다. 저격수는 어떤 자세에서도 총을 안정시킬 수 있도록 훈련을 받고 있지만 총을 고정시킬 수 있는 물건이 있다면 그것을 사용하는 편이 좋다.

●전용제품부터 응급수단까지

거치사격은 총을 어딘가에 걸쳐서 안정시키는 사격 방법이다. 이 방법을 위해 만들어진 대표적인 물건이 「양각대」이다. 저격소총으로 설계, 개량된 총기라면 길이 조절이 가능한 양각대가 기본 장착된 제품도 많다. 양각대는 사수가 직접 손으로 지탱하는 것보다 훨씬 효율적이며 확실하게 총을 받쳐준다. 다리의 길이를 조절할 수 있는 양각대도 있어서 상황에 따라 적절한 제품을 사용할 수 있다. 양각대보다 더욱 안정성이 높은 「삼각대」도 장시간 대기를 요구하는 임무에서 인기가 있지만 크기가 크고 불편하다는 단점도 있어서 사용에 제약이 따르기도 한다.

저격총 말고도 휴대해야 하는 물품이 많은 군대 저격수에게 장비의 무게는 중요한 과제이다. 이 때문에 양각대나 삼각대를 따로 휴대하지 않고 모래주머니 등을 사용하기도 한다. 빈 자루는 그대로 접어서 가방 안에 넣어 쉽게 휴대가 가능하며, 사용할 때는 현지의 모래나 흙을 채우기만 하면 된다. 모래나 흙을 채우는 정도에 따라 높낮이도 조절할 수 있다. 총을 직접 얹어도 좋고(단, 총열이 닿아서는 안 되며 포어엔드 부분을 얹는다) 모래주머니와 총기 사이에 손을 받치는 저격수도 많다. 주먹을 쥐거나 손을 펴는 식으로 높이의 미세조정이 가능하기 때문이다. 현지에서 조달할 수 있는 것 중에 나뭇가지나 막대기 등을 조합하여 즉석에서 받침대를 만들 수도 있다. 시가지라면 벽돌이나 건물 잔해 등을 사용할 수도 있다. 사용 후에 그냥 버리고 가더라도 부담이 없지만 적에게 저격에 사용했다는 정보를 흘리지 않도록 뒷처리를 잘 해야 한다.

오래 전부터 저격수에게 전해져오는 기술 중에는 「몸으로만 총을 지탱하는」 방법도 있다. 이것은 「독일식」이라고도 불리는 앉아쏴 자세의 일종으로 자세와 총구의 방향 등이 제약되는 단점이 있지만 근육에 힘을 주는 방법으로 총의 각도와 높이를 미세조정할 수 있다.

저격총을 고정하는 방법

> 총을 안정시키면 명중률도 높아진다.

이를 위해서는 총을 고정하는 것이 최선이다.

양각대

표준적인 고정장비. 많은 저격총에 장착되어 있다.

삼각대

안정성은 대단히 높지만 운용이 불편한 단점이 있다.

모래주머니

양말에 모래를 채우는 간이식 모래주머니도 제법 효과적이다.

현지에서 조달한 받침대

두 갈래로 갈라진 나뭇가지를 쓰거나, 2~3개의 막대를 조합해서 만든다.

사수의 몸으로 저격총을 받치는 방법

손발의 위치를 조절하거나 근육에 힘을 주는 방법으로 저격총을 고정하고 조준을 미세조정할 수 있다.

원포인트 잡학

모래주머니나 나뭇가지에 저격총을 얹을 경우, 총열이 직접 닿지 않도록 주의해야 한다. 민감한 총열에는 외부의 부담이 가해지지 않아야 하기 때문이다.

도탄으로 적을 맞힐 수 있는가?

표적까지의 거리는 문제가 아니지만 각도가 나빠서 조준할 수가 없다. 이럴 때 픽션의 세계에서 등장하는 것이 도탄 사격이다. 총탄을 당구의 「뱅크샷」과 같이 반사시켜 표적에 명중시키는 것이다.

●반사를 이용한 저격

탄환이 벽이나 수면 등의 평면이나 딱딱한 것에 닿았을 때에 일어나는 「튕김 현상」을 이용하여 표적을 맞히는 도탄사격은 이론상으로는 가능하지만 몇 가지 고려해야 할 문제가 있다.

하나는 총알의 종류(경도)이다. 탄환을 도탄시키기 위해서는 우선 탄환이 뭔가에 맞아야 하는데 탄두의 재질이 부드러우면 그 시점에서 부서지고 만다. 이것은 일반적인 교전에서는 별로 문제가 안 되는 이야기이다. 목표에 맞기만 하면 부서지는 탄환이라 해도 타격은 줄 수 있기 때문이다. 시가전이나 실내전 같은 근거리 전투에서는 벽과 바닥을 노리고 적에게 도탄을 보낸다는 전투 방식도 존재한다.

그러나 장거리 저격이라면 이야기가 다르다. 탄환이 산산조각난다면 표적을 맞추는 의미가 없다. 이 때문에 「철갑탄(Full Metal Jacket)」 같은 단단한 탄환을 사용하여 도탄이되더라도 탄이 부서지지 않도록 한다. 도탄의 각도 역시 중요하다. 각도가 깊을수록 도탄시 탄환에 가해지는 충격도 커져서 탄환이 부서지거나 반사되는 각도가 달라질 가능성이크다.

또 하나는 도탄의 타이밍이다. 얼핏 생각하기엔 당구공처럼 튕겨나오는 모습이 될 것 같지만 탄환은 당구공처럼 둥그런 구체도 아니며 유선형의 형태로 총열의 강선에 의해 회전을 받아 안정되게 비행하고 있기 때문에 어딘가에 부딪히는 순간 그 모든 균형이 깨지게된다. 저격총의 탄환이 직진하는 것은 사거리의 중간 정도 거리까지일 뿐이며, 도탄되는타이밍이 너무 빠르거나 늦는다면 바라는 형태의 도탄 사격이 이루어지지 않을 가능성이크다.

도탄사격(Skipping Shot)

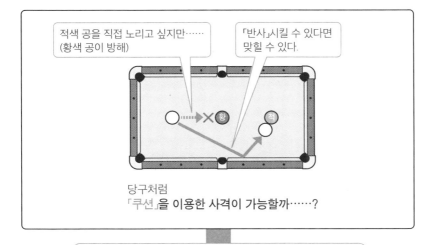

적색 공을 직접 노리고 싶지만……
(황색 공이 방해)

「반사」시킬 수 있다면
맞힐 수 있다.

당구처럼
「쿠션」을 이용한 사격이 가능할까……?

이론상으로는 가능하지만 조건이 있다.

조건 1　　사용하는 탄환이 단단한 재질일 것.

⇒ 부드러운 탄두는 착탄 시 부서져 버려서 표적까지 날아가지 못 한다.

조건 2　　착탄되는 것이 발사 직후이거나 사거리 거의 끝에 다다르지
않은 상황일 것.

⇒ 최초나 최후에는 탄두의 회전이 불안정하며, 기대한 정도의 각도로
튕겨지지 않을 가능성이 크다.

물론 「어디에 맞혀서 도탄시키느냐」는 점은
신중하게 검토할 필요가 있다.

원포인트 잡학

탄환의 모습은 당구공과 전혀 다르기 때문에 나오기 전의 각도(입사각)과 반사 후 각도(반사각)을 같게 생각해서
는 안 된다. 일반적으로 반사각은 입사각보다 작아진다.

유리를 관통하여 적을 맞힐 수 있는가?

비교적 얇은 유리를 대상으로 대물저격총과 같은 강력한 총기를 사용한다면 크게 고민할 필요가 없을 것이다. 그런 경우가 아니라면 저격수는 유리창을 관통했을 때 받는 영향에 대하여 고민해야 하고 조준의 수정도 생각해야 한다.

●방탄 유리가 아니어도 영향은 있다

유리를 관통시켜서 표적을 노릴 경우에는 우선 탄도에 영향을 주는 유리의 종류를 파악해야 한다. 보통은 「방탄인가 아닌가」만을 생각하기 쉽지만, 방탄 유리 외에도 특수 유리의 종류는 얼마든지 있다.

「적층 유리」는 라미네이트 필름 등을 써서 여러 매의 유리를 겹쳐서 만든 것이다. 최근의 자동차 중에는 이 유리를 앞유리에 사용하여 탄환이 명중해도 금이 가기만 하고 산산히 부서지거나 하는 경우는 별로 없다.

「강화 유리」는 안전 유리라고도 부르는데, 고온에서 열처리를 한 후에 빠르게 식혀서 밀도를 높인 유리로서 상업 시설 등의 대형 유리와 자동차 옆면 등에 쓰인다. 넓은 면적에 가해지는 충격을 분산시킬 수 있어서 망치로 때려도 깨지지 않는 반면, 뾰족한 것으로 강하게 찌르면 간단히 부서진다.

「내열 유리」는 강화 유리(안전 유리)보다 저온으로 처리한 유리이다. 강도는 강화 유리의 절반 정도이며 부서질 때의 파편 크기도 큰 편이다.

「망입 유리」는 화재 시 열에 오래 견딜 수 있도록 유리 내부에 철망을 삽입한 유리이다. 열이나 충격으로 유리가 깨져도 삽입된 철망이 유리를 잡아주며 이 때문에 탄환이 관통하기도 어렵다.

「방탄 유리」는 적층 유리나 강화 유리와 같은 방식으로 제작되며 사이에 삽입하는 필름의 종류나 유리의 두께로 방탄 효과를 높인 유리이다.

총탄의 속도나 형상도 유리 너머의 표적을 노리는 사격에서 고려해야 하는 요소이다. 일반적으로 「고속탄」으로 분류되는 총탄이라면 유리를 관통하기 쉽지만 탄환의 무게가 가볍기 때문에 관통 후의 탄도가 불안정해지기 쉽다. 탄두 형태는 유리의 종류에 따라 대응하는 효과가 다르므로 이 역시 주의가 필요하다.

유리 너머의 표적

유리는 쉽게 깨지니까 총탄의 궤도에는
영향을 미치지 않는 거 아닌가……?

그렇지 않다.

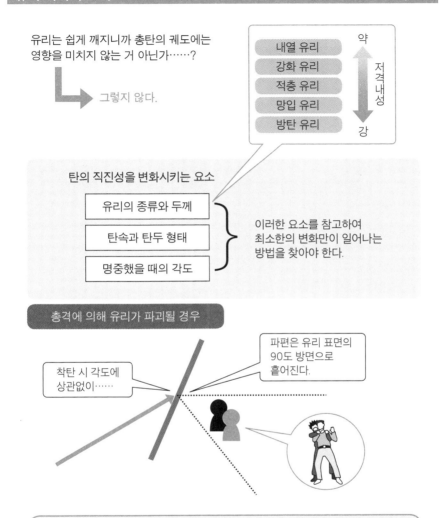

내열 유리
강화 유리
적층 유리
망입 유리
방탄 유리

약

저격내성

강

탄의 직진성을 변화시키는 요소

유리의 종류와 두께

탄속과 탄두 형태

명중했을 때의 각도

이러한 요소를 참고하여
최소한의 변화만이 일어나는
방법을 찾아야 한다.

총격에 의해 유리가 파괴될 경우

파편은 유리 표면의
90도 방면으로
흩어진다.

착탄 시 각도에
상관없이……

인질 사건의 범인 등이 창문 근처에 있을 경우 이 특성을 이용하여 유리 파편으로
무력화를 시도할 수 있다.

원포인트 잡학
경찰 저격부대 등이 이용하는 합리적인 방법은 2인 이상의 저격수가 동시에 쏘는 것이다. 1번째 탄환이 유리창을
파괴한 후 장애물이 없어진 상황에서 2번째 탄환이 표적에 명중하는 것이다.

움직이는 목표를 저격하기 위해서는?

탁 트인 장소에 꼼짝 않고 가만히 있는 표적. 이런 이상적인 표적은 거의 기대하기 어렵다. 저격수는 이동하는 표적을 정확히 명중시키는 능력을 지녀야 한다.

●표적의 움직임을 「예측」

표적까지의 거리와 표적이 움직이는 속도에 따라 차이는 있긴 하지만 근본적으로 이동하는 목표를 명중시키는 것은 어려운 일이다. 정확히 조준을 한다 해도 탄환이 표적까지 날아가는 동안에 이동한 목표가 조준점을 떠나버리기 때문이다.

저격수가 이동하는 표적을 노릴 때에는 현재의 위치보다 조금 앞을 노려야 한다. 이처럼 표적이 움직일 위치를 예측하여 조준하는 것을 「리드(Lead조준)」라고 한다. 만약 표적의 이동 방향이 조준선과 수평선상에 있다면 리드 조준은 필요하지 않다. 하지만 조준선과 달리 가로 방향으로 이동하는 표적이라면 상황에 따라 예측 조준을 해야 한다.

어느 정도의 리드 조준을 해야 할지는 「표적의 이동 속도」, 「표적까지의 거리」, 「탄약의 초속」 등 여러 요소를 고려해야 한다. 이를 계산한 결과에 따라 조준경 눈금의 몇 개 앞을 겨냥할지 결정해야 하는데 뛰어난 저격수라면 자신의 느낌과 경험에 따라 이를 조정할 수 있다.

표적의 속도를 감각적으로 이해하기 위해 흔히 이용하는 것이 목표물의 궤도를 따라가는 감각으로 조준을 이동하다가 표적이 이동할 방향의 조금 앞을 따라잡은 타이밍에 방아쇠를 당기는 것이다.

또 다른 방법으로 「표적이 머물 것으로 예상되는 장소」를 겨냥하는 방법이 있다. 예를 들어 목표가 차량 등에 타기 위해 이동하고 있다면 차의 문 앞이나 발디딤판 등 앞에서 멈춰 설 것이다. 몸을 숨기기 위해 전력질주 중인 병사라면 이동 중을 노리기보다는 몸을 숨기기 위해 뛰어든 엄폐물 뒤에서 주변을 살피기 위해 머리를 내미는 순간을 노리는 것이 훨씬 맞히기 쉬운 법이다.

차에 탄 표적을 노린다면 커브나 교차로를 노리는 것이 좋다. 정지하지 않더라도 커브길 등에서는 속도를 낮게 되기 때문에 이러한 타이밍을 노리는 것이다. 물론 이러한 경우에도 리드 조준은 필요하지만 다른 상황보다 저격 성공의 확률이 높다고 할 수 있다.

이동목표를 쏜다

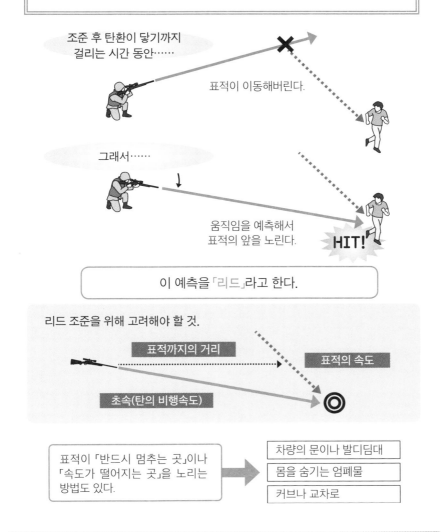

움직이는 목표는 정확히 조준해도 맞지 않는다.

조준 후 탄환이 닿기까지
걸리는 시간 동안……

표적이 이동해버린다.

그래서……

움직임을 예측해서
표적의 앞을 노린다.

HIT!

이 예측을 「리드」라고 한다.

리드 조준을 위해 고려해야 할 것.

표적까지의 거리

표적의 속도

초속(탄의 비행속도)

표적이 「반드시 멈추는 곳」이나
「속도가 떨어지는 곳」을 노리는
방법도 있다.

차량의 문이나 발디딤대

몸을 숨기는 엄폐물

커브나 교차로

원포인트 잡학
움직임을 예측하여 앞을 노리는 방법을 「요격」, 「매복법」이라고 부른다. 반면 움직임을 뒤쫓다가 쏘는 방법을 「추격사격」, 「추격법」이라고 부른다.

차나 헬기에 탄 상태에서 저격할 수 있을까?

무언가에 타고 이동하면서 목표를 저격한다는 것은 대단히 어려운 기술이다. 전차나 전투 헬기의 무기는 FCS(사격제어장치)에 의해 컴퓨터로 제어되어 그러한 사격이 가능하지만 저격수의 총은 그 정도가 아니기 때문이다.

●진로와 속도를 고정한다면 어떻게든……

저격수가 무언가에 타서 저격을 하는 경우, 예를 들어 차량이라면 「핸들을 꺾지 말고 속도를 120km/h로 유지」하게 한다거나 헬기의 경우 「표적 상공을 왼쪽으로 천천히 선회」할 것과 같이 사수가 자신의 이동 방향과 속도를 파악할 수 있도록 보조해줘야 한다.

컴퓨터에 의한 FCS라면 복잡한 상황에서도 무기를 제어할 수 있지만 인간의 계산 능력에는 한계가 있다. 리드 조준을 확실하게 하기 위해서는 저격수가 탑승한 차량이나 헬기 등의 움직임을 최대한 단순화해야 한다.

만약 표적에 수평으로 접근하거나 혹은 멀어지는 직선 경로를 선택할 수 있다면 고민을 조금은 덜 수 있다. 예를 들어 열차의 경우 속도의 변화가 급격하지도 않고, 레일의 경로는 정해져 있는 것이기 때문에 리드 조준으로 어느 정도 효과를 거둘 수 있다.

선박에 탑승한 상태에서 저격할 경우 파도의 높이와 간격을 읽을 필요가 있지만 날씨에 따라서는 바다에 둥둥 떠 있는 쪽보다 파도를 가르며 이동하는 쪽이 저격에 유리한 경우도 있다. 이 경우 작은 보트보다 배수량이 큰 군함이나 유조선 등의 대형선 쪽이 진동에 의한 영향 등이 적다.

헬기의 경우 공중 정지를 할 수 있다면 리드 조준을 할 필요가 없지만 헬기 특유의 진동을 고려해야 한다. 지상을 달리는 차량의 경우도 마찬가지이다. 군용 차량의 경우 사격 시 안정을 위해 차량용 마운트에 총기를 거치할 수 있지만 지상에서의 진동이나 차체의 흔들림을 완전히 막아주지는 못한다.

만약 저격수의 기량이 대단히 우수하다면 자신의 몸을 이용해 진동을 흡수하면서 총기를 안정시켜가며, 목표가 손에 든 총만 쏴서 떨어트리는 것과 같은 곡예도 가능……할지도 모른다.

이동 사격

이동 저격은 난이도가 대단히 높다.

자신이 움직이면
그만큼 조준을 조정해야 하기 때문에……

자신이 움직이는 방향과 속도를 파악
할 필요가 있다.

그 외에도……

차량의 경우 ⇒ 핸들을 고정하고 속도를 120km/h로 고정.

헬기의 경우 ⇒ 목표 상공에서 왼쪽으로 천천히 선회.

자신이 타고 있는 교통수단이
「방향을 바꾸지 않도록」하거나 「속도를 일정하게 유지」하도록
해야 한다.

리드 조준의 계산을 단순화하기
위해서 중요하다.

뛰어난 저격수라면 진동을 자
신의 몸으로 분산시키고 저격
총을 안정시키는 것이 가능
……할지도 모른다.

원포인트 잡학

이동 저격 시에는 저격총의 총신에 가해지는 바람의 영향도 고려해야 한다. 특히 헬기의 경우 진행 방향에서 받는
바람 외에도 머리 위의 로터가 일으키는 바람(다운 워시)에도 주의해야 한다.

저격이나 스나이퍼를 다룬 영상작품

영상 작품에는 여러 가지 장르가 있지만 저격을 주제로 다룬 것은 극히 소수뿐이다. 이는 숨어서 저격한다는 행위 자체가 그다지 좋은 이미지가 아니어서 작품의 메인 테마가 되기 어렵기 때문이다. 하지만 「실제로 일어난 사건을 토대로 삼은 것」은 사건에 대한 흥미가 작품에 대한 흥미로 옮겨갈 수 있기 때문에 이러한 작품은 주목을 받기가 쉽다.

「패닉 인 텍사스 타워」라는 제목으로 영화화된 「텍사스 탑 난사 사건」은 커트 러셀이 연기한 범인이 범행에 이르게 되기까지의 과정과 사살될 때까지의 모습이 담담하게 그려진 영화로 현장의 묘사도 뛰어나며 긴장감이 살아있는 작품으로 인기가 있었다(TV영화를 포함하여 2003년, 2010년, 2013년에 총 3개의 작품이 만들어진 「워싱턴 DC 연속 저격사건」도 이와 비슷한 사례이다).

2015년에 공개된 「아메리칸 스나이퍼」는 이라크 전쟁에 4회 파병된 미군 저격수였던 「크리스 카일」의 반생을 그린 작품으로 본인이 제대 후 출간한 동명의 자서전을 원전으로 하고 있다. 크리스 카일은 영화 완성 직전에 PTSD를 앓던 퇴역 군인의 재활을 위한 사격 훈련 도중 총격을 당해 운명하였다. 이러한 안타까운 사연의 영향도 있어서인지 영화의 성적은 「라이언 일병 구하기」를 제치고 전쟁 영화 사상 최고를 기록하기도 하였다.

「에너미 앳 더 게이트」는 스탈린그라드 공방전을 배경으로 경쟁심, 우정, 연애 등 다양한 인간감정이 그려진 흥미로운 전쟁 영화이다. 소련군 측 저격수 바실리 자이체프는 실존인물이지만 그의 라이벌로 등장하는 독일군의 에르빈 쾨니히 소령은 영화를 위해 만들어진 가상의 인물로서 자이체프가 전쟁 중 수첩에 기록한 「나치의 저격수와 싸워서 승리했다」는 기록에 살을 붙여 만들어낸 캐릭터이다.

소설을 기반으로 만든 영화는 치밀한 저격 묘사가 볼거리지만 애당초 저격을 다룬 작품 자체가 드문 편이기에 고전에도 눈을 돌리게 된다. 프레드릭 포사이스의 동명소설을 원작으로 한 「자칼의 날」은 원작에서 프랑스의 드골 대통령 암살을 의뢰받은 살인청부업자 「자칼」과 그를 쫓는 프랑스의 고참 경찰간부의 대결을 그린 작품으로, 자칼이 특수 소총과 가짜 여권을 준비하는 등의 전체적인 저격 과정을 꼼꼼하게 그리고 있다.

「스나이퍼」는 해병대의 베테랑 저격수인 토머스 베켓 상사가 기량은 우수하지만 실전 경험은 없는 올림픽 메달리스트 출신 민간인 관측수 리처드 밀러와 함께 작전에 투입된 이야기를 그리고 있다. 1993년에 첫 작품이 나온 후 인기에 힘입어 2014년에 5탄이 나오는 등 시리즈화된 영화이다.

스티븐 헌터의 소설 「탄착점」을 기반으로 만들어진 영화 「더블 타겟(원제 Shooter)」은 미해병대 특수수색대의 저격수 밥 리 스웨거 중사의 활약을 그리고 있다. 밥 리 스웨거는 뛰어난 저격기술뿐 아니라 우수한 생존술과 판단력을 갖춘 인물로 등장한다.

베켓도 스웨거도 베트남 전쟁의 전설적인 저격수인 미해병대의 카를로스 헤스콕에서 모티프를 딴 캐릭터이다. 미해병대 출신의 우수한 저격수이며 많은 에피소드(적 저격수의 조준경을 맞혀서 적을 잡는 등)를 가진 헤스콕은 일본의 고르고13처럼, 저격수를 표현하는 데 있어서 일종의 스테레오 타입이라 할 수 있다.

제4장
스나이퍼의 전술

저격위치는 어떤 장소가 이상적인가?

저격수에게 저격위치의 선정은 대단히 중요한 사안이다. 어디에 위치를 잡고 방아쇠를 당기느냐에 따라 저격의 성공과 실패가 갈릴 뿐 아니라 위치를 잘못 잡으면 자신의 생사에 직결되는 심각한 사태를 부를 수도 있기 때문이다.

●저격하기 좋은 장소는 역으로 위험한 곳

저격수가 언제나 이상적인 장소에서 저격을 할 수 있는 것은 아니다. 적지에 잠입한 상태나 시간적 여유가 없는 상황과 같은 불리한 환경 속에서 어려운 저격을 완수해야 하는 경우가 대부분이다. 선택지가 별로 없는 상황에서도 최대한 좋은 장소를 가려내는 것은 저격수에게 대단히 중요한 능력이다.

이상적인 사격 진지를 만들 수 있는 상황은 애당초 기대할 수 없다. 이 때문에 조금이라도 좋은 조건을 가진 장소를 찾는 것부터 시작해야 한다. 구체적으로 이야기하자면 저격 대상과 그 주변을 감시하며 사격하기에 충분한 시야를 확보할 수 있고 목표와 자신 사이에 300m 이상의 거리가 있으며 그 사이에는 적절한 엄폐물이 존재하는 장소, 저격수 자신에게 접근하는 적을 발견하기 쉬우면서 위장으로 자신의 몸을 숨길 수 있는 곳……과 같은 것이다. 그러나 표적을 노리기 쉬운 곳이라고 해서 그곳이 저격에 최적인 장소가 되는 것은 아니다. 너무 조건이 잘 갖춰진 장소는 반대로 위험을 불러들이는 위험한 장소가 될 수도 있다.

예를 들면 도로가 보이는 언덕과 높은 탑 위와 같은 곳은 표적의 감시나 저격 어느 쪽에도 안성맞춤인 장소이다. 그러나 한눈에 봐도 「저격수가 숨어 있을 만한 장소」라는 것이 문제이다. 이런 곳에는 숨어 있어봐야 전문가가 아닌 사람에게까지 발각될 위험이 있으며 적에게 저격수가 있다면 순식간에 간파당하고 말 것이다.

또한 저격 완료 후의 탈출 루트를 확보할 수 없는 장소도 저격 위치로서는 적절하지 않다. 탈출에 실패하고 적에게 붙잡힌 저격수는 대부분 보복을 당하고 비참한 결말을 맞이하게 된다는 사실을 잊지 말아야 한다.

저격위치의 선정

위치 선정은 저격의 성패를 판가름한다.

표적과의 거리는 충분한가.

몸을 숨길 만한 엄폐물이 있는가.

접근하는 적을 발견하기 쉬운가.

이러한 조건을 만족시킨 장소야말로 「좋은 장소」라 할 수 있다.

조금이라도 좋은 장소를 확보해야 하는 것은 당연한 이야기.

하지만……

너무 좋은 장소는 반대로 문제가 있다.

특히 「저격에 딱 맞을 법한」 장소는
적의 주목을 끌기 쉽다.

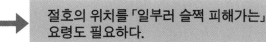
**절호의 위치를 「일부러 슬쩍 피해가는」
요령도 필요하다.**

저격에 적합한 장소

적이 예상하기 어려운 장소

이 두 가지 점을 잘 고려해서
적절한 장소를 찾아낼 필요가
있다.

주의!

저격 후의 도주 경로는 반드시 확보해야 한다(저격수가 적에게 잡히면
그 결말은 비참하다).

원포인트 잡학

「높은 위치에서 하는 저격」은 시야 확보와 주변 감시에 유리하다. 하지만 높은 곳에 올라갈수록 위치를 변경하거
나 긴급하게 탈출하기가 어려워진다.

저격은 2인 1조로 하는 것이 기본인가?

저격수에게는 「한 마리의 외로운 늑대」라는 이미지가 있다. 하지만 현대의 저격수는 군경 어느 쪽이든 단독으로 행동하는 경우가 드물다. 일반적으로 2인1조의 팀을 구성하여 임무를 진행한다.

●파트너와의 연계가 임무의 성패를 가른다

저격수와 콤비를 짜서 임무를 지원하는 요원을 관측수(Spotter)라 부른다. 이들은 대부분 저격수로서의 높은 지식과 기량을 가지고 있으며 장시간에 걸쳐 표적의 동향을 관찰해야 하거나 인질극 현장 등 집중력을 유지해야 하는 임무에서는 저격수를 대신하여 저격을 담당할 수도 있다.

하지만 관측수에게 요구되는 본연의 역할은 거리와 풍향 등 각종 데이터의 수집과 분석, 발포 후의 목표 위치 확인, 주변 경계 감시와 위험의 배제 등이다. 데이터 수집은 저격수 자신도 수행하는 것이지만, 저격수는 기본적으로 저격에 집중해야 하는 만큼, 거리계나 풍속계 등의 전용 기기를 이용한 측정은 관측수가 전담하는 것이 효율적이다.

또한 탄착 위치 확인과 차탄의 조준 조정 역시 관측수의 일이다. 표적이 근거리인 경우에는 큰 영향이 없지만 망원 조준경이 필요한 원거리 저격에서는 발포 시의 반동으로 저격수의 몸이 몇 밀리미터 흔들린 것만으로도 조준경으로 포착한 표적이 완전히 조준 밖으로 나가버리는 경우도 흔하기 때문에 저격의 성사 여부를 확인하기가 어렵다.

주변 감시 역시 매우 중요한 임무이다. 과거에는 이 역시 저격수가 직접 해야 하는 임무였지만 현재는 관측수가 그 임무를 전담하고 있다. 이 때문에 관측수는 연사가 가능한 지정사수 소총(마크스맨 라이플)이나 완전 자동사격이 가능한 돌격소총을 장비하여 저격수를 무력화시키기 위해 접근하는 위협을 배제한다. 위험도가 높은 지역에서는 3인 1조로 행동하는 경우가 있으며 그러한 경우에는 1번이 저격수, 2번이 관측수, 3번이 경계담당으로 임무를 분담한다.

저격팀

현대의 저격수는 단독행동을 하지 않는다.

관측수 =저격수를 지원하는 동료
역할은……

> 정보 수집과 분석
> 착탄지점의 확인
> 주변의 감시, 경계
> 접근하는 적에 대한 응전

그리고
제3의 동료

관측수는 대부분 저격수로서도 뛰어난 기량
을 가진 인원으로 구성되어, 필요할 경우 저
격수를 대신하여 저격을 수행할 수도 있다.

안전확보요원

주변의 감시와 적의 배제 등을 전담한다.
근거리 교전에 적합한 무장을 하며, 저격요원에는 포함되지 않는다.

주변경계를 담당

감시와 분석을 담당

저격을 담당

3인1조의 저격팀에서는 각
각 역할을 분담한다(2인만으
로 구성된 팀에서는 관측수
가 3번의 역할도 겸임).

원포인트 잡학

3인1조의 저격팀을 운용하는 대표적인 조직이 미해병대이다. 미해병대 저격팀의 3번 요원은 돌격소총 외에도 기
관단총과 산탄총을 휴대하여 팀 주변의 경계를 담당한다.

어느 정도 거리까지 저격이 가능한가?

총기의 사거리에는 「최대 사거리」와 「유효 사거리」가 있다. 최대 사거리는 물리적으로 총탄이 비행할 수 있는 한계 거리이며, 유효 사거리는 명중한 대상에 대해 충분한 살상력을 발휘할 수 있는 거리이다.

●사거리는 상황에 따라 변화

최대 사거리를 날아온 총알은 갖고 있던 에너지의 대부분을 소진하였기 때문에 사람이나 물체에게 피해를 입힐 만한 위력이 남아 있지 않다. 겨냥한 곳에 맞기만 하면 되는 표적사격이 아닌 이상 이 거리에서의 저격은 그다지 현실적이라고 할 수가 없다.

표적을 노린 후, 충분한 타격을 주려면 저격은 최대 사거리가 아니라 유효 사거리의 범위 내에서 이뤄져야 한다. 유효 사거리는 사용하는 총기와 탄약의 종류, 화약의 배합 등에 따라 달라질 수 있지만 일반적으로 저격총에서 사용하는 「7.62mm 구경」 자동소총이라면 800~1km 정도를 유효 사거리로 봐도 무방하다. 만약 「5.56mm 구경」 돌격 소총이라면 유효 사거리는 200~300m 정도이다.

경찰 저격수가 범인을 저격하는 경우라면 이 거리는 더욱 짧아진다. 일반적으로 경찰은 유효 사거리의 절반 이하, 경우에 따라서는 1/3 정도의 거리가 아니면 저격 불가능으로 판단한다. 즉 7.62mm 저격소총이라면 200m, 5.56mm 저격소총이라면 100m와 같은 식이다.

이는 경찰이란 조직이 사용하는 저격소총의 성능이 딱히 저성능이기 때문이 아니라 조직의 특수성에 이유가 있다. 만에 하나라도 저격이 빗나가거나 범인을 일격에 무력화시키지 못할 경우가 발생하여 범인이 인질의 목숨을 해치거나 폭탄의 스위치를 눌러버리지 않도록 충분히 접근한 후 확실한 저격을 할 필요가 있다.

50구경 탄(12.7mm탄)을 사용하는 대물저격총의 경우 2km 정도의 유효 사거리를 확보할 수 있다. 이 거리라면 적으로부터 반격을 받을 가능성은 거의 없다고 봐도 되므로 사수는 저격에 집중할 수 있다. 장거리 저격의 기록은 대부분 이 구경의 총기로 달성되었다. 2012년에 호주군의 병사가 경신한 2,815m의 기록도 50구경 대물저격총 「바레트 M82A1」에 의한 것이었다.

저격이 가능한 거리

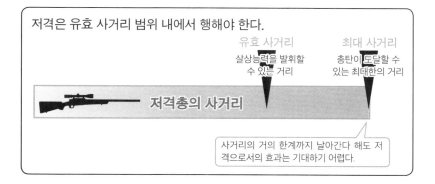

저격은 유효 사거리 범위 내에서 행해야 한다.

유효 사거리
살상능력을 발휘할 수 있는 거리

최대 사거리
총탄이 도달할 수 있는 최대한의 거리

저격총의 사거리

사거리의 거의 한계까지 날아간다 해도 저격으로서의 효과는 기대하기 어렵다.

주요 구경의 유효 사거리

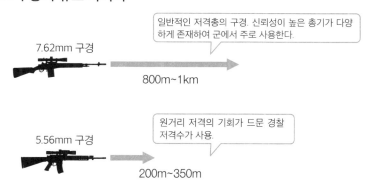

일반적인 저격총의 구경. 신뢰성이 높은 총기가 다양하게 존재하여 군에서 주로 사용한다.

7.62mm 구경

800m~1km

원거리 저격의 기회가 드문 경찰 저격수가 사용.

5.56mm 구경

200m~350m

※법집행기관 등에서는 유효 사거리를 실제 저격총 제원의 1/2 이하로 잡아서 운용한다.

초원거리 저격에 사용할 뿐 아니라, 근~중거리에서도, 견고한 방어물 뒤의 목표를 저격하는 임무에 유효하다.

50구경탄(12.7mm)

1.8km~2km

원포인트 잡학

고지대에서는 공기 밀도가 낮아지므로 공기 저항도 줄어들어서 모든 탄약의 최대 사거리가 상승한다.

효율적으로 표적 근처의 상황을 측정하는 방법은?

저격수가 표적 주변을 관찰하는 기술은 크게 퀵 서치와 디테일 서치로 나눌 수 있다. 저격수는 이두 가지 방법으로(관측수가 있을 경우 번갈아 교대로) 정보를 수집한다.

●퀵 서치와 디테일 서치

저격수의 일은 표적 주변을 면밀하게 관찰하는 것부터 시작된다. 탄환을 먼 곳까지 문제없이 날려보내 명중시키는 기술적인 목표뿐 아니라 주변에 특이사항이 있을 경우 즉각 대응하기 위해서이다. 심각한 이변을 신속히 파악하는 것은 자신의 안전과 직결되며 필요하다면 아군의 지원을 요청하여 임무의 성공률을 높여야 한다.

먼저 퀵 서치의 경우, 짧은 시간(약 30초 이내)에 시야를 오른쪽에서 왼쪽, 왼쪽에서 오른쪽으로 신속히 이동하며 주변을 체크하는 것이 특징이다. 눈을 부릅뜨고 천천히 관찰하는 것이 아니라 자신의 시야에 비치는 광경 속에서 「감각적으로 느껴지는 위화감」을 찾아내는 것이다.

그 다음은 디테일 서치이다. 디테일 서치는 퀵 서치를 실시한 다음 같은 곳을 천천히 주의 깊게 관찰하는 것이다. 디테일 서치를 할 때에는 지상과 상공, 또는 그 중간 부분으로 구획을 나누어 관찰한다. 지상 부분은 도로와 다리처럼 지면에 구성된 영역이다. 지뢰나 급조폭발물 등이 설치되어 있는 것이 보이거나 그러한 의심이 드는 장소는 없는지 체크한다.

그 다음은 중간 부분이다. 중간 부분은 지면에서 사람 키 정도 높이의 영역이다. 건물의 경우 그 구조나 출입문, 창의 형상과 크기를 파악하고 건물 내부에 적(특히 저격수)이 숨어 있을 가능성이 없는지를 주의한다. 차량의 위치나 수량도 이 범주에서 확인한다.

상공에 해당되는 부분은 건물 지붕과 옥상, 전신주 위 영역이다. 먼 숲의 나무 위나 산의 능선 역시 잊어서는 안 된다. 특히 산 너머로부터 적의 포격 부대가 공격할 가능성이 있으며 헬기가 역광을 등지고 진입해오는 경로가 되므로 주의해야 한다.

퀵 & 디테일

저격수의 임무는 관찰부터 시작된다.

그것은 곧……

저격의 명중률 향상을 위해서.

자신의 생존률 향상을 위해서.

퀵 서치 확실하게 시선을 고정하고 관찰하는 것이 아니라 시계를 오른쪽에서 왼쪽으로 움직이며 짧은 시간 동안 전체적인 광경을 본다.

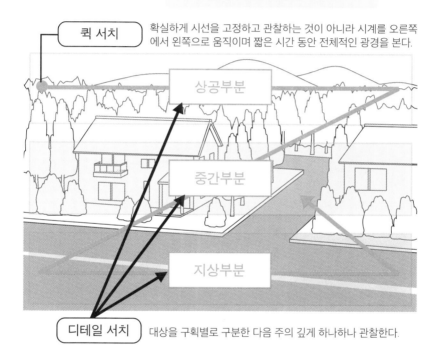

디테일 서치 대상을 구획별로 구분한 다음 주의 깊게 하나하나 관찰한다.

퀵 서치와 디테일 서치라는 두 방법을 저격수와 관측수가 교대로 반복해서 수행한다. 이를 통해 관찰의 정확도를 높이며 각자의 선입견을 배제할 수 있다.

원포인트 잡학
군경 어느 조직이라도 저격수를 투입하여 정보를 수집하는 경우가 많다. 이 때문에 작전지역을 감시, 관찰하는 저격수는 그 정보를 동료라면 누구라도 알 수 있는 형태로 공유할 수 있어야 한다.

그늘진 곳에서 하는 저격은 얼마나 효과적인가?

저격수에게 「숨는」 기술은 중요하면서도 필수이지만 그것만으로는 불충분한 경우가 있다. 완벽한 위장으로 적이 이쪽을 발견하지 못했다 하더라도 아무렇게나 쏜 「눈먼 총알」에 맞는 경우도 얼마든지 있기 때문이다.

●엄폐물의 중요성

군대 저격수에게는 위장(Camoflage)만큼, 또는 그 이상으로 중요시되는 것이 엄폐물을 선택하거나 직접 만드는 기술이다. 특히 마크스맨이나 정찰 저격수, 또는 철수작전에서 후위를 맡아 추격하는 적을 막거나 방어작전에서 침공하는 적 부대를 막기 위해 전장에서 장시간 대기하는 임무를 부여받은 경우라면 그 중요성이 더욱 커진다.

이럴 경우 저격수의 임무는 일발필중으로 끝나지 않는다. 조금이라도 더 전장에 남아 임무를 지속해야 한다. 물론 혼신의 힘을 다하여 몸을 숨기고 끊임없이 이동하여 적의 반격을 피하는 것이 저격수의 기본이라고는 하지만 다수의 적을 상대하다 보면 예상치 못한 공격에 허를 찔리는 경우도 많다. 그러한 경우에 대비하여 총탄을 막을 수 있을 정도의 방어력을 가진 엄폐물을 활용해야 한다.

저격수가 저격총을 거치하기 위해 사용하는 백팩이 총탄을 막아내는 경우도 있으며, 감시와 대기를 위해 참호를 파고 숨는다면 그 또한 훌륭한 엄폐물이 된다.

경찰 저격수나 암살 저격자의 경우 엄폐물에 대해 깊게 고민하지 않는 경우가 대부분이다. 그들의 표적은 무장한 흉악범이나 핵심 인물(VIP) 등이지만 그러한 표적과 호위가 이쪽이 사용하는 저격총 정도의 사거리를 가진 무기로 반격하는 경우는 그다지 없기 때문이다. 경찰 저격수가 대하는 무장 흉악범의 경우 진입 부대와 연계하거나 2~4명 이상의 다수의 저격수가 동시에 저격하게 되므로 범인을 죽이거나 인질을 구하지 못하는 경우는 있더라도 범인과 저격수가 총격전을 벌이는 경우는 일어나지 않는다.

또한 암살자의 경우라면 표적이 저격을 우려하여 요새 같은 곳에 들어가 있지 않는 이상 저격의 성공과 동시에 현장을 이탈하여 상대가 혼란에 빠진 사이에 도주해버리면 된다.

방어력이 있는 엄폐물

가능한 한 몸을 지키는 방패로 사용할 수 있는 엄폐물을 확보한다.

특히 군의 저격수라면 이것은 생존과 직결된 문제이다.

백팩 등을 이용한 거치사격

몸을 숨기기 위해 판 참호

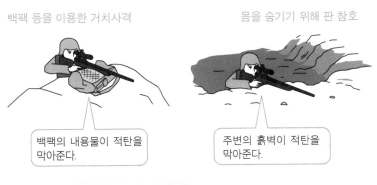

백팩의 내용물이 적탄을 막아준다.

주변의 흙벽이 적탄을 막아준다.

자연의 돌이나 나무, 벽돌, 콘크리트 건물의 파편 등 주변의 다양한 것을 엄폐물로 활용할 수 있다.

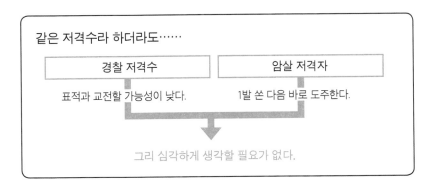

같은 저격수라 하더라도……

경찰 저격수	암살 저격자
표적과 교전할 가능성이 낮다.	1발 쏜 다음 바로 도주한다.

그리 심각하게 생각할 필요가 없다.

원포인트 잡학

시가지에서는 「2층 이상의 높이를 가진 건물」이 저격 진지로 선호된다. 전망이 좋고 엄폐물로서도 효과적이기 때문이다. 표적이 되는 쪽에서 자신의 눈높이보다 높은 장소에 주의를 기울이기는 어렵다.

어째서 숨는 기술이 중요한가?

저격수에게 「발견되지 않기 위한」 기술은 필수이다. 경찰 저격수처럼 일부러 모습을 보여서 표적에게 억제력을 발휘하는 경우도 있지만, 본질적으로 「표적은 이쪽이 있는 장소를 모른다」는 것이 저격수의 강점이다.

●발견되지 않는 능력

저격수는 발견되지 않았을 때야말로 가치가 있는 존재이다. 물론 1발이라도 쏴버리면 그로 인해 이쪽의 사격 위치가 파악될 가능성이 높아지지만, 먼저 발견되지 않는다면 「쏘는 타이밍」을 이쪽에서 선택할 수 있으며 이를 통해 전투의 주도권을 쥘 수 있다.

사격 후 발견된다 하더라도 그 타이밍을 자신이 결정할 수 있다면 사전에 미리 준비를 할 수도 있으며 상황의 대처도 수월하다. 몸을 숨기는 기술만 충분하다면 생존의 가능성도 높아진다. 오히려 사격을 잘 하더라도 숨는 기술이 부족하면 자신뿐 아니라 동료들까지 위험에 빠트릴 수 있다.

저격수가 몸을 숨기기 위해 착용하는 장비는 온몸에 담쟁이 덩굴이나 잎 같은 것을 묶어서 만드는 길리수트가 유명하다. 길리수트는 확실히 효과적이지만 시가지나 건물에서 저격을 할 때에는 별로 도움이 안 된다. 이런 곳에서는 판자나 가구 등을 적절한 장소에 배치하고 몸을 숨기는 것이 효과적이다. 그림자를 이용하는 것도 효과적인 방법이지만, 태양의 위치에 따라 그림자가 이동하기 때문에 현지의 일조량을 확실하게 파악해둬야 한다.

개활지에 있는 경우에도 위장하는 방법은 있다. 땅이나 바위 등의 색과 같은 계열의 옷이나 위장포를 사용하여 위장하는 전통적인 방법을 사용할 수도 있으며 울타리나 길, 선로 같은 직선적인 환경이 있다면 손발을 나란히 하고 누워서 환경과 일체화된 형태로 숨을 수도 있다.

이 정도로 철저하게 몸을 숨긴다 하더라도 정작 저격을 코앞에 두고 발각되어버리는 경우도 드물지 않다. 태양의 현재 위치를 망각하고 조준을 하다가 조준경 렌즈 면에 빛이 반사되어버리는 경우는 예상 외로 흔하다. 발포 시 총구 부근에서 일어나는 흙먼지도 이쪽의 위치를 발각시키는 원인이 되므로 총구 주변에 물을 뿌리거나 젖은 수건을 깔아서 대응해야 한다.

위장 기술

주변에서 「볼 수 없는」 것이 저격수의 강점.

· 적이 이쪽을 보지 못한다면 선택지가 넓어지며 행동하기도 수월하다.
· 뛰어난 사격기술을 가졌더라도 위치가 발각되면 아무 소용이 없다.

야외에서는 길리수트 등을 활용.

태양의 위치와 일조시간을 잊지 말고 확인해야 한다.

시가지 등에서는 인공건조물을 활용하는 쪽이 효과적인 경우도 있다.

개활지에서도 위장술을 사용한다.

보호색을 사용하는 것이 기본으로 색상이나 형태가 배경에 녹아들도록 해야 한다. 건물의 벽이나 철로가 근처에 있다면 그 옆에 나란히 누워서 몸의 실루엣을 흐트러트릴 수도 있다.

발포 시에는 특히 주의가 필요!

조준경 렌즈 면에 태양광이 반사된다.

발포연이나 흙먼지가 일어나 시선을 끈다.

원포인트 잡학
보호색 등을 이용하여 자신을 배경에 녹아들게 하면 설령 적이 이쪽을 보더라도 눈치를 채지 않을 수 있다. 길가의 돌멩이처럼 눈에는 보이지만 시선은 끌지 않도록 주변을 이용한다.

숨어 있는 목표를 쏠 때의 주의점은?

목표가 엄폐물 뒤에 몸을 숨기고 있더라도 뛰어난 저격수라면 절묘한 틈새를 놓치지 않고 저격 기회를 잡을 수 있다. 이런 경우에는 명중시킬 수 있는지 없는지보다 쏠 것인가 말 것인가를 판단하는 것이 더 중요하다.

●일부분에서 표적의 전체를 예측한다

저격수가 쏘는 최초의 1발이야말로 무방비로 노출된 표적에 쏠 수 있는 탄환이다. 그러나 그 다음 누군가가 「저격이다!」라고 외친 순간부터는 적의 대부분이 주변의 엄폐물에 몸을 가리게 되며 이때부터는 표적에 총알을 명중시키기 어려워진다.

하지만 저격수인 이상 적이 엄폐하고 있는 상황이라 하더라도 무언가 해야 한다. 어떻게 해도 관통할 수 없는 두터운 콘크리트 벽 뒤에 몸을 완전히 숨기고 있다면 어쩔 수 없겠지만 엄폐물 사이나 문 옆으로 적의 장비나 몸의 일부가 조금이라도 보인다면 그 부분을 기준으로 눈에 보이지 않는 부분까지 추측하여 급소의 위치를 특정한 다음 저격하는 방법도 가능하다.

경찰 저격수의 경우라면 처음부터 표적이 뭔가에 몸을 숨기고 있는 경우가 많다. 상황에 따라서는 저격의 가능성이라곤 조금도 생각할 수 없는 범인도 있다. 건물 안에 완전하게 숨어 있거나 인질을 방패로 삼아 모습을 드러내는 경우가 대부분이기 때문에 조준에는 상당한 어려움이 따른다.

군사작전에서는 적이 저격수 대응용 저격수를 배치하여 그 저격수가 이쪽의 은닉처를 예상하여 저격해올 수도 있다. 이는 생사에 직면한 문제이다. 만약 이쪽이 첫 발에 임무를 완수하지 못하면 적이 이쪽의 위치를 파악해서 요격할 수도 있다. 상대방 저격수의 실력은 미지수이지만 자신과 같거나 그 이상으로 생각하지 않으면 안 된다.

자신이라면 어디에 숨을 것인가. 어디에서 적을 따돌릴 것인가. 저격수의 생각은 저격병이 가장 잘 이해할 수 있다. 만약 적 저격수의 성격을 알 수 있다면 그 인물이 되어서 생각하는 것도 중요하다. 저격수 간의 싸움 중에 저격수가 숨어 있거나 지나간 것이 뻔히 드러나는 흔적을 발견한다면 그것은 이쪽이 걸려들기를 바라는 덫일 수도 있다.

숨어 있는 표적

저격수에겐 최초의 1발이야말로 무방비의 적에게 탄환을 꽂을 수 있는 유일한 기회……

저격수의 존재를 알게 된 이후에
무방비하게 몸을 드러내는 적은 없을 것이다.

몸의 일부라도 보인다면
숨겨져 있는 부분을 예상하여
조준할 필요가 있다.

적에게 저격수가 있을 경우.

적의 위치를 판단하여 먼저 선수를 치는 것이 자신
이 살아남기 위해서도 중요하다.

1발로 끝내지 못하면 위치가 발각되어 이쪽이 반격당한다.

서로의 기량과 주변 정보를 객관적으로 판단하여 적
이 숨은 장소를 찾아내야 한다.

상대를 얕봐서는 안 되며, 함정의 존재도
고려하여 신중하게 판단한다.

원포인트 잡학

엄폐물 바깥으로 삐져나온 방탄모나 총기 등은 「저격수를 꾀어내기 위한(이쪽으로 쏘게 해서 발사 장소를 알아내기 위한) 덫」일 가능성도 있으므로 신중하게 판단해야 한다.

건물 안에서 저격할 때에는?

시가지에서 목표나 주변 사람들이 눈치채지 않도록 저격하는 경우라면 저격장소를 실내로 삼는 것도 하나의 선택지가 된다. 야외의 참호나 수풀에서 기회를 기다리는 것보다 피로 소모가 훨씬 적다.

●위장과 방탄의 효과도

실내에서 실외의 목표를 노릴 때는 두 가지 방법이 있다. 하나는 실내의 창문을 통해 표적을 노리는 방법, 또 하나는 벽에 구멍을 뚫어서 시야를 확보하는 것이다. 얼핏 보기엔 두 번째 방법이 무식한 방법으로 보일 수도 있지만 전투 중인 시가지에서 건물의 벽에 구멍이 뚫린 것은 흔히 있는 일이기 때문에 유효한 방법이라 할 수 있다.

두 방법에 모두 해당되는 주의점은 창문이나 벽의 구멍에 너무 접근하지 말아야 한다는 것이다. 창문으로 몸을 내밀고 쏘거나 벽의 구멍에 총을 끼워서 벽 밖으로 총신을 내밀어 쏘는 행동은 절대로 금물이다. 특히 「창문」은 가뜩이나 적의 주의를 끌기 쉬운 존재이다. 총신까지 튀어나와 있다면 누가 봐도 이상할 것이다. 이러한 행위는 적에게 이쪽의 위치를 가르쳐주는 것이나 다름없으며 실내에 엄폐한 가치를 모두 없애버리는 행동이다.

저격수가 실내에서 활동할 경우에는 창문이나 벽에서 떨어진 「방 안쪽」에 자리를 잡아야 한다. 이렇게 하면 적이 바로 앞으로 오지 않는 한 이쪽의 존재를 발견하기 어렵다. 실내의 불을 켜지 않고 어두운 상태로 두면 밝은 실외에서 내부를 관찰하기 어려운 점도 이점이다.

저격수가 표적을 관찰하거나 감시, 도로를 봉쇄하는 목적으로 실내에 배치될 때에는 실내의 가구 등을 효과적으로 이용해야 한다. 테이블은 저격총을 거치하는 사격대로 사용할 수 있으며 의자에 앉아 대기하면 피로 소모를 줄일 수 있다. 큰 벽장 등은 방어물로 사용할 수 있다.

이처럼 건물 내에서의 저격은 「적에게 발견되기 어려우며」, 「몸을 지킬 수 있는 엄폐물이 많다」는 등의 장점이 있지만 일단 적에게 장소가 발각되면 포위되기도 쉽고 도피가 어렵다는 단점도 있다. 탈출 경로 확보와 철저한 주변 경계가 필수 사항으로 그것이 불가능하다고 판단되면 건물 내에서의 저격은 시도하지 말아야 한다.

실내에서의 저격

> ### 실내에서 저격할 시의 장점
>
> 건물/실내라는 훌륭한 방어벽이 있으며……
>
>   ⇒ 엄폐물을 직접 만들 필요가 없다.
>
>   ⇒ 야외에 비해 (비교적) 쾌적하다.
>
>   ⇒ 엄폐물 때문에 불편한 점이 없다.

창문을 통해 감시	벽에 구멍을 뚫어서 감시

어느 쪽의 경우라도……

바깥에 몸을 드러내거나,
총열이 건물 밖에서 보이지 않도록 한다.

방 안쪽에 위치를 잡는다.

실내의 밝기를 외부보다 어둡게 해두면 외부에서 이쪽의 상황을
파악하기 어려우며, 이쪽에서는 외부를 관찰하기 쉽다.

> 건물에서 탈출할 경로를 확보할 수 없다면, 실내 저격은 생각하지 않는
> 쪽이 좋다.

원포인트 잡학

건물이나 방의 입구는 사각지대가 되므로 특별히 신경을 써서 경계해야 한다. 혼자서 경계하기 어려울 경우에는
철사 등을 이용하여 경보 장치를 만들어 적의 접근을 파악할 수 있게 할 필요가 있다.

우선적으로 쏴야 할 목표는?

생명은 평등하다고 하지만 저격수 입장에서는 표적에 따라 그 가치가 다르다. 저격수의 안전과 소속된 조직에 위협이 되는 상대는 중요도가 높으며 우선적으로 배제되어야 한다.

●표적의 가치

저격수가 저격을 하는 목적은 표적을 저격하여 피해를 입히는 것으로 본래의 능력을 발휘하지 못하게 하여 그 결과가 아군의 이익에 연결되도록 하는 것이다. 어차피 쏜다면 무엇을 노렸을 때 가장 효과가 클지 잘 검토해야 한다. 물론 임무에서 저격 대상이 명확하게 지정된 경우라면 그 목표를 최우선으로 저격해야 한다.

하지만 「자신의 목숨을 버리더라도 임무를 달성하는 것만이 최우선」인 경우가 아니라면 무시해서는 안 되는 존재가 있다. 그것은 바로 「적의 저격수」이다. 적의 저격수는 아군에게 피해를 입힐 뿐 아니라 저격수 자신의 안전도 위협하기 때문에 최우선적으로 제거할 필요가 있다.

「특별한 능력을 가진 병사」도 우선적으로 배제하여야 한다. 즉 통신 및 암호와 관련된 임무를 수행하는 자, 화포 및 박격포를 취급하는 자, 정찰 요원 등이다. 그들은 일반 병사보다 많은 훈련을 받고 경험이 풍부한 경우가 많기 때문에 쉽게 대체할 수 없다. 이러한 인원을 행동불능으로 만든다면 장기적인 의미에서 적을 약화시킬 수 있다.

계급이 높은 「지휘관」 역시 우선순위가 높다. 장군이나 고급 간부는 물론이며 하급 간부나 부사관 역시 가치 있는 표적이다. 현장의 리더격인 존재가 사라지면 설령 그 뒤를 이어갈 지휘자가 결정된다 해도 높은 확률로 혼란이 일어나기 때문이다. 지휘관 옆에 있는 「부관」도 정보와 병참 등을 관리하는 경우가 많으므로 제거할 가치가 높은 표적이다.

표적이 되는 것은 인간뿐이 아니다. 차량이나 헬기와 같은 교통수단이나 통신을 위한 시설 등을 배제함으로써 아군이 이득을 볼 수 있다면 무엇이든 표적이 될 수 있다. 이러한 「대물 목표」는 인간과 달리 주변의 다른 목표가 맞는다 해서 숨거나 도망가지 않기 때문에 어느 정도 차분하게 노릴 수 있는 표적이다.

무엇을 저격하는 것이 효과적인가?

중요도가 높은 표적을 우선적으로 노린다.

적 저격수 = 어떤 행동을 할지 모르므로 적극적으로 제거해야 한다.

최우선목표

특수기능을 가진 인물 = 적에게 대체인력이 없는 주요 인원.

통신, 암호 기능요원	정찰요원
화포, 중화기를 다루는 자	군견과 군견병

지휘관 = 리더가 사라지면 집단은 혼란에 빠진다.

지위가 높은 자	부사관 등 현장의 리더

부관 = 현장에선 지휘관보다 많은 일을 파악하고 있는 존재이다.

대물 목표는 도망가거나 숨지 않으므로……

이동수단 = 적의 발목을 잡는다.　　**통신수단** = 적의 귀와 눈을 막는다.

차량	무전기
헬리콥터	통신시설

대인 목표보다 비교적 안정적으로 공략할 수 있다.

원포인트 잡학

군견병은 군견을 훈련시키고 관리하는 병사이다. 군견은 멀리서도 이쪽의 존재를 파악할 수 있지만 군견병이 없으면 군견의 능력이 충분히 발휘되지 않으므로 저격수의 안전을 위해 필수적으로 제거해야 할 목표이다.

쏴서는 안 되는 표적이 있다면?

쏜다면 명중하는 것을 알면서도 방아쇠를 당겨선 안 되는 표적이 있다. 우선순위가 낮은 목표를 쏘면 그보다 더 중요한 목표, 「본래 노렸던 목표」를 잡을 기회를 잃을 수도 있다.

●표적을 고르는 기준

저격병이 목표 장소를 지배하기 위해서라면 자신의 눈에 보이는 모든 적을 닥치는 대로 쏜다 해도 상관없다. 실제로 적을 혼란에 빠트리거나 전의를 상실시켜야 할 때, 시가지의 특정 도로나 건물을 봉쇄해야 할 때는 이런 행동이 요구된다.

하지만 저격 목표가 분명하게 지정된 임무라면 이야기가 다르다. 적의 행동을 기대하여 쏘는 것이 아니라면(다른 적을 먼저 저격하여 부상당한 동료를 도우러 온 표적을 노리거나, 기지를 혼란에 빠지게 하여 표적을 당황시켜 허점을 잡는 등) 지정된 목표 이외의 적을 쏴서는 안 된다. 저격수가 있다는 것을 알게 된 적이 경계를 강화하거나 이쪽의 위치를 찾아내기 위해 수색을 펼칠 위험성이 있기 때문이다.

특히 「요인 암살 임무」 같은 경우 저격수를 임무가 가능한 위치에 배치하는 것만으로도 상당한 수고와 노력이 요구된다. 임무에 관계없는 적을 쓰러트리다가 정작 본연의 임무를 수행하지 못하게 된다면 그때까지의 노력이 모두 물거품이 되어버린다.

사수가 적 저격수의 배제를 임무로 하는 저격수 대응 저격수(Counter Sniper)라면 이 원칙을 엄격하게 지켜야 한다. 저격수의 성향을 잘 아는 저격수의 관찰력이라면 이쪽에서 1발만 쏴도 보통 사람은 파악하기 힘든 이쪽의 위치를 간파당할 것이라고 생각하는 편이 좋다.

원래대로라면 상대방이 먼저 발포하기를 기다리며 몸을 숨긴 상태로 침착하게 저격을 하는 것이 당연한 일인데 무엇 때문에 구태여 자신의 위치를 적에게 알릴 필요가 있겠는가. 임무 달성이 불가능해질 뿐 아니라 적 저격수에게 이쪽의 생사여탈권을 건네주는 것이나 다름없다. 이렇게 한심한 이야기가 또 어디 있겠는가.

주요 목표물이라 할 수 있는 통신병, 정찰병, 군견병, 군견과 같은 존재가 시야에 들어와도 이쪽이 발각될 것 같은 위기가 아닌 이상은, 굳이 공격하지 않는 것이 현명한 행동이다.

쏘지 않는 이유

조준선에 「쏘기만 하면 무조건 명중할」 목표물이 잡혔다!

이때 저격수는……

마음껏 쏴도 좋다

「적을 혼란에 빠트린다」거나 「특정 지역의 제압」 등 명확한 목적이 있을 때에는 용납되는 행동이다.

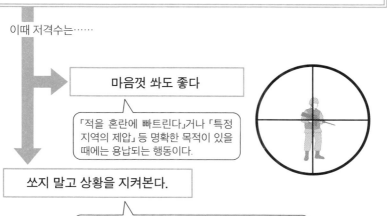

쏘지 말고 상황을 지켜본다.

한 발이라도 쏜다면 저격수의 존재가 발각되어버린다. 원래 노리던 표적이 도망가버리고 적에게 반격을 당할 위험성이 있다.

자신이 「저격 대응 저격수」일 경우, 좀 더 신중한 판단이 요구된다.

⇒ 적 저격수가 보고 있을지도 모르는데 굳이 발포를 하는 것은 자신이 숨어 있는 장소를 가르쳐주는 행동이나 다름없다.

자신의 우위성을 내다버리는 행동이다.

아군이 피해를 입고 있거나, 매력적인 목표물이 눈앞에 돌아다녀도 「본래 노리던 표적」을 제거할 기회가 올 때까지 기다리는 인내심이 필요하다.

원포인트 잡학

부대 단위로 행동하는 적이 가까이 왔을 경우라면 숨을 죽이고 숨는 것이 현명한 행동이다. 1명의 적을 확실히 쓰러트리더라도 다른 적의 주의를 끌게 되면 결국 불리해지는 것은 이쪽이다.

대인저격에서는 어디를 노려야 하는가?

대인저격에서 중요시되는 것은 「죽여도 되는가」를 판단하는 것이다. 표적의 목숨을 빼앗는 것이 목적이라면 뇌나 심장 등 급소를 노려서 확실하게 숨통을 끊어야 하지만⋯⋯.

●급소가 아닌 곳을 쏘는 선택지도 있다

대인저격의 경우에는 「머리나 심장 등을 노려서 일격에 숨통을 끊어야 한다」고 생각하기 쉽다. 1발로 절명시키지 않으면 도망가거나 숨을 수도 있고, 주변의 인질을 죽이거나 폭탄의 스위치를 누를 가능성도 있기 때문이다.

또는 「급소를 노려서는 안 된다. 죽이지는 않되 치명상을 입혀 싸울 수 없게 만든 다음, 도와주러 온 다른 동료를 저격하거나 부상병 구조 및 운송 등으로 적이 병력을 돌리게끔 만든다」는 방식도 있다.

적의 지휘관이나 간부를 전쟁터에서 무력한 존재로 만들려면 출혈에 의한 쇼크와 출혈사를 일으키는 부위를 노리면 된다. 그 자리에서 즉사하지 않더라도 며칠 내에 죽는다면 임무는 달성되는 것이다.

또한 사회적인 말살, 바이올리니스트의 손가락이나 운동선수의 다리 등 특정한 신체부위를 파괴하여 그 인물의 사회적 생명을 끝내고자 한다면 인체의 구조를 숙지하여 목표한 부위의 기능을 확실하게 치료가 불가능한 수준으로 파괴할 필요가 있다.

적을 혼란시키거나 공포에 빠트리는 것이 목적이라면 굳이 인체를 완전히 파괴하는 데 집착하지 않아도 된다. 누군가 총에 맞은 것이 주변에 알려져 패닉 상태가 된다면 그것만으로도 목적은 달성된다. 이런 경우에는 목표를 죽이는 것보다는 가급적 많은 출혈을 일으키며 심한 통증이 일어나는 부위를 노리는 것이 효과적이다. 다리를 쏴서 움직이지 못하게 한 뒤 다른 부위에 한 발씩 쏴서 맞히는 고문 같은 공격법이 전형적인 수법이다. 그러나 이 경우에는 혼란에 빠진 적이 도주하거나 무력화되지 않고 이쪽 방향으로 총을 난사하거나 쓰러진 아군을 돕기 위해 반격할 가능성이 있으므로, 1발을 쏜 다음에는 곧바로 이동하여 발사 위치를 바꾸거나 적 무기의 사정거리 밖에서 공격하는 등의 대안을 세우는 것이 필수다.

사람을 겨냥해서 쏜다

표적이 「인간」일 경우.

어디에 조준을 맞출 것인가?

급소를 노려서 일격필살

⇒ 뇌나 심장이 파괴되면 인체는 그대로 활동을 정지한다.

> 그대로 무력화되기 때문에 인질을 죽이거나 폭탄을 가동시키는 등의 위험성이 줄어든다

확실성을 중시하는 경찰 저격수나 암살을 목적으로 한 저격의 경우 이것이 가장 합리적인 방법이다.

급소를 피해서 치명상을 입힌다.

⇒ 팔이나 다리를 쏴서 고통을 주며 주요 혈관을 파괴하여 출혈과다를 일으킨다.

> 총상을 입은 표적이 고통스러워하며 출혈을 일으키는 모습이 주변의 적에게 심리적인 고통을 준다.

군의 저격수가 다수의 적을 혼란에 빠트리거나 폭력조직의 킬러가 위력을 과시하기 위해 저지르는 저격에 이런 경우가 많다.

원포인트 잡학
머리보다 몸통을 노리는 것이 훨씬 쉽지만 머리를 파괴하는 경우에 비해 표적을 즉사시킬 확률은 낮아진다.

저격에 꼭 소총을 사용하지는 않는다?

소총은 위력과 명중률 면에서는 저격에 적합한 총기이지만, 크고 길기 때문에 가지고 다니면 눈에 띄게 된다. 표적으로부터 멀리 떨어진 인적이 드문 곳에서 쏜다면 문제가 되지 않겠지만 소총 외의 총기로 저격을 하는 것이 적합한 경우도 있다.

●소총도 만능은 아니다

저격에는 소총을 사용하는 것이 일반적이지만 상황에 따라서는 소총 사용이 여의치 않은 경우도 있다. 특히 표적이 건물 내부에 있을 경우, 예를 들어 강당 내부에서 연설을 하고 있거나 극장 안의 무대에 서 있는 경우라면 수백 미터 밖에서 소총으로 저격하는 것은 어려운 일이다.

이런 경우 표적을 겨눌 수 있는 창고나 방송실 같은 곳을 확보할 수 있다면 이상적이겠지만 그것조차 어려울 경우, 가지고 있는 것만으로도 눈에 띄는 소총은 사용할 수가 없게 된다. 이럴 때에는 옷이나 가방 안에 숨기기 쉬운 권총을 사용해야 한다.

권총은 일부 모델을 제외하고는 개머리판이 장착되지 않아 겨냥 시의 안정성이 좋지 않은 편이다. 그러나 사용하는 탄약은 원거리 사격이 아니라 근거리 사격에 적합한 것이기 때문에 50m 정도 거리의 사격이라면 큰 문제가 없다고 볼 수 있다.

소음기는 가능하다면 장착해야 하지만 소구경 탄약을 사용하는 총이라면 장착 시의 길이와 크기 등을 종합적으로 검토하여 장착 여부를 결정해야 한다. 슬라이드 후퇴 시의 소음을 억제하기 위해 손으로 슬라이드를 잡는다면 표적이나 주변에 발각될 가능성을 더욱 낮출 수 있다. 일반적인 리볼버는 소음기를 장착할 수 없기 때문에 특별한 이유가 있지 않는 한 사용총기의 후보에서 배제하는 것이 좋다.

저격을 했을 때 표적은 물론이며 주변 사람들에게도 완전히 예상 밖의 상황이라면 혼란을 틈타 도주할 수도 있겠지만, 요인 암살이라면 권총 사용은 상당한 부담을 감수해야 하는 선택지이다. 특히 표적 주변에 경호원 등 전문가가 있을 경우, 발포음과 표적의 상태에 따라 소총에 의한 저격인지 권총에 의한 저격인지 쉽게 간파되기 때문에 범인이 아직 근처에 있다는 것을 알게 된다면 주변을 살핀 경비요원에게 붙잡히거나 반격당할 가능성이 높아진다. 「잡혀도 좋다」는 심정이 아니라면 미리 안전한 도주 경로를 확보해야만 한다.

권총에 의한 저격

소총은 고성능이지만 눈에 너무 띈다.

건물 내 저격에서는 긴 사 거리는 중요하지 않다.

⇒ 저격에 꼭 소총만을 사용해야 한다 는 법은 없다.

「권총을 사용한다」는 선택지.

 단점
· 대부분의 권총은 개머리판이나 조준경을 붙이기 어렵다.
· 사거리가 짧다.

근거리 사격이라면 큰 문제가 안 된다.

 장점
· 휴대와 사용이 간편하다.
· 쏠 때까지 주변의 시선을 끌지 않는다.

집중력을 높일 수 있다는 점에서 매우 중요.

※ 물론 「정밀사격에는 적합하지 않은 권총이란 물건」을 자유자재로 다룰 수 있을 정도의 프로가 아니라면 이야기는 성립되지 않는다.

권총에 의한 저격은 필연적으로 표적과의 거리가 가까워지기 때문에 치밀한 저격 계획(=도주경로 준비)이 필수이다.

원포인트 잡학

자동권총은 슬라이드가 후퇴하면서 탄피를 배출하고 차탄을 장전하는데 이때 소음이 발생한다. 슬라이드를 고정 하고 약실을 밀폐하여 이 소리를 줄일 수 있다.

기관총으로 저격은 가능한가?

기관총은 대량의 총탄을 뿌리는 총기이기 때문에 신중하게 겨냥하여 한 발의 총탄을 쏘는 「저격」
과는 거리가 멀다. 갱 영화처럼 상대방을 벌집으로 만들어놓고 「저격했습니다」라고 하기엔 다소
무리가……

●대물저격총의 기초가 되는 총

저격이라 하면 「신중하게 노린 확실한 한 발」이라는 이미지가 일반적이다. 기관총은 이런 이미지와 거리가 멀지만, 실제로 기관총에 의한 저격은 전장에서 어느 정도 이상의 전과가 기록되고 있다. 새로운 카테고리의 저격총(=대물저격총)을 낳는 기반이 된 것도 기관총이다.

기관총이 사용하는 탄약, 특히 50구경 탄약은 크고 무거운 탄두를 대량의 화약으로 발사하는 탄약이다. 이 때문에 매우 멀리까지 날아가며 탄도도 안정된다는 특성이 있다. 이는 저격에서 매우 유용한 특성이다. 다만 연속으로 발사한다면 2발째부터 명중률이 크게 떨어져 효율이 저하되기 때문에 사격 모드를 변경하거나 1발씩 탄환이 발사되도록 총기를 개조할 필요가 있다.

또한 구경이 큰 기관총은 보통 총처럼 다루거나 운반하는 경우를 고려하지 않아 매우 무겁게 만들어져 있다. 그 무게가 강력한 위력을 가진 총탄을 발사할 때에 발생하는 반동을 잘 흡수하여 총이 흔들리거나 겨냥이 빗나갈 가능성을 줄여줄 수 있는 것이다. 굵고 긴 총열은 장시간 사격 시에 필요한 내구성과 방열을 목적으로 설계된 것이지만 저격총의 총열로서도 충분히 효과적이다. 기관총을 지면에 고정시키기 위한 삼각대는 그대로 총기의 안정성을 높여준다. 이러한 점에 착안하여 조준경을 장착한 50구경 기관총을 사용한 저격이 이루어져왔으며 한국전쟁, 베트남전쟁, 포클랜드분쟁 등 냉전시대 주요 전장에서 많은 전과를 거두며 유효성을 실증해왔다. 그 전훈은 오늘날의 대물저격총으로 이어져 결실을 맺었다.

다만 이러한 장점이 발휘되는 것은 이른바 「중기관총」에 해당되는 총기일 경우이며, 돌격소총용 탄약을 사용하는 「범용기관총」이나 권총탄을 사용하는 「기관단총」의 경우에는 발사약의 양이나 탄약의 중량, 총 자체의 중량과 총열 길이, 정밀도 등 여러 면에서 저격소총에 비해 떨어지기 때문에 단발사격을 한다 해도 저격 시의 장점은 없다고 봐도 무방하다.

기관총으로 저격

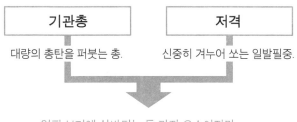

기관총	저격
대량의 총탄을 퍼붓는 총.	신중히 겨누어 쏘는 일발필중.

얼핏 보기엔 상반되는 두 가지 요소이지만⋯⋯

· 조준경을 장비하고 반자동으로 사격한다면 「대구경저
격총」으로 운용할 수 있다.

기관총의 특징

대구경탄

⇒ 위력이 강하고 탄도가 안정
되어 저격에 적합.

무겁고 견고

⇒ 발사 시 반동을 흡수하며
명중률을 향상시킨다.

기관단총

범용기관총

원거리 저격에 적용할 수 있는
것은 「중기관총」으로 분류되
는 총기이며, 구경이 작은 「기
관단총」이나 「범용기관총」으
로는 효과를 기대하기 어렵다.

원포인트 잡학

기관총의 급탄은 탄약을 50발이나 100발 단위로 연결하는 「벨트링크」를 사용하므로 탄약 부족으로 저격 기회를
잃을 위험성은 거의 없다.

전차나 장갑차는 어디를 노려야 하는가?

지프나 트럭 등의 차량 정도라면 어느 정도 대응할 수 있겠지만 전차나 장갑차와 같이 「단단한」 차량은 방탄장갑을 갖추고 있기 때문에 충분한 피해를 입히기가 어렵다. 물론 대물저격총을 사용하는 방법이 있지만 그렇다고 해서 아무 곳이나 쏴도 되는 것은 아니다.

●눈과 다리가 아킬레스건

지상전의 왕자라고 불리는 전차를 정면에서 격파할 수 있는 것은 기본적으로 같은 전차와 항공기(대전차 공격기나 대전차 헬기 등)뿐이다. 보병에게 대전차 미사일이나 로켓탄을 장비시켜 공격하는 방법도 있지만 전차 역시 날아오는 미사일을 떨어뜨리는 대응장비를 갖추거나 장갑의 소재를 강화하는 등 발전하고 있다.

대물저격총은 「장갑을 갖춘 표적」에 대해서도 어느 정도 타격을 줄 수 있지만 역시 상대가 전차라면 이야기는 어려워진다. 하지만 저격수가 있다면 핀 포인트로 전차의 약점을 저격할 수 있다. 외부에 노출된 센서와 카메라류, 투시창이나 출입구 주변, 캐터필러, 타이어 등 차량 구동부, 엔진의 흡배기구 등을 노리는 것이다.

전차는 포격과 감시를 위해 차체 곳곳에 안테나와 센서를 갖추고 있다. 이러한 기기들은 포탄의 파편이나 충격 등으로 파손되지 않도록 설계되어 있지만 소총탄에 직격될 경우에는 피해를 막아내지 못한다. 전차 내부에는 소음이 많아서 외부의 소리를 들을 수 없기 때문에 탑승원은 주변상황을 파악하기 위해 시각에 의존할 수밖에 없다. 이때 「눈」이 되는 센서를 파괴하면 전투력은 크게 떨어질 수밖에 없다. 캐터필러의 연결부나 기동륜 등의 구동 장치, 연료 탱크나 파이프 등의 연료 관련 장치는 외부에서 판별하기 쉽다. 엔진 흡배기용 그릴은 장갑으로 가릴 수 없기 때문에 이러한 곳도 전차의 급소가 된다.

보병 전투차나 병력 수송차와 같은 장갑차는 보병을 총탄으로부터 지키기 위해 존재하지만 고성능 철갑탄을 쏠 수 있는 대물저격총의 등장으로 그 가치가 크게 떨어졌다. 대물저격총으로 장갑차를 저격할 때는 전차와 마찬가지로 구동부나 연료 관련 장치 또는 운전자를 겨냥한다. 이렇게 충분한 타격을 입혀 주행 불가능의 상태로 만들거나 내부의 승무원을 살상할 수 있다.

전차나 장갑차를 저격한다

「효과적인 급소」만 알고 있으면 저격도 불가능한 이야기는 아니다

전차의 저격 포인트

승무원 출입구
차량 밖으로 나오지 못하게 할 수 있다.

연료 탱크
현용전차의 경우는 차량 내에 내장하고 있는 경우가 대부분.

각종 센서
전차의 「눈」을 부술 수 있다.

관측창
방탄유리나 잠망경 구조로 만들어져 있지만 저격으로 승무원에게 공포감을 심어줄 수 있다.

캐터필러
예상 외로 약하기 때문에 노릴 만한 곳이다.

엔진 배기장치
이 부분도 장갑이 거의 없다.

장갑차의 저격 포인트

운전자

엔진과 연료 계열 장치

타이어
(주행장치)

대물저격총을 사용하면 차체에도 나름대로 타격을 입힐 수 있다. 하지만 최근에는 장갑차의 경우도 중장갑을 도입하는 경우가 늘어나고 있어 주의가 필요하다.

원포인트 잡학

장갑차를 노릴 때는 가능하다면 높은 곳에서 저격하는 것이 좋다. 장갑차는 윗방향에는 대응하기 어렵기 때문에 발각당하거나 반격당할 위험성이 줄어든다.

191

군함을 저격한다 해도 의미가 있을까?

전함과 순양함 등 군용함정을 저격수 개인의 저격총으로 어떻게 해보겠다고 생각한다면 그것은 넌센스일 뿐이다. 하지만 현대의 해군이 운용하는 이지스함과 같은 최첨단 전투함이라면 이야기가 조금 달라진다.

●현대 군함의 장갑은 얇다

과거의 군용 함선은 적함이 쏘는 포탄이나 항공기의 공격에 견딜 수 있도록 설계되어 있었기 때문에 저격수가 쏘는 총탄 정도로는 아무런 피해를 입힐 수 없는 존재였다. 그러나 군함의 목적이 「적함과의 교전」에서 「장거리 미사일 공격이나 그에 대한 방공」 등으로 전환되면서 함선의 장갑은 최소한으로 하는 대신 고도의 자동화와 전산화를 갖추게 되었다. 이로 인해 50구경의 대물저격총을 사용한다면 군용 함선이라도 장갑을 뚫고 내부에 타격을 주는 것도 불가능한 이야기가 아니다.

기술의 발전으로 함선 설계 역시 발전하여 선내 구조를 모듈 형태로 구성하게 되면서 어느 정도 지식만 있으면 함선 주요 구획의 위치 등을 추측하는 것도 가능하게 되었다. 효율성과 고성능을 갖춘 첨단 무기는 오히려 한 곳이라도 기능에 문제가 생기면 전체가 영향을 받는 약점을 지니고 있다. 물론 어떤 기능이 파손될 경우를 위한 백업 시스템을 갖춘 경우도 있기 때문에 함체의 전력을 완전히 무력화시키는 것은 불가능하더라도 일부 성능을 저하시키거나 제한시키는 식의 피해를 입히는 것은 가능하다. 특히 레이더나 센서 등의 기기는 외부에 노출되며 눈에 띄는 장소에 배치되기 때문에 쉽게 식별할 수 있고 파괴하기도 쉽다. 전자전에 필수인 이러한 기기가 기능을 잃을 경우 그 함선의 전투력은 크게 떨어질 수밖에 없다.

하지만 아무리 저격수의 위협이 커졌다고 해도 유효한 타격을 입힐 수 있는 것은 배가 항구 등에 정박하고 있을 때나 운하나 갑문을 통과하는 때에 한정된다는 점을 잊어서는 안 된다. 총기의 사거리 문제도 있지만 넓은 해상에서는 선박의 감시와 요격 기능이 완전히 가동되어 접근하기도 어려우며 저격을 할 만한 틈새를 찾기가 매우 어렵다. 하지만 육지에 가까우면 상대적으로 감시 능력이 떨어지며 좁은 항만 지역에서는 함선의 기동성도 떨어지기 때문에 저격수 입장에서는 절호의 기회가 된다.

군함을 저격한다

현용 군함은 장갑이 그다지 두텁지 않다.

해상함의 저격 포인트

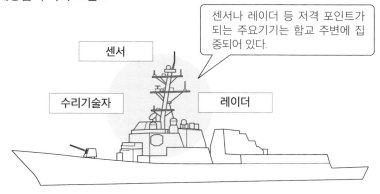

센서나 레이더 등 저격 포인트가 되는 주요기기는 함교 주변에 집중되어 있다.

센서

수리기술자

레이더

저격수의 무기로는 함선을 가라앉게 할 수는 없지만 전자 · 통신기기 등을 파괴하여 눈을 빼앗아 전투능력을 저하시킨다.

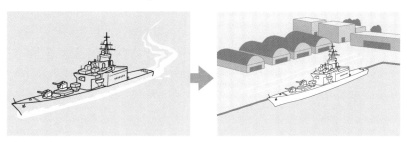

배가 해상에 있을 때는 레이더 등이 접근하는 것을 경계하기 때문에 사거리 안에 포착하기가 어렵다.

항구에 정박해 있을 때는 함선의 기능이 제한되어 저격수가 기회를 잡을 가능성이 높아진다.

원포인트 잡학

군용 함정을 노릴 때는 우선 센서나 레이더 등을 쏴서 파괴한다. 그 다음 수리를 위해 올라온 기술자를 사살하여 더욱 큰 피해를 입힐 수 있다.

항공기를 저격할 때는?

아무리 뛰어난 저격수라 해도 탄이 닿지 않는 높은 하늘을 날고 있는 항공기를 격추시킬 수는 없다. 항공기를 저격한다면 지상에 내려와 있을 때를 노리는 것이 좋다. 완전파괴까지는 어렵더라도 비행을 불가능하게 하여 항공기로서의 가치를 잃게 만들 수가 있다.

●비행 중에는 어찌할 수가 없지만……

　항공기를 저격한다면 격납고 안이나 활주로에 대기하고 있을 때밖에 생각할 수가 없다. 상식적으로 높은 하늘을 비행 중인 항공기를 표적으로 삼는 것보다 지상에 머물러 있을 때를 노리는 것이 효과적이기 때문이다.

　날개는 항공기에서 중요한 부위이다. 날개의 뒷부분에는 「플랩(Flap)」이나 「보조익(Ailerron)」, 「방향타(Rudder)」 등 양력이나 기체의 기울기와 방향을 조종하는 부품이 있다. 이것이 파손될 경우 이착륙이 어려워지며 공중에서 기체의 방향을 제어할 수 없게 된다. 또한 기체의 전체 면적 중에서도 큰 부분을 차지하는 날개 내부에는 연료 탱크가 내장되어 있는 경우가 많아서 만약 내부에 연료가 채워져 있는 것을 확인했다면 소이탄(탄두에 가연성 연소제를 담은 탄환)을 사용하여 기체에 화재를 일으키거나 더 나아가 폭발을 기대할 수도 있다.

　엔진은 작은 타격으로도 치명적인 손실을 입는다. 전투기 같은 소형 기체라면 동체 뒤쪽, 수송기 등 대형 기체라면 날개 아래에 엔진이 배치되는 경우가 많다. 엔진 자체에 타격을 줄 수 없다고 판단될 경우 흡입 팬이나 그 근처에 탄환을 쏘는 것도 좋은 방법이다. 작은 파편이라도 발생시킬 수 있다면 흡입 팬을 통해 이 파편을 빨아들인 엔진에 고장을 일으킬 수 있다. 착륙 시에 사용하는 앞바퀴와 뒷바퀴도 고려할 만한 표적이다. 착륙은 물론이며 이륙할 때에도 바퀴에 하중이 걸리므로 완전하게 파괴하지 않더라도 점검과 수리를 해야 하기 때문이다.

　기수와 조종석 주변의 전자기기를 저격하는 것도 좋다. 특히 기수 내부에는 레이더 등 비행에 필요한 기기가 내장되어 있어 약간의 타격으로도 기능을 정지시킬 수 있다. 또한 조종석의 방풍 유리(캐노피Canopy)는 민감한 부품이기 때문에 약간의 피해를 입히더라도 부품 교체를 하도록 만들 수 있다.

항공기를 저격한다

하늘을 날기 전에 처리한다.

항공기 저격 포인트

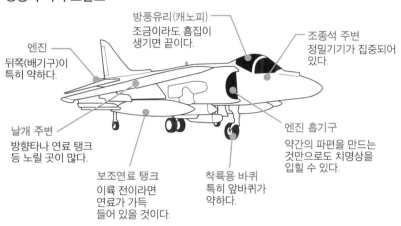

방풍유리(캐노피)
조금이라도 흠집이
생기면 끝이다.

엔진
뒤쪽(배기구)이
특히 약하다.

조종석 주변
정밀기기가 집중되어
있다.

날개 주변
방향타나 연료 탱크
등 노릴 곳이 많다.

엔진 흡기구
약간의 파편을 만드는
것만으로도 치명상을
입힐 수 있다.

보조연료 탱크
이륙 전이라면
연료가 가득
들어 있을 것이다.

착륙용 바퀴
특히 앞바퀴가
약하다.

공항시설

중간 규모 이상의 비행장이라면
관제탑을 쉽게 식별할 수 있다.

이러한 시설은 그 중요도
에 비해서는 방탄 설비가
된 경우가 드물다.

관제설비를 사용할 수 없게 되면 항공기의 전략적 가치가 크게
떨어지게 된다.

원포인트 잡학
비행장과 공항 시설은 넓고 탁 트인 부지에 위치한 경우가 많기 때문에 접근 방법과 은신처 등을 신중히 검토할
필요가 있다.

저격수는 아웃도어의 달인?

저격수가 탄환을 명중시키기 위해서는 바람을 읽거나 공기의 습도를 파악하여 조준을 조정해야 한다. 그 외에도 사격 전 단계 준비 등에서도 아웃도어의 지식과 기술이 필요하다.

●길이 아닌 길을 가기 위해서는

군대의 저격수에게 주어지는 임무 중 하나로 핵심인물 저격이 있다. 표적이 반정부 게릴라의 사령관이거나 마약 조직의 두목인 경우 이들은 외딴 곳에 숨어 지내는 경우가 많다. 그런 곳으로 가는 잘 닦인 도로나 직항 교통편 같은 것은 기대할 수 없는 노릇, 스스로 길을 찾아내야 한다.

게다가 그런 지역은 적의 지배하에 있는 경우가 대부분이기 때문에 단순히 야산을 돌파하는 것으로 끝나는 이야기가 아니라 항상 발견되지 않도록 몸을 숨기며 흔적을 남기지 않고 행동해야 할 필요가 있다. 이 때문에 하루라면 갈 수 있는 거리라도 은밀하게 이동하다 보면 3~4일 정도 걸리는 경우도 있다.

장기간 적의 세력권에서 야외 활동을 하기 위해서는 길이 없는 곳을 이동해야 하고 강력한 태양광과 한파 등의 자연환경에서 버텨야 하며 물이나 식량을 스스로 확보하고 체력 저하를 최소화하면서 최대한 최적의 상태를 유지해야 한다. 이를 위해서는 아웃도어 서바이벌의 지식과 기술이 필수다.

표적이 도시에 있는 경우에도 아웃도어 기능이 필요한 경우가 있다. 표적이 있는 지역이 출입을 통제하고 있거나 통상의 접근 경로로는 다가갈 수 없는 경우이다. 도로나 철로, 공항, 항구 등을 사용하는 대신 도시에 인접해 있는 삼림이나 사막을 이용하는 것이다.

경찰 저격수의 경우 목표를 노리며 개인적으로 행동하는 경우는 거의 없기 때문에 아웃도어의 지식과 기능이 필수는 아니다. 그러나 바람의 세기와 공기 중의 습도 등을 파악하기 위해서는 아웃도어의 경험이 도움이 되기 때문에 아웃도어 활동을 즐기는 저격수도 드물지 않다.

저격수의 야외지식

「방아쇠를 당기기 전의 단계」에서
아웃도어 지식은 필수.

표적이 인적 드문 산 속에 있다.

적의 세력권 안에서 들키지 않고 이동.

아웃도어에 대해 잘 알지 못한다면 이런 상황에 대응하기 어렵다.

게다가……

· 표적과 다른 사람에게 발각되지 않도록 위장한다.
· 저격의 기회가 올 때까지 며칠이라도 매복한다.

이러한 이유로 아웃도어의 노하우를 익힐 필요가 있다.

경찰 저격수의 경우

표적을 추적하거나 산 속에서 대기하는 등의 행동을 할 경우가 없으므로
아웃도어는 별로 중요하지 않다……?

No!

바람의 세기와 공기 중 습도 등을 파악하여 조준을 조정해야 하므로 아웃
도어의 경험은 큰 도움이 된다.

원포인트 잡학
야외에서 자신의 모습을 드러내지 않은 채 신출귀몰하게 이동하는 기술을 「필드 클라우드」라고 부른다.

No.093

표적의 근처까지 기어서 접근?

저격수의 특기라면 원거리 저격이겠지만, 사수 입장에서 「맞을지 어떨지 장담하기 어려운 곳」에서 쏘는 것보다 자신의 실력으로 명중을 확신할 수 있는 거리까지 접근하고 싶은 것은 당연한 이야기이다. 그것이 몇 미터, 몇 센티미터 정도의 거리더라도 정신적으로 큰 의미를 갖는다.

●저격수의 포복 전진

저격 시 이상적인 자세는 「엎드려쏴」이다. 물론 저격 위치의 지형이나 당시 상황에 따라 다른 자세가 적합할 수는 있겠지만 안정성이 높은 자세로 사격하는 것이 저격의 성공률을 높여주는 것은 분명하다. 저격수가 엎드려쏴 자세를 좋아하는 이유는 안정성 때문만이 아니다.

또 하나의 이유는 바로 적에게 발견되기 어렵다는 점이다. 저격 거리가 가까워지면 엎드려쏴 자세의 장점은 더욱 커진다. 표적이 위험을 알아챌 가능성도 적어지고, 경호를 따돌리거나 도주하기가 쉬워진다.

표적까지 접근할 때에도 엎드려쏴 상태로 가는 것이 이상적이라 할 수 있다. 적의 눈에 띄지 않을 정도로 먼 곳에서부터 엎드린 자세로 천천히 거리를 좁혀가는 방법이라면 이동 중 발견될 위험성을 최대한 낮출 수 있다.

흔히 말하는 「포복전진」이긴 하지만 일반 병사들이 하는 포복전진과는 다르다. 일반적인 포복전진은 「적의 총에 맞지 않기 위한」 것으로, 저격병 입장에서는 이 포복마저도 「적에게 들킬 위험성이 높은」 자세이다. 만약 적으로부터 몇 킬로미터 정도 떨어진 상황이라면 일반적인 포복전진도 문제가 없지만 표적과의 거리가 가까워지고 적의 경계도 멀지 않은 곳에 있다면 자세를 최대한 낮추고 이동 속도도 느린 포복을 해야 한다.

이러한 「저자세」의 포복으로 달팽이 같은 속도로 땅을 기어가는 상태를 유지하며 몇 시간 동안 전진한 거리가 불과 수 미터인 경우도 드물지 않다. 베트남전쟁에서 용맹을 떨친 카를로스 헤스콕이 일반적인 걸음이라면 1시간도 안 걸리는 약 1km의 거리를 사흘 넘게 포복전진으로 이동하여 표적인 북 베트남군 장교의 저격에 성공한 후 같은 포복 방법으로 위치를 이탈하여 아군 지역으로 복귀에 성공한 일화는 유명하다.

1mm라도 낮게

「엎드려쏴」 자세는 적에게 발견되기 어렵다.

엎드려쏴 자세 그대로 표적에 접근할 수 있다면 최고다.

좋아, 「포복전진」으로 이동하자.

일반적인 포복전진

· 무릎과 팔꿈치를 교대로 움직여서 이동.
· 가슴과 허리는 지면보다 높다.
· 총은 언제든지 쏠 수 있다.

저격수의 포복전진

· 팔의 힘으로 온몸을 끌고 간다.
· 몸통을 완전히 땅에 붙인다.
· 총은 바로 쏠 수 없다.

저격수 입장에서는 이 자세도 높아서 표적 근처에서는 매우 위험한 자세이다.

배를 땅에 대고 엎드려 있는 것과 같은 상태. 팔의 힘만으로 전진하기 때문에 속도는 느리다.

일반적인 포복전진을 기준으로 수치를 비교한다면……

3	적의 총에 안 맞을 가능성	4
3	이동 속도	1
3	발각되지 않을 가능성	5

표적에서 먼 경우라면 자세를 조금만 낮춘 상태로 이동할 수 있지만 표적에 가까워질수록 발각되지 않기 위해 속도를 낮춰서, 사거리 내에 들어선 때부터는 1시간 동안 몇 미터밖에 전진을 못 하는 경우도 드물지 않다.

원포인트 잡학
포복 자세로 들키기 어렵다는 것은 땅 위에 있는 상대에 대한 것일 뿐, 상공에서의 감시라면 이야기가 다르다. 특히 인공 위성을 사용하는 상대라면 엎드린 자세의 높이보다 이동 경로의 선정이 더 중요하다고 할 수 있다.

저격 시에는 반드시 쏜 후 이동해야 하는가?

저격수의 행동원칙에는 「1발 쏜 다음에는 반드시 위치를 이동한다」라는 것이 있다. 아무리 철저하게 몸을 숨겼다 해도 발포와 동시에 발생하는 소리와 빛 등에 의해 자신의 위치가 발각되어버릴 가능성이 있기 때문이다.

●적의 탄환이 날아오기 전에

소총뿐만 아니라 모든 총기는 발포 시 상당한 소리를 낸다. 원거리 사격의 경우 발사된 탄환이 음속을 넘어서면서 「총소리보다 탄환이 먼저 표적에 닿는」 경우가 많아 소리로 인해 위치가 발각되더라도 별 문제 없으리라 생각할 수도 있다. 그러나 표적이 단독으로 행동하는 경우라면 몰라도 호위병력이나 동료가 주변에 있다거나, 다수의 적을 상대로 교란을 일으키는 것이 목적이었을 경우에는 저격 후 바로 나머지 적의 반격을 받게 된다.

적의 공격에 직접 맞지 않더라도 집중 사격을 받는 와중에 다음 표적에 조준을 맞추는 것도 힘든 일이고 자신의 근처에서 발생한 파편이 눈에 들어가거나 도탄으로 조준경이나 총기가 심각한 충격을 받을 수도 있다. 방탄 효과가 충분한 엄폐물 뒤에 몸을 숨겼다 하더라도 식은땀이 나는 상황인데 제대로 된 엄폐물조차 없다면 그야말로 생명이 위태로운 상황이 된다.

상대가 장거리 사격을 할 수 있는 무기를 갖추고 있지 않더라도 지원 헬기를 부르거나 다른 부대로 이쪽을 포위해올 수도 있다. 신중하게 생각해본다면 같은 장소에 오랫동안 머무르지 않는 편이 좋다는 것을 알 수 있을 것이다.

저격수가 항상 장소를 바꾸는 것은 방어뿐만이 아니라 공격 입장에서도 장점이 있다. 적의 입장에선 탄환이 날아오는 장소가 한 군데 이상일 경우 저격수가 어디에 몇 명 있는지 파악하기 어렵다. 신출귀몰한 저격수의 존재는 대항 수단이 없는 적에게는 공포일 수밖에 없으며 상당한 혼란을 일으킬 수 있다.

이는 도시에서 하는 저격일 경우 특히 유효한 수단이다. 적의 공격을 막아줄 엄폐물이 곳곳에 많으며 건물들의 높낮이 차이를 이용하기도 쉽다. 하수도를 이용하거나 자전거로 이동하는 등의 방법으로 예상 밖의 속도와 방향에서의 저격을 통해 적을 농락할 수 있다.

움직이며 사격하라

총을 쏘면 「소리와 빛」을 발생시키는 것이 「총」이라는 물건.

소리와 빛에 의해 적에게 이쪽 위치가 들통난다.

신속히 위치를 이동하여 안전을 확보!

계속 같은 위치에 있으면
치명적인 공격을 받게 된다.

적 보병부대로부터 집중사격을 받는다.

적 저격수에게 위치를 간파당한다.

헬기나 포격 등으로 일방적인 공격을 받는다.

이동하는 이유가 방어 때문만은 아니다.

⇒ 이동과 공격을 반복하면 적이 저격수에 대해 잘못 파악하게 할 수 있다.

「저격수의 위협」을 보다 크게 발휘할 수 있다.

원포인트 잡학
은신처에서 이동할 때에는 가능한 한 그 자리에 있었던 흔적을 없애는 것이 중요하다. 적에게 전문가가 있을 경우 이쪽의 정보가 들통날 수 있기 때문이다.

첫 발이 빗나가 버렸다면?

프로 저격수라면 역시 「일발필중」 실패는 용납되지 않는다. 하지만 만약 첫 발이 빗나간다 해도 침착하게 대응할 수 있어야 진정한 프로라고 말할 수 있을 것이다.

●이어서 쏠 것인가, 포기할 것인가

심혈을 기울인 필중의 한 발이 빗맞아 버린 경우, 신속하게 다음 행동을 취해야 한다. 상황을 신중하게 고려하여 판단할 만큼의 시간 여유는 없다. 가장 먼저 취할 수 있는 행동은 그대로 「쉴 틈 없이 2번째 사격을 하는」 것이다. 표적이 저격을 당한 충격에서 깨어나 대응하기 전에 연이어 두 번째 탄환으로 끝장을 내는 것이다. 이때 자동소총을 장비하고 있다면 상황을 유리하게 진행할 수 있다. 차탄을 장전하기 위해 손으로 동작을 하나하나 진행해야 하는 볼트액션 소총과 달리 자동소총은 조준을 유지한 상태로 양손을 움직일 필요 없이 그대로 연이어 사격을 하면 되기 때문이다.

다음으로 선택할 수 있는 행동으로는 「지금 위치에서 이동」하는 것이다. 이는 표적이 혼자 있지 않고 주변에 동료나 부하 등이 가까이 있을 경우 고려할 수 있는 행동이다. 표적 자신은 쇼크나 부상 때문에 움직일 수 없는 상황이라 해도 주변에 있는 자들이 저격수의 위치를 파악하거나 반격할 가능성이 있기 때문이다. 저격에 실패했을 때에 위치를 옮기지 않는 것은 매우 위험한 행동이다. 저격을 포기하지 않고 다음 기회를 노린다 하더라도 신속한 이동이 요구된다. 특히 연속 발사에 적합하지 않은 볼트액션 소총이나 단발식 소총을 사용하는 저격수에게 저격 지점을 이동하는 타이밍은 그야말로 생사를 가르는 판단을 요구한다.

초탄이 빗나간 이후의 상황 전개

이럴 수가!
조준이 빗나갔다!

진정해. 이럴 때일수록 침착하게 대처해야 해.
그래야 프로 저격수라 할 수 있지.

대응1

바로 다음 공격을 가한다.

표적이나 주변 사람들이 충격에서 벗어나기 전에 연속으로
사격을 가해 승부를 매듭짓는다.

이 경우 무장이 자동소총이라면 매우 유리하다.

대안 2

즉시 그 위치를 이탈한다.

표적이나 주변 인물들의 반격이 예상된다면 미련을 남기지
말고 신속히 도망가는 것이 현명한 판단이다.

표적이 단독이 아닐 경우, 특히 이런 상황이 될
가능성이 높다.

시간의 여유가 없으므로 어느 쪽이든 신속하게 결정한다.

표적 사살에 성공했다 하더라도, 초탄이 날아온 위치에는 적의 반격이 가해질 가
능성이 크기 때문에 움직이지 않고 그대로 있는 것은 매우 위험하다.

원포인트 잡학

1km를 넘는 원거리 저격의 경우 상대방의 반격을 맞을 위험성도 낮아진다. 그래서 일발필중을 너무 염두에 두지
않고 「탄착 관측을 위한 1발」로 설정하는 개념도 있다.

돌입작전에서 스나이퍼의 임무는?

적이 농성전을 펼치고 있는 건물에 아군 진압팀이 돌입하는 경우, 저격수의 역할은 대단히 중요해진다. 적에게 모습을 보이지 않는 원거리에서의 정확한 엄호사격으로 진압부대의 부담을 크게 낮춰줄 수 있기 때문이다.

●감시와 지원

돌입 작전에서 저격수의 중요한 임무로는 사전 정보수집이 있다. 망원경을 사용하지 않으면 잘 보이지 않는 거리와 건물 내부에서는 파악하기 힘든 각도를 이용하여 자신을 숨긴 채 건물을 감시하며 주변 정보를 모으는 것이다. 저격수로서의 지식과 노하우가 반영된 이러한 정보는 귀중한 판단근거가 되며 돌입 방법과 타이밍의 결정에도 중요한 역할을 한다.

저격수는 저격총으로 「적의 배제」 임무도 수행한다. 돌입에 맞춰 건물 외부(옥상이나 입구 근처)나 창가에 모습을 보이는 적을 저격하는 것이다. 이때 적을 완전히 제거하지 못하더라도 창문이나 건물의 파편으로 간접피해를 입히거나 저격 그 자체로 행동을 봉쇄하고 건물 내부를 혼란에 빠트릴 수 있다.

인질의 상태가 위험하다는 등 위급한 상황이 전개될 경우 저격수의 저격을 신호로 돌입부대가 행동을 개시하는 작전 계획을 세우는 경우도 있다. 저격수가 대물저격총을 사용한다면 벽 너머의 표적을 배제하는 것도 가능하다.

물론 이러한 엄호가 효과적으로 이루어지기 위해서는 돌입팀과 저격수가 모두 건물 내부의 구조와 적의 인원 배치 등을 완전히 파악해야 한다. 아무리 뛰어난 사격으로 시야에 들어온 적을 무력화시켰다 해도 건물 내의 파악되지 않은 곳에 미확인 상태의 적이 숨어 있다면 돌입팀의 작전이 실패할 수도 있기 때문이다.

이러한 작전에서는 다수의 저격수를 배치하는 것이 일반적으로서 적의 인원수가 적을 경우에는 돌입작전이 개시될 때 저격수가 각각의 목표에 일제 사격을 가하여 돌입부대의 작전 부담을 크게 덜어주는 경우도 있다. 정보에서 확인된 모든 적을 저격으로 쓰러트렸다 하더라도 저격수의 임무는 끝난 것이 아니다. 사전에 확인되지 않은 적이 숨어 있을 수도 있기 때문이다. 작전이 완전히 완료될 때까지 주변을 감시하며 이상이 없는지 확인하는 것도 저격수의 임무이다.

돌입작전 시 저격수의 역할

돌입작전에서 저격수의 역할은 매우 중요하다. 작전의 입안단계에서 최종단계까지, 모든 과정에서 중요한 역할을 한다.

정보수집

저격총 조준경의 망원기능과 자신의 관찰 능력, 노하우를 최대한 발휘하여 돌입에 필요한 정보를 모은다.

이렇게 모아진 정보는 돌입작전의 계획과 수정에 영향을 준다.

적의 배제

작전 개시와 함께 위치가 파악되는 적을 저격총으로 배제한다. 경보장치 등의 파괴를 맡는 경우도 있다.

저격의 개시를 신호로 돌입하거나, 돌입 직후 당황한 적을 저격하는가 등 선택지는 상황에 따라 다르다.

주변 감시와 대응

작전 중 파악된 적을 모두 제거했다 하더라도 저격수의 일이 끝나는 것은 아니다. 작전지역 주변을 감시하고 상황에 어떠한 변화는 없는지를 확인하여 지휘관과 동료에게 공유한다.

저격수의 존재는 부대의 부담을 크게 덜어준다.

원포인트 잡학

진입 부대가 소속된 조직의 규모나 진압 작전의 중요도에 따라 다르겠지만 배치되는 저격수는 일반적으로 적보다 많아야 하는 것이 기본이다.

돌입해오는 적에 대해 저격수가 할 수 있는 일은?

몰려오는 적으로부터 특정 지역이나 건물을 지켜야 하는 상황일 때 아군에 저격수가 있다면 매우 든든하다. 그러나 접근하는 적을 모두 쓰러트린다는 것은 대단히 어려운 일이다.

●거점 방어

예전부터 「기관총 진지」는 공략하기 어려운 목표였다. 연사가 가능하며 사거리도 긴 기관총에는 가까이 접근하는 것조차 힘들기 때문이다.

저격수가 지키는 거점도 이와 비슷할 것이라 생각할 수 있지만 저격수가 건물 내에서 방어해야 하는 상황이라면 골치 아픈 문제가 있다. 공격할 때와 달리 방어할 때라면 건물 안에서는 저격수의 시야를 충분히 확보할 수 없기 때문이다.

시계확보에 유리한 건물 옥상이나 창문 근처에 진을 쳤다가는 적에게 완전히 노출되어 버려 저격은커녕 거꾸로 저격을 당할 가능성이 커진다. 저격수 위치의 안전을 확보할수록 시야의 사각지대는 점점 늘어나며 저격총을 사용하기도 어려워진다. 결국 돌격소총이나 기관단총으로 무장하는 쪽이 더 낫다고 할 수 있다.

외부에서 접근하기 까다로운 위치에서는 감시와 경계도 어려워지므로 감시 카메라 등의 원격감시 시스템을 사용하거나 외부에서 지원해주는 조력자의 존재가 필수다.

산 중턱이나 전망이 좋은 지역에 구축된 진지에 저격수가 배치된 경우라면 접근하는 적을 원거리에서 배제할 수 있기 때문에 유리한 상황을 만들 수 있다.

하지만 이쪽이 적보다 소규모일 경우 적이 주변을 완전히 포위하거나 제공권을 장악해버리게 되면 결국 적에게 제압당하고 만다. 이처럼 저격수의 위력은 강력하지만, 일정한 장소에서 방어전을 전개해야 할 경우 그 진가를 충분히 발휘하기는 어려운 일이다.

거점방어 시 저격수의 역할

저격수가 견고한 건물에 위치를 확보한다면,
긴 사거리와 정확도로 접근하는 적을 몰살시킬 수 있을까?

거점 방위가 「방어」라는 행동의 성격상 싸움의 주도권(언제, 어디를
공격하는가 결정하는 것이 가능)을 쥐는 것이 어렵다.

신출귀몰, 선제공격을 신조로 삼는 저격수에게 방어전
은 양손발을 묶인 상태로 싸움을 강요받는 것이나 다름
없는 상황이다.

자신의 몸을 지키기 위해 건물 깊숙한 곳에 거점을 잡으면 저격에 필요한
시계나 사각을 잃게 된다.

| 외부의 진지 | 여기저기 구멍이 뚫린 폐건물 |

이런 거점은 비교적 저격에
적합한 곳으로 보이지만……

위치를 파악한 적이 공중공격이나 로켓탄 공격 등을 가하여
엄폐한 장소와 함께 통째로 날려버릴 수 있다.

저격수는 자유로운 행동이 불가능하고 제한적인 행동을 강요받는 상황에서는 그
진가를 발휘할 수 없다. 방어하는 아군의 수가 적으며 다른 부대와의 연계나 지원
을 기대하기 어렵다면 거점방어는 불가능하며 시간 벌기 정도가 고작이라고 생각
하는 것이 좋다.

원포인트 잡학
저격수는 거점에서 농성하기보다 그 주변을 신출귀몰하게 돌아다니는 것이 더 효율적이다. 다만 그러기 위해서는
은신처와 이동수단이 필수이며, 위험성도 높아진다.

표적을 죽이지 않고 무력화하는 방법은?

저격수는 매우 먼 거리에서 정확한 조준으로 원하는 장소에 탄환을 적중시킬 수 있다. 머리나 심장을 쏴서 표적을 즉사시킬 수도 있으며, 목숨까지는 빼앗지 않고 「반격할 힘」만을 잃게 하는 것도 가능하다.

●「제거」라면 확실하게 가능하지만……

일반적으로 인간은 머리나 가슴 등 주요 장기가 모여 있는 곳을 관통당하면 죽게 된다. 또한 손이나 발 등의 부위에 총을 맞은 경우라면 운이 없어서 동맥을 맞아 출혈과다를 일으키지 않는 한 즉사하지 않고, 적절한 치료를 받아 회복될 수 있다.

군대 저격수는 이러한 「즉사시키지 않는」 선에서 표적을 무력화시킬 수 있으며 적의 부대를 움직이지 못하게 할 수도 있다. 총에 맞은 병사가 고통스러워하면 부대 전체가 혼란에 빠질 수 있으며, 부상당한 병사를 구하거나 치료하기 위해서는 그에 필요한 인원을 분배해야 하기 때문에 그만큼 적의 병력을 무력화시키는 것과 같은 효과를 얻을 수 있게 된다. 필요하다면 부상병을 구하러 온 적병을 저격하여 피해를 키우는 것도 가능하다.

표적이 유리창이나 콘크리트 벽처럼 「외부 충격을 받을 경우 파편이 발생」하는 사물 근처에 있다면 그러한 사물에 사격을 가해서 표적을 일시적으로 무력화시키는 것도 가능하다. 이는 경찰 저격수가 돌입작전 시 동료를 엄호하기 위해 범인을 무력화시킬 때 사용하는 방법이기도 하다.

상대가 손에 들고 있는 무기만을 노려서 파괴하는 저격은 대단히 높은 수준의 사격술을 요구한다. 2010년 미국 오하이오 주에서는 SWAT의 저격수가 「권총 자살을 시도하는 남자의 손에 들린 권총만 저격한다」는 어려운 임무를 성공시켜서 이러한 상황이 픽션 안에서만 가능한 게 아니라는 사실을 증명해 보였다.

이처럼 어려운 사격은 표적의 목숨이 아니라 「의지」를 없애기 위해 시도되는 경우가 많다. 표적에게 경고를 전하기 위해 일부러 조준을 몸에 맞히지 않는 것이 바로 이러한 경우이다. 예를 들어 표적이 들고 있는 휴대전화나 귀걸이만 쏘거나 모자에 구멍을 뚫는 사격으로 「언제든 목숨을 빼앗을 수 있다」는 메시지를 전달하는 것이다.

어디를 노릴 것인가

적으로부터 반격당하지 않는 상황이라면
표적의 신체 중 원하는 부분을 충분히 노릴 수 있다.

어디를 노리냐에 따라
표적의 운명이 갈린다.

인간은 급소를 맞으면 죽는다.

하지만 팔다리 정도라면 즉사하지 않는다.

표적을 죽이지 않고 반격할 힘만을 뺏는 것도 가능.

한 사람을 「중상자」로 만들어
다른 동료들의 발을 묶는다.

유리창 등을 깨서
부근의 적을 제압한다.

군대 저격수의 전투방식 중 하나.

경찰 저격수가 작전 시 아군
엄호를 위해 쓰는 방법.

가지고 있는 물건이나 몸에 걸친 물건만을 겨누는 것은
곡예만큼이나 어려운 기술이지만……

손에 든 권총

휴대전화

모자

귀걸이

신기에 가까운 기술을 과시하면서도 목숨은 살려줘서
표적에게 「저항할 의지」를 잃게 만들 수 있다.

원포인트 잡학
표적 외의 사람만을 잔혹하게 사살하는 것도 저항의 의지를 꺾는 방법 중 하나이다. 이럴 경우엔 표적이 「왜 나만
안 맞는 거지?」라는 생각을 하게 만들어야 한다.

경계하고 있는 적을 제압하기 위해서는?

어떤 이유에서든 이쪽의 「저격계획」이 들통나버린 경우 표적은 저격당하지 않도록 다양한 수단을 강구할 것이다. 만반의 준비로 저격에 대한 대책을 세운 표적을 잡기 위해서는 어떻게 해야 할까.

●생각할 수 있는 「저격 대안」

저격에 대비하기 위해 인간이 가장 먼저 취할 수 있는 행동은 자신의 몸을 총탄으로부터 지키는 「물리적 수단」이다. 방탄조끼를 착용하거나 이동 시 방탄차를 사용하는 것이 대표적이다.

이에 대항하려면 방어 수단 이상의 물리적 파괴력을 사용하는 것이 좋다. 예전에는 폭탄을 설치하거나 로켓을 쏘는 경우도 있었지만 요즘은 대물저격총이라는 편리한 물건이 있다. 폭탄보다 정확하며 필요 이상의 피해를 (비교적)내지 않으며 안전한 거리에서 공격할 수 있다. 철갑탄이나 소이탄과 같은 특수한 탄약을 사용할 수도 있는데 이때는 이러한 탄약을 사용할 수 있는 총기가 필요하다.

저격수를 접근시키지 못하게 하는 것도 효과적인 대책이다. 표적이 된 자가 자신의 주변 반경 2km 권역을 봉쇄할 경우 대물저격총이라 해도 유효 사거리를 확보하지 못한다. 이럴 때 저격수 입장에서는 「어떻게 거리를 좁힐 수 있을지」 고심하게 된다. 인파에 섞이거나 경비 관계자로 변장하여 접근하는 것은 기본적인 수법이며, 픽션의 세계에서는 행글라이더 등으로 표적에 접근하는 다이나믹한 방법도 등장한다.

표적이 「저격수 대응 전문가를 고용」하는 경우도 있다. 이러한 전문가는 같은 저격수 출신인 경우가 많으며 그만큼 지식과 경험을 가지고 있어서 이쪽의 생각을 읽을 수 있기 때문에 매우 성가신 존재이다. 이런 경우에는 저격수 간의 심리전이 될 수도 있다. 우수한 저격수끼리 서로의 마음과 움직임을 읽어서 대안을 세우고 다시 그 대안을 해결할 방법을 찾는다. 이처럼 다양한 상황을 극복하고 표적을 조준경 안에 잡을 수 있어야만 진정한 승리라고 할 수 있을 것이다.

「저격 대안」에 대한 대안

저격을 경계하는 인간이 취하는 행동은……

방탄수단 강화 ⇒ 방탄조끼나 방탄차량으로 자신을 방어.

대안
· 방탄수단 이상의 물리력 위력(대물저격총이나 철갑탄 등)으로 제압.
· 빈 틈(방탄차량의 문이 열리는 순간 등)을 핀포인트로 저격.

주변지역을 통제 ⇒ 저격가능한 거리 내의 검문과 통제.

대안
· 변장하거나 인파에 숨어들어 표적 근처로 접근.
· 항공이나 해상으로 이동하여 표적 근처로 접근.

전문가 투입 ⇒ 저격수의 심리를 잘 아는 저격수 출신 전문가.

대안
· 전문가의 경력이나 성격을 파악하여 대응.
· 가능하다면 전문가를 먼저 제거.

표적이 「얼굴이나 이름을 바꿔 타인으로 변장」하거나 「안전한 곳에 들어간다」는 등의 방법으로 저격의 기회 자체를 없애버릴 수도 있다. 어떤 의미에서는 대단히 효과적인 저격 대응책이라 할 수 있으며 이러한 경우는 저격과는 완전히 다른 차원의 이야기가 되어버린다.

원포인트 잡학

인간의 심리를 이용하여 표적을 끌어내는 방법도 있다. 예를 들어 방탄차량이나 안전한 장소 밖으로 나오지 않으면 안 되는 이유를 만들거나, 거짓 정보를 흘려서 전문가를 신뢰하지 못하게 하는 방법 등이다.

스나이퍼를 위협하는 기술의 발전?

저격수라는 「장인」을 쓰러트리기 위해 기술의 힘을 빌리는 것은 그다지 드문 이야기는 아니다. 과거에는 다수의 인원으로 저격수를 압박하는 방법뿐이었다면 최근에는 눈부신 기술의 발전으로 저격수 대응책에서도 큰 진보가 이루어지고 있다.

●기술의 힘으로 저격을 막는다

몸을 숨긴 채 저격의 기회를 노리는 저격수를 제압하기 위해서는 먼저 은신처를 파악해야 한다. 열 감지 장치의 발달과 보급은 저격수의 은신처를 발견하는 데 큰 도움이 되었다. 예전에는 크기도 크며 운반도 불편했으나 현재는 UAV(무인항공기)의 카메라나 수색부대의 쌍안경 등 다양한 형태로 운용이 가능하며 장비 자체의 크기와 배터리 지속시간도 크게 발전하였다.

은신처 파악을 위해서는 항공정찰이 효과적이었지만 항공기와 연료비용의 부담, 조종사 확보와 유지보수의 어려움 등 현실적인 문제가 많았다. 그러나 UAV와 드론의 일반화로 항공정찰을 이용한 저격수 색출은 비약적으로 발전하였다. 무인기에 미사일을 탑재한 모델도 개발되고 있어서 수상한 장소를 발견하면 병력을 투입할 필요 없이 직접 공격할 수 있게 되었으며, 만약 항공기가 공격받아 격추되더라도 조종사의 인명피해 부담이 없어졌다.

좀 더 직접적으로 저격수를 겨냥한 대 저격수 시스템이 개발되기도 하였다. 저격수의 활동이 우려되는 지역에 센서를 설치하여 발포 시에 발생하는 소리와 빛을 감지해서 저격수의 위치를 파악하고 자동으로 반격하는 것이다. 기본적인 개념은 1970년대 초에 실용화되어 이후 발전을 거듭하며 조준경의 렌즈에서 발생하는 반사광만으로 저격수의 위치를 특정하여 공격할 수 있는 시스템도 등장하였다.

그러나 이러한 시스템이 만능은 아니다. 예를 들어 열 감지 장치는 자연 속의 초목 뒤에 숨은 존재를 파악하기 어려우며, 대 저격수 시스템은 다수의 사격이 발생하면 위치 파악이 어렵다는 문제가 있다. 이러한 장비에 대해 알고 있다면 현장에서 임기응변으로 대응하는 것도 아주 불가능한 이야기는 아니다.

하지만 저격수가 사전준비 없이 임기응변만으로는 임무를 완수하는 데에 한계가 있다. 사전 조사, 정보 분석 등을 제대로 준비한다면 이러한 장비가 작동하는 조건이나 배치현황 등의 정보를 파악하여 효과적으로 대응할 수 있다.

기계 vs 인간

지금까지의 저격수 대응책은……?

아마 저 근처에 있을 거야.

추측대응

은신처를 파악하지 못하기에 조준의 의미가 없다.

있는 대로 퍼부어보자.

탄약낭비

은신처를 모르기에 화력을 퍼부을 수밖에 없다.

그나마 효율적인 대응을 하기 위해서는

| 대 저격수 요원(카운터 스나이퍼) |을 투입할 수밖에 없었다.

기술의 발전에 의해 저격수 대응책에도 변화가!

열 감지 장치

· 보이지 않는 것도 감지가 가능.
· 소형화에 성공하여 다양한 형태로 운용 가능.
· 배터리의 발달로 장시간 운용도 가능.

무인기

· 반격당해도 인명피해가 없다.
· 공중 감시도 가능.
· 감시와 공격이 모두 가능한 기체도 등장.

대 저격수 시스템

· 각종 센서를 이용하여 저격 시 발생하는 이상현상을 감지.
· 감지와 동시에 자동적으로 저격수를 제거.

위험을 최소한으로 하면서 저격수를 무력화시킬 수 있게 되었다.

저격수는 이와 같은 최신기술에 대한 정보를 습득하여 특징과 약점을 파악하는 등의 노력을 기울여야 한다. 노력을 게을리 하면 자신의 목숨이 위험해질 것이다.

원포인트 잡학

다만 이러한 저격수 대응책을 사용할 수 있는 것은 미국 같은 대국이나 경제적 부담이 없는 대기업 또는 대형 조직 정도이다. 하지만 아직 기초적인 운용 단계로서 보완할 점도 많다.

스나이퍼는 최후에 어떻게 되는가?

저격수의 전술, 전략적 가치는 분명히 남다른 것으로, 그들의 운명은 평범한 사람들과는 전혀 다른 길을 걷는다. 많은 「죽음」을 목격한 자들이 가는 종착지는 과연 어디일까.

●모두가 비참한 말로는 아니지만……

저격수, 특히 전쟁터에서 활동하는 「저격병」은 자신의 의지와 상관없이 많은 사람의 생을 자신의 손으로 끝내는 존재이다. 그리고 자신도 적 저격수에게 저격당하거나, 폭발에 휘말려 최후를 맞이하는 경우가 대부분이다.

그중에는 전쟁터를 벗어나 노인이 될 때까지 살다가 죽는 이도 있다. 핀란드의 영웅 시모 해위해는 500여 명(저격총 이외의 기관단총 등의 무기를 이용한 살상을 포함하면 700~800명 가량)의 적을 사살했다. 그는 전투 중 얼굴에 파편을 맞아 부상을 입었으며 회복 후 종전을 맞아 5계급 특진으로 전역한 후 국민적 영웅이 되었다. 이후 개를 키우고 사냥을 하는 등의 생활로 여생을 보낸 후 96세에 타계하였다.

미해병대의 카를로스 헤스콕은 베트남전쟁 당시 큰 활약을 하였고, 작전 중 탑승하고 있던 장갑차가 지뢰를 밟아 화상을 입어 일선에서 은퇴하였으며 이후 저격 교관으로 자신의 노하우를 전파하였다. 1999년에 56세로 숨질 때까지 경찰 저격수 양성에도 힘을 기울였다.

2015년에 공개된 영화 「아메리칸 스나이퍼」의 모델이 된 크리스 카일은 해군 저격병으로 이라크전쟁에 파병되어 자서전을 썼으며 그 수익으로 전쟁 후유증에 시달리는 귀환병과 퇴역군인을 지원하는 활동을 하였다. 2013년에는 전직 해병대원의 재활을 위해 사격장에 갔다가 38세의 나이로 살해당했다.

경찰 조직의 저격수는 실제로 「일」을 하는 횟수가 군의 저격병에 비해 적으며 실제로 한 일도 보안상의 문제로 잘 드러나지 않는 경우가 많다.

암살을 생업으로 하는 자들도 그들이 한 일이 기록에 남는 경우는 거의 없어서 그들의 말로가 어떤지를 확인하는 것은 매우 힘든 일이다. 일부는 「사람을 죽이는 일에서 아무런 감정도 안 느끼는 자」들이지만 자신이 죽인 자에 대한 기억이 죽을 때까지 머릿속에서 지워지지 않는 경우가 적지 않은 듯하다.

저격수의 말로

「저격수」라 불리는 자들의 최후는……?

┗━━➡ 각자의 입장에 따라 다르다.

| 군대 저격수 | DEAD or | · 적 저격수에게 피격된다.
· 폭발이나 유탄 등 예상치 못한 상황에 휘말린다. |
| | ALIVE | · 퇴역하여 여가를 즐기거나 집필활동을 한다.
· 저격교관으로 후진을 양성한다. |

| 경찰 저격수 | DEAD or | · 임무 결과가 트라우마가 되어 정신적 스트레스를 받아 직장을 그만두고 폐인이 된다. 극단적인 선택을 하는 경우도 있다. |
| | ALIVE | · 교관이 되어 후진을 양성한다.
· 모든 것을 잊고 평화로운 여생을 보낸다. |

| 「암살자」
「청부업자」 | DEAD or | · 체포되어 처형당한다.
· 남은 평생을 감옥에서 보낸다. |
| | ALIVE | · 막대한 보수를 챙겨 웃음이 멈추지 않는다.
· 암흑가의 전설이 된다. |

군대나 암흑가의 저격수에게 「죽음」이나 「부와 명예」는 그야말로 동전의 양면과 같은 관계이다. 하지만 경찰조직에 몸담았던 저격수는 임무에서 목숨을 잃을 부담이 적은 반면 퇴직 후에도 상처받은 정신을 회복하지 못하여 고통받는 경우가 많다.

원포인트 잡학
스스로 목숨을 끊는 것도 드문 경우가 아니다. 자신이 잡힐 것을 예감한 저격수는 포로가 되기 전에 권총이나 수류탄으로 자결한다. 전쟁터에서 살아남더라도 PTSD에 의해 자살하는 경우도 많다.

중요 단어와 관련 용어

■12.7mm 탄약

미국의 「브라우닝 M2」 중기관총이나 다수의 대물 저격총에서 운용되는 탄약으로 「50BMG」라고 부르기도 한다. 50BMG는 50구경 브라우닝 기관총(Browning Machine Gun)의 약어로서, 즉 M2 브라우닝 기관총의 탄약이 그대로 일반화된 경우이다. 원래는 중기관총용 탄약이어서 일반적인 소총용 탄약에 비해 크기가 큰 탄약이다(224쪽 비교도 참조). 두껍고 긴 탄피 안에 대량의 화약이 채워져 있어서 위력과 사거리 모두 상당한 수준이며 탄두도 크기 때문에 철갑탄이나 소이탄 등의 특수탄을 사용할 수 있다. 단 발포 시에 상당한 총구 반동과 소음, 발사광이 발생하기 때문에 사격위치가 드러나기도 쉽다.

■30-06 스프링필드 탄약

미군의 「BAR(브라우닝 자동 소총=분대지원화기)」나 「M1 개런드」 등의 2차대전 당시의 총기에서 사용하던 탄약으로 크기는 7.62mmX63. 풀사이즈 카트리지라고도 불리는 탄약으로 이것을 좀 더 짧게 단축한 것이 「308 윈체스터(7.62mmX51)」이다. 군이나 경찰에서는 사용하지 않는 구식탄이지만 수렵, 취미용으로는 아직 수요가 있다.

■300 윈체스터 매그넘 탄약

「윈체스터 M70」이나 「레밍턴 M700」 등에서 사용하는 탄약으로 사이즈는 7.62mmX67. 원래는 수렵용 탄약으로 개발되었지만 군대 저격총용 탄약으로 주목받았다. 탄약 뒷부분에 벨트를 감은 듯한 독특한 형태로 벨티드(Belted)라 불리는 탄피를 사용한다.

■338 라푸아 매그넘 탄약

50BMG보다 사용하기 쉬우며 7.62mm급 탄약보다 강력한 탄약을 추구하며 개발되었다. 처음엔 군용탄으로 개발되었지만 지시조건을 만족시키지 못하여 개발은 중지되었고 그 후 핀란드의 민간기업 라푸아가 연구를 계속하여 구경 8.60mmX70 소총탄으로

완성하였다. 어큐러시 인터내쇼널 사의 「AWSM」이나 「L115」 등의 소총이 이 탄약을 사용한다.

■408 샤이택 탄약

50BMG와 338 라푸아 매그넘탄의 중간격인 탄약으로 개발되었다. 명칭은 「Cheyenne Tactical(CheyTac)」의 약어이다. 공기저항을 감소시키기 위해 카파니켈 합금을 절삭하여 만든 것이 특징.

■5.56mm 탄약

미군의 M16 시리즈 등에서 사용하는 탄약으로 현재의 서구권 돌격소총 탄약의 표준이라 할 수 있다. 5.56mm 탄약은 탄두가 작으며 고속이기 때문에 방탄복 등을 관통하기 쉽다. 7.62mm 탄약의 반 정도 무게로 병사가 예비탄을 많이 휴대할 수 있는 것도 장점. 저격용으로 사용할 경우라면 비거리가 짧으며 바람의 영향을 많이 받는다는 단점이 있다. 탄약 사이즈는 5.56mmX45로 같은 사이즈의 「223 레밍턴」이 민간용으로 유통된다(단, 군용탄 쪽이 발사 시 압력이 높다).

■64식 소총

육상자위대의 자동소총. 현용 5.56mm 「89식 소총」에 비해 한 세대 전의 모델로 7.62mm 구경 약장탄을 사용한다. 반자동으로 사격 시 명중도가 높아 마크스맨 라이플로도 운용된다.

■7.62mm 탄약

미군의 M14 소총이나 소련의 AK47 등에 사용되는 탄약. 이들 소총이 군용으로서는 일선에서 물러나며 한때는 「구시대의 탄약」으로 취급받았으나 탄두 중량이 무겁기 때문에 사거리가 길며 바람의 영향도 적게 받는 장점 등을 주목받아 저격용 탄약으로 활약하고 있다. 민간에서는 수렵용으로 유통되는 「308 윈체스터」 등이 이 계열의 탄약이다. 탄약 사이즈는 M14 등 서구권에서 사용하는 것이 7.62mmX51, AK 계열에서 사용하는 소련제 탄약은 7.62mmX39이다.

■97식 저격총

제2차 세계대전 당시 일본육군이 사용한 볼트액션식 저격총으로 1905년에 제식화된 「38식 소총」을 저격용으로 개량한 것이다. 당시 세계기준으로 본다면 소구경(6.5mm)의 탄약을 사용하여 위력이나 사거리 모두 떨어지는 편이다.

■EXACTO

EXACTO란 EXtreme ACcuracy Tasked Ordnance의 약자로 「고정밀 유도탄」을 의미한다(스마트 총탄이라고도 불린다). 50구경탄에 제어장치를 내장

하여 광학유도 시스템과 연동시켜 목표를 자동추적하는 유도식 총탄이다. 미국의 국방고등연구계획국(DARPA)이 2015년에 테스트 영상을 공개하였으며 현재 개발이 진행 중이다.

■M14
미군이 베트남전 전반기에 사용한 전투소총으로, 7.62mm 탄약을 사용한다. 보병용 소총으로서 당시에도 구식 설계의 총기였지만 위력과 사거리는 저격총으로 사용하기에 충분하다고 판단되어 현재에도 미육군 등지에서 「M21」의 명칭으로 운용하고 있다.

■M16
미군의 대표적인 돌격소총. 베트남전쟁 당시 시야 확보가 어려운 정글 속의 전투를 강요받은 미군이 작고 가벼우면서 근거리 전투에 적합한 소총을 목적으로 개발하였다. 5.56mm 탄약을 사용하여 반동이 작으며 휴대할 수 있는 탄약도 많다.

■PSG-1
H&K사에서 개발한 반자동 저격총. 서독군용으로 개발된 「G3」 자동소총을 저격용으로 커스터마이즈한 총으로 매우 높은 정확도를 자랑한다. 고가이며 무거운 데다가 정밀한 총기이기 때문에 야외 활동에는 적합하지 않다. 이러한 점을 고려하여 군용으로 재설계된 모델이 「MSG90」 이다.

■PTSD
심리적 외상 스트레스 장애. 충격적인 체험 이후 일어나는 급성 스트레스 장애(ASD)가 1개월 이상 지속되는 상태이다. 저격수의 임무는 강한 정신적 긴장을 강요하기 때문에 PTSD 증상을 일으키는 경우가 많다.

■SR-25
나이츠 아마먼츠 사에서 개발한 반자동 저격총. 7.62mm 탄약을 사용하는 M16 타입의 소총으로 미해군 특수부대 네이비씰에서 운용하였다. 또한 나이츠에서 같은 콘셉트로 제작한 「M110」이 육군에서 운용되었다.

■WA2000
발터 사의 반자동 저격총. 불펍 방식의 설계로 콤팩트한 크기와 저격총으로서의 성능을 모두 잡았다. 가격이 매우 높아 「저격총계의 롤스로이스」라 불리기도 하였다.

<가>

■강선
총열 안쪽의 나선형 홈. 약실에서 총열 내부에 들어와 전진하는 탄두가 강선에 의해 회전 관성을 얻어 안정된 탄도를 이루고 비거리도 늘어난다.

■개머리판
소총을 지탱할 때 사수의 어깨에 견착하는 부품. 사격자세를 안정시켜주고 발포 시의 반동을 감소시킨다. 저격총의 개머리판은 환경에 의한 변화가 적은 수지 계열의 부품을 사용하는 경우가 많다.

■게릴라
군복을 착용하지 않은 비정규 무장세력이라는 의미이다. 제복을 착용하지 않은 자는 국제법상 군인으로 인정되지 않기 때문에 게릴라는 엄밀히 말하자면 군인이 아니다. 하지만 많은 매체나 픽션 등에서 「게릴라 병사」라는 표현을 널리 사용하고 있다. 게릴라는 현지의 민간인들과 같은 곳에서 거주하며 필요에 따라 민간인으로 행동하다가 무기와 장비만을 갖추고 전투를 하기 때문에 정규군에게는 골치 아픈 적이다. 특히 게릴라의 저격수는 매우 위협적이다.

■겨울전쟁
1939년에 소련과 핀란드 사이에 벌어진 전쟁. 압도적으로 병력수가 많은 소련군을 상대로 핀란드군은 자국 영토를 내주며 적을 끌어들여 겨울의 혹한기를 이용하여 게릴라전을 펼치고 저격수를 활용하여 막대한 피해를 입혔다. 전설적인 저격수 시모 해위해가 활약한 전쟁이기도 하다.

■고르고13
일본의 만화가 사이토 다카오의 사이토프로덕션에서 연재 중인 인기만화. 「M16 소총」을 개조한 저격총을 사용하는 청부 저격수 고르고13를 주인공으로 다양한 에피소드를 그리고 있는 만화이다. 주인공이 M16 외의 총기를 사용하는 경우도 있으며 저격과 저격총에 대한 내용이 많이 등장하지만 그중 적지 않은 내용이 픽션을 위해 실제와 다르게 표현되기도 한다. 프로 저격수의 이미지를 만든 스테레오타입 중의 하나.

■관측경
Spotting Scope. 표적까지의 거리, 주변 상황 등의 정보를 파악하기 위해 사용하는 망원경. 2인 1조로 구성된 저격팀에서 관측수(Spotter)가 사용하여 저격수가 파악하기 힘든 정보를 수집한다. 20배율을 기본으로 60배율까지 지원하는 모델이 일반적이다. 제품에 따라 풍속계와 기온계, 습도계 기능이 내장된 고성능 모델도 존재한다.

■권총
한 손으로 사격 가능한 소형 총기. 자동권총과 리볼

버로 크게 나눌 수 있다. 자동권총은 격발에서 발사, 탄피 배출과 차탄 장전까지 모두 자동으로 이루어지며, 탄창이 비면 다음 탄창을 갈아끼우는 것으로 손쉽게 10발 정도의 탄약을 다시 사용할 수 있는 대신 고장의 위험이 있다. 리볼버는 6발 정도의 탄약을 실린더 형태의 탄창에 장전하며 신뢰성이 높은 대신 장전과 사용이 자동권총보다 까다롭다. 저격수의 경우 권총을 사용할 수밖에 없는 상황에서 개머리판과 소음기 등을 장착하여 저격용으로 사용하는 경우와, 접근하는 적에게 응사하기 위한 보조 무기의 성격으로 휴대하는 경우가 있다.

■그린스폿탄
Green Spot Ammunition. 과거에는 새로 만든 금형으로 제작된 최초 5,000발의 탄약에는 녹색 점이 찍혀 있어서, 오래 사용하여 낡은 금형으로 만든 탄약보다 신뢰성이 높은 고품질 탄약으로 인정받았다. 비슷한 이야기로 블랙스폿(Black Spot) 탄약도 있었다.

■기관단총
SMG(Sub Machine Gun). 권총탄을 사용하며, 기관총보다 작고 가벼워서 혼자서도 휴대와 사용이 가능하다. 연사 사격이 가능하며 다수의 적을 상대할 수도 있기 때문에 저격수나 관측수가 보조무장으로 사용하는 경우가 있다.

■기관총
「MG(Machine Gun)」으로 분류되는 총기. 탄약을 연속으로 발사할 수 있는 강력한 무기이다. 7.62mm 탄약을 사용하는 경우가 많으며, 12.7mm 탄약(50구경)을 사용하는 기관총은 매우 견고하게 만들어져 있다. 저격용으로 사용하는 경우도 있다.

■기능고장
Jamming. 소총의 탄약이 어떠한 이유로 인해 제대로 발사되지 않거나 탄피가 배출되지 않는 등의 각종 고장을 말한다.

<나>

■냉전
Cold war. 제2차 대전 후 형성된, 미국을 중심으로 한 자본주의 진영과 소련을 중심으로 한 사회주의 진영 간의 대립구도. 무력을 사용하지 않고 경제, 외교, 정보 등을 수단으로 대립관계를 구성하여 차가운 전쟁이라 불렸다. 1989년 미소 양국 수뇌에 의해 종료가 선언되었다.

<다>

■대물저격
저격수가 「인간 외」의 표적을 저격하는 임무. 차량이나 항공기, 레이더, 통신시설 등을 저격하는 경우이다. 그 외에도 필요에 따라 어떠한 사물이라도 대물저격의 대상에 포함될 수 있다. 본래 대물저격총은 이러한 저격에 특화된 총기의 개념이었다.

■대인저격
저격수가 「인간」을 목표로 하는 저격. 사살을 전제로 하지만 팔다리를 겨누는 등 상대를 무력화시키는 저격도 대인저격에 포함된다.

■대조국전쟁
러시아에서 제2차 세계대전 중 소련과 독일 사이에서 벌어진 독소전쟁을 일컫는 호칭. 많은 저격수들이 전장에서 활약하며 독일군을 괴롭혔다.

■대지공격기
몸을 숨긴 저격수를 발견하기 어려운 상황에서 보병부대가 지원을 요청할 경우 등장하는 죽음의 사신. 본래는 지상의 차량이나 시설을 공격하기 위한 항공기이지만 저격수 1명을 제거하기 위해 대량의 미사일이나 로켓탄을 퍼붓는다. 또한 전투 헬기의 경우 강력한 기관포로 저격수가 숨어 있을 것으로 예상되는 지역을 제압할 수 있다.

■돌격소총
소구경, 고속탄을 사용하는 소총. 5.56mm급 탄약을 사용하는 경우가 일반적이며, 조정간을 조작하여 연사 사격을 하는 것도 가능하다. 원거리 저격에는 적합하지 않지만 고속탄을 사용하여 탄도가 일정하기 때문에 근~중거리 저격용으로 사용되기도 한다.

■드라구노프
Dragunov SVD. 소련제 반자동 저격총. 같은 소련제 7.62mm 소총 「AK47」과 닮았지만 구조적으로 큰 차이가 있다. 저격총으로 분류되는 총기치고는 상당히 단순하고 견고한 총기로 실제로는 지정사수 소총(Marksman Rifle) 정도로 운용되는 경우가 많다.

<라>

■레밍턴 M700
미국 레밍턴 사에서 개발한 볼트액션 소총. 1962년에 처음 등장한 오래된 설계의 총기이지만 높은 신뢰성과 다양한 관련 제품으로 인기가 높다. 구경과 탄약도 다양하여 군대와 경찰에서의 수요도 높아 「M24」와 「M40」 등의 파생형이 존재한다.

■레이저 거리 측정기
Laser Range Finder. 레이저 빛의 반사를 이용하여 거리를 측정하는 기기. 정확한 거리를 측정할 수 있지만 1Km 이내의 사격에서는 그다지 필요없다고 말하는 사수도 많다. 골프에서도 유용하기 때문에 민간용으로도 다양한 모델이 존재한다.

■레이저 보어사이터
Laser Boresighter. 레이저 광선을 조사하여 보어사이팅 작업을 하는 기구. 탄약 형태로 만들어져 약실 안에 집어넣어 총열을 통해 나온 빛으로 보어사이팅을 하는 모델과 총구 앞에 끼워서 사용하는 모델이 있다.

■레이저 사이트
Laser Sight. 총구 방향으로 가시광선을 쏴서 조준을 돕는 조준장비. 스위치 방식으로 레이저 조사를 조절한다. 신속한 조준이 가능하기 때문에 근접전에서는 큰 도움이 되지만 어두운 곳에서도 이쪽의 위치를 알 수 있기 때문에 오히려 적에게 도움이 되는 경우도 있고, 레이저의 점과 탄착점이 일치하지 않는 경우도 있어서 저격에는 적합하지 않다.

■로그북
저격수가 사격 결과를 기록하는 메모장. 데이터북이라고 부르기도 한다. 이 데이터를 축적하여 사수는 다양한 조건하에서 자신의 총기를 어떤 식으로 조정하여 사용해야 하는지 판단할 수 있다.

■로켓탄
추진력으로 인해 비행하는 폭탄. 전차나 시설물을 공격하기 위해 사용하는 것이 일반적이나 저격수의 은신처로 추정되는 위치를 향해 보병들이 무차별 공격용으로 사용하는 경우도 많다.

<마>

■마운트 레일
Mount Rail. 저격총에 조준경이나 감시장비 등을 장착하기 위한 레일. 레일 마운트(Rail mount), 피카티니 레일(Picatinny rail)이라고도 불린다.

■마크스맨
Marksman. 보병부대에 배치된 저격수로 지정사수라고도 불린다. 사격 전문 훈련을 받아 일반 병사에 비해 높은 수준의 기술과 지식을 가지지만 은밀행동이나 감시와 관련된 고급 저격수 기술은 가지고 있지 않다. 원거리 사격이 가능한 마크스맨 라이플(지정사수 소총)을 가지고 보병과 함께 행동하며 저격이 필요한 상황에 신속히 대응하는 것이 임무이다.

■매치 그레이드 탄약
Match Grade Ammunition. 표적사격용 탄약으로 매치 탄약(Match Ammo)이라고 불리는 경우도 있다. 매우 고품질의 탄약이지만 그만큼 비용도 비싸기 때문에 군에서는 저격수에게만 특별히 지급한다.

■머즐 브레이크
Muzzle Brake. 총구에서 발생하는 가스의 배출 방향을 총구 위나 뒤쪽으로 유도하여 반동을 감소시키는 부품. 이를 통해 총열의 흔들림을 잡아주며, 저격총의 경우 대구경 탄약을 사용하는 대물저격총은 반동을 잡기 위해 대형 머즐 브레이크가 필수이다.

■머즐 플래시
Muzzle Flash. 탄두가 총구를 빠져나갈 때 뿜어져 나오는 화약의 불꽃. 발사염 또는 발포염이라고도 불린다. 강한 불꽃이 일어나기 때문에 표적에서 멀리 떨어진 장소에 은닉하고 있는 저격수라도 자신의 위치를 드러낼 수 있으므로 주의가 필요하다.

■모신나강 M1891/30
제2차 세계대전 중 사용된 소련의 주력 소총. 제정러시아 시대에 개발된 모델을 기반으로 총열을 짧게 하는 등 근대화 개수를 가한 총기이다. 그중에서 명중도가 높은 총기를 골라 4배율 조준경을 장비하여 저격총으로 운용하였다. 저격사양 모신나강은 노리쇠 조작 시 조준경을 건드리지 않도록 노리쇠 손잡이의 각도를 조절하여서 외관상의 구별이 가능하다.

■뮌헨 올림픽 사건
1972년 독일 뮌헨 올림픽 당시 일어난 인질사건. 팔레스티나 계열 테러조직인 「검은 9월단」이 뮌헨 올림픽 선수촌에 침투하여 이스라엘 선수단을 인질로 잡고 대치하다가 경찰 진압 작전의 실패로 인질 전원이 사망한 참사이다. 당시 서독군은 법률상 국내의 사건에 투입될 수 없었고 경찰은 충분한 인력이나 장비를 갖추지 못하여 상황 대응에 실패했다. 이 사건을 계기로 경찰용 고성능 저격총인 「PSG-1」이 탄생하게 되었고 경찰 특수부대인 GSG-9이 창설되었다.

■밀닷 마스터
Mildot Master. 조준경 렌즈에 새겨진 눈금(Mildot)과 조준경에 잡힌 대상의 크기를 맞춰 크기를 가늠할 수 있는 계산기이다.

<바>

■바민트 라이플
Varmint Rifle. 수렵용 소총 중에서 들쥐나 프레리독 등 작은 동물을 사냥하기 위해 만들어진 총. 설치류 등의 작은 동물은 경계심이 강하기 때문에 바민트 라이플은 구경은 작지만 명중률이 높은 특징을 가진다.

■반자동사격
Semi Automatic. 방아쇠를 당기면 한 발만 발사되는 상태이다. 방아쇠를 당기고 있으면 탄약이 계속해서 발사되는 상태는 완전자동사격(Full Automatic)이다. 저격총의 경우 연사가 가능한 자동소총이라도 반자동 사격만이 가능한 모델이 대부분이다.

■발라크라바
Balaclava. 모자 형태로 쓰다가 얼굴을 감싸는 복면 형태로 쓸 수 있는 의류 소품. 눈과 코, 입이 노출되거나 눈만 노출된 형태가 있다. 경찰 저격수는 신분을 보호하기 위해 발라크라바를 사용하여 얼굴을 가리는 경우가 있다.

■발사약
Gunpowder. Powder. 탄피 안에 채워지는 화약. 흑색화약이나 TNT 등과는 달리 불이 붙으면 압력을 발생시켜 그 힘으로 탄두를 전진시킨다.

■베딩
Bedding. 저격총의 기관부와 몸통을 밀착시켜 고정하는 작업. 이 부분이 완전히 밀착되지 않는다면 명중도에 악영향을 준다. 일반적으로 맞붙는 부위에 퍼티를 발라 굳히는 방법을 사용하지만 왁스를 사용하는 경우도 있다.

■베트남전쟁
베트남의 독립과 통일 과정에서 진행된 전쟁. 프랑스 식민지 지배 당시부터 해방을 목적으로 투쟁한 베트남 민족독립운동과 미국의 개입 등으로 길고 복잡한 역사를 가지고 있다. 1959년 미국에 대한 무장투쟁이 전개되면서 1975년, 남베트남의 친미정권이 무너질 때까지 계속되었다. 이 전쟁에서 미군과 베트남군의 저격수들이 많은 기록을 남겼다.

■보트테일
Boat Tail. 탄두 후방에서 생기는 공기 저항을 줄이기 위해 탄두 밑바닥의 폭을 줄인 탄약. 이러한 디자인 변화로 비거리와 안정성이 향상되었다.

■부사관
군대의 계급으로 하사, 중사, 상사 등의 계급의 통칭. 군대조직에서는 직업적 프로페셔널이라 할 수 있다. 자신의 전문분야에 관련된 지식이나 기술, 경험 등이 풍부한 군인들이다. 이 때문에 고참 부사관을 잃은 부대는 그 전투력이 크게 감소되므로 저격 시 주요목표가 된다.

■불 배럴
Bull Barrel. 일반적인 총열보다 굵게 만들어진 총열. 헤비 배럴(Heavy Barrel)이라고도 불린다. 굵어진 만큼 사격 시 발생하는 열에 의한 영향을 적게 받아 명중도가 높아지며 총신 수명이 연장되는 효과도 있다. 하지만 총열이 무거워지기 때문에 휴대성은 그만큼 낮아진다.

■브라우닝 M2
Browning M2. 미국의 중기관총. 제1차 대전 말기에 개발되어 2차 대전을 거쳐 현재에도 각국 군대에서 현용으로 사용되는 중기관총. 중량이 무겁기 때문에 손으로 들고 사용할 수는 없지만 삼각대에 거치하거나 차량에 장착하여 사용하는 경우가 많다. 초장거리 저격의 기록을 가지고 있는 총기이기도 하다.

■빔 병기
SF영화에 나오는 것처럼 빔으로 상대방을 터뜨리거나 태우는 정도의 위력을 가진 병기는 아직 일반화되지 않았지만 강한 레이저 빔으로 시야를 방해하거나 최악의 경우 상대방의 시력을 상실시킬 수 있는 정도의 장비는 현재에도 사용되고 있다. 저격수의 경우 조준경으로 레이저 빔을 보게 될 경우 실명의 위험성도 있다.

<사>

■산탄총
Shot gun. 여러 개의 납탄이 든 셀(Shell) 탄약을 사용하는 총기의 명칭. 슬러그탄이라 불리는 단발탄을 발사하는 경우도 있다. 총열 내에 강선이 없기 때문에 명중률은 그다지 기대할 수 없는 총기이지만 여러 개의 산탄을 발사하여 근거리에서 떨어지는 명중률을 보완하는 위력을 발휘하는 총기이다.

■샤프슈터
Sharp Shooter. 일반 병사 중 사격기술이 뛰어난 인원을 일컫는 표현이다. 별도로 사격 전문교육이나 훈련을 받은 것은 아니며, 사용하는 총도 일반 병사가 사용하는 총기와 같은 모델에 조준경을 부착한 정도의 물건을 사용한다. 보병부대의 일원으로 행동하며 지휘관의 지시에 따라 목표를 저격한다.

■센서
Censor. 카메라나 마이크, 또는 온도, 압력, 풍향 등의 정보를 수집할 수 있는 정밀기기. 현대전에서 사용되는 군용 병기는 육해공의 거의 모든 장비에 이러한 센서가 다수 탑재되어 있다. 저격수가 차량이나 항공기, 선박 등의 전투력을 상실시킬 때에는 장갑이 두터운 다른 부위를 겨냥하기보다, 외부에 노출된 이러한 센서를 겨냥하는 것이 효과적이다.

■소이탄
Incendiary ammunition. 탄두 내부에 가연성 소이제를 채워 넣은 탄약으로 명중 시 대상에 화재를 일으킬 수 있다. 철갑탄과 조합하여 소이철갑탄, 철갑소이탄 등으로 불리는 탄약도 있다.

■소프트 포인트
JSP(Jacketed Soft Point) 또는 Soft Point. 탄두 끝에 피막을 입히지 않아 탄심이 노출되는 형태. 명중 시 충격으로 인한 탄두 변형이 커지는 만큼 관통력은 줄어들며 대인 저지력은 높아진다. 단단한 표적에 대해서는 위력이 약하지만 인간이나 동물에게는 치명상을 입힐 수 있다.

■스나이퍼 : 특수작전 부대
스티븐 시갈이 주연으로 등장한 영화. 아프가니스탄에서 탈레반에 납치된 인질을 구하는 구출작전 중 낙오된 특수부대원으로 등장한다. 저격 장면은 그다지 많이 등장하지 않는다.

■시차
2개의 시점으로 보았을 때 표적의 보이는 모습이 달라지는 현상. 고배율 조준경일수록 시차가 커지는 경우가 있다.

<아>

■아드레날린
인간의 체내에서 분비되는 호르몬의 일종. 흥분하거나 스트레스를 받으면 혈액 내에 배출되어 심박수와 혈압을 상승시킨다. 정신적으로 안정되지 않는 상태가 되기 때문에 아드레날린의 체내 수치가 높아지는 것은 저격수에게 결코 좋은 현상이 아니다.

■안면위장
Face Paint. 숲이나 산 속에서 얼굴이나 손의 피부색이 빛을 받아 반사되어 발각되는 것을 막기 위해 검은색, 녹색, 갈색 등의 페인트를 발라 위장효과를 높이는 것. 작전 환경에 따라 색상과 칠하는 형태는 차이가 있지만 근본적으로 얼굴의 눈코입의 형태를 흐트러트린다는 공통점이 있다. 저격수의 경우 길리수트와 함께 안면위장을 하여 은닉성을 높인다.

■약실
총 내부에 탄약을 집어넣는 공간. 기본적으로 총열 가장 뒷부분에 위치한다. 탄알 1발에 딱 맞는 크기로 만들어져 있으며 발포 시에는 폐쇄되어 화약의 연소 가스가 총열을 통해 탄두를 전진시키는 데 집중되도록 한다. 볼트액션 소총은 약실을 커스터마이즈할 수 있기 때문에 강력한 탄약을 사용하기 쉽다.

■약장탄
탄약의 구경과 탄피 사이즈는 같지만, 화약의 양을 줄인 탄약. 위력이나 사거리가 낮아지는 대신 반동도 적어지기 때문에 사격이 좀 더 편해진다.

■예광탄
탄두 뒷부분에 소량의 발화성 물질이 들어 있어 발사 시 빛을 내며 날아가는 탄약. 이를 통해 탄도를 눈으로 확인할 수 있다. 착탄 위치를 파악하기 쉽지만 반대로 예광탄의 빛을 적도 볼 수 있기 때문에 사용에는 상당한 주의가 필요하다.

■오인사격
Friendly Fire. 아군을 쏘거나 민간인을 쏘는 경우. 저격수는 조준경으로 조준을 한 다음 방아쇠를 당기기 때문에 실수로 아군이나 민간인을 쏘는 경우는 거의 일어나지 않는다고 봐야 한다. 하지만 반대로 아군이 저격수의 위치를 모르거나 적으로 오인하여 사격하는 경우는 적지 않게 일어난다고 한다.

■원샷원킬
One Shot One Kill. 베트남전의 전설적 저격수 카를로스 헤스콕이 남긴 명언으로, 영화 「스나이퍼」의 대사로도 유명하다. 저격수의 신조라고 할 수 있는 말이다.

■원홀샷
One Hall shot. 벽이나 유리창 등에 생긴 총알구멍을 노려 총을 쏴서 다른 구멍이 또 생기지 않도록 하는 사격기술. 핀홀 샷(Pin hall shot)이라고도 부른다.

■위장
적의 눈을 속이기 위해 천이나 장비에 주변 색상과 비슷한 색상을 칠하거나 나뭇가지 등을 걸쳐 형태를 지우는 작업 등을 총칭한다. 영어 Camoflage는 프랑스어가 어원이며, 저격병의 대표적인 위장복인 길리수트는 스코틀랜드의 사냥터 관리인들이 입던 것이 기원이다.

■유탄발사기
Grenade Launcher. 유탄을 발사하는 화기류의 명칭. 폭발에 의한 충격파와 금속 파편으로 주변 인원을 공격할 수 있는 유탄을 발사하며 유효사거리는 대개 150m 정도이다. 저격수와는 별로 상관이 없는 무기라는 인식이지만 만화 「파인애플 아미」에서는 유탄발사기를 소총처럼 정확하게 사용하는 캐릭터가 등장하기도 하였다.

■일각대
Monopod. 1개의 다리로 구성된 받침대. 총열이나 개머리판 아래에 장착하여 총기가 위아래로 흔들리지 않도록 잡아준다. 신축식으로 길이를 조절할 수 있다.

<자>

■저격총
Sniper Rifle. 저격에 사용되는 소총. 긴 총신과 개머리판, 조준경 등으로 구분되는 외형적 특징을 가지고 있다. 조준경을 장착하여 약 1km 바깥의 표적을 명중시키는 것도 가능하다. 과거에는 볼트액션식 저격총이 대세였으나 기술과 총기설계의 발전으로 용도에 따라 자동소총을 기반으로 한 저격총도 사용되고 있다.

■저킹
Jerking. 방아쇠를 당기는 힘이나 속도가 너무 빨라서 총구가 흔들리는 현상.

■전쟁법
戰時國際法, jus in bello. 국가 간의 전쟁에 관련되어 적용되는 국제공법이다. 전쟁 포로에 대한 내용이 담긴 1949년의 제네바 회의 등이 유명하다. 이러한 전쟁법상 항복한 포로의 목숨을 해치거나 부상을 입혀서는 안 되지만 저격수의 경우 포로가 되었을 때 이러한 전쟁법의 보호를 무시한 대우를 받기가 쉽다.

■전투소총
Battle Rifle. 7.62mm급의 탄약을 사용하는 완전 자동사격이 가능한 소총의 통칭. 돌격소총의 등장 이후 크고 무겁고 반동이 강한 전투소총은 구식화되며 빠르게 사라져갔지만, 이라크와 아프가니스탄 등지의 넓은 지역에서 강력한 위력으로 높은 원거리 명중률을 발휘하는 전투소총의 성능이 재평가받아 지정사수 소총으로 재배치되었다.

■전향력
코리올리 효과라고도 불리며, 저격에서 발사된 탄약이 지구의 자전에 영향을 받는 경우에 전향력을 고려하게 된다. 700m 이내의 저격일 경우에는 딱히 고려할 필요가 없지만 그 이상 원거리 저격의 경우에는 중요한 변수 중의 하나이다.

■정찰 저격수
Scout Sniper. 저격수의 임무 형태 중 하나로 정찰, 감시 등의 정보 수집을 주목적으로 하는 저격수이다.

■제조번호
Lot Number. 동일한 조건 아래에서 제조되어 제품 간의 특성과 품질이 동일한 제품에 부여되는 번호이

다. 배치번호(Batch Number)라고도 한다. 저격수는 탄약을 선택 시 동일한 제조단위의 탄약을 선택하여 여러 발을 사용하더라도 동일한 결과를 얻을 수 있도록 한다.

<차>

■참호
야전에서 몸을 숨기기 위해 땅에 파는 구멍. 사용하는 인원수에 따라 1인호, 2인호 등 여러 가지 형태가 있을 수 있다. 일반 보병들이 사용하는 경우가 많으나 저격수도 임무에 따라 자신과 장비를 숨기기 위해 산 속에 참호를 파는 경우가 있다.

■철갑유탄
APHE. 철갑탄 내부에 작약을 채워 명중과 동시에 화재를 일으키는 특수탄약. 그 위력을 충분히 발휘하기 위해서는 일정한 수준의 화약이 요구되기 때문에 크기가 큰 50구경 탄약을 기반으로 제조하는 경우가 많다. 주로 대물저격총을 사용하는 임무에서 상황에 따라 사용된다.

■철갑탄
AP(Armor Piercing). 관통력을 높이기 위해 고안된 탄약. 텅스텐 등의 희소금속을 사용하는 경우가 많으며 이 탄약을 사용하면 차량을 관통하여 안에 탄 사람을 공격하는 것이 쉬워진다. 엄폐물에 몸을 숨긴 표적을 제압할 때 선택할 수 있는 탄약.

■총열 수명
총열은 총탄을 발사할 때마다 발생하는 가스와 열에 의해 총열 내부가 마모되어 점점 수명이 단축된다. 극단적인 경우 총열이 터지는 등 그야말로 사용할 수 없는 상태이지만 일반적으로 총열 수명은 그 총열로 일정한 수준의 성능을 기대할 수 있는 기간을 의미한다. 사용하는 환경이나 추구하는 목표에 따라 총열 수명이 달라지기도 하여, 저격총의 경우 이미 수명이 다한 총열이라 하더라도 일반 부대의 소총용 부품으로는 전혀 문제가 없는 경우도 있다.

■칙패드
Chick Pad. 뺨받침대. 저격총의 개머리판에 장착하는 부품으로 사수의 뺨에 닿는 부분을 보호해준다. 이 부품의 높이와 위치를 조절하여 견착을 좀 더 안정적으로 할 수 있다. 일부 저격총은 이 부품을 mm 단위로 조정할 수 있다.

<카>

■콜드보어 데이터
총열이 식은 상태의 탄착점. 저격은 장시간 대기 중

에 발생하는 경우가 많기 때문에 총열이 열을 받은 상태에서 얻은 데이터는 그다지 참고가 되지 않는다.

＜타＞

■탄피
Case. 탄두, 화약, 뇌관을 하나의 탄약으로 잡아주는 껍질. 완성된 상태를 카트리지 케이스(Cartridge Case)라고 부르고 발사 이후 탄두와 화약이 빠져나간 상태를 엠프티 케이스(Empty Case)라고 불러 구별한다. 일반적인 총기의 탄피는 황동으로 만들어져 있다. 저격총용 탄약은 일반적인 소총탄이나 권총탄보다 큰 사이즈를 사용하는 경우가 많다.

■테러리스트
Terrorlist. 테러를 저지르는 인간. 일정한 정치적 목적을 실현시키는 수단으로 반정부조직이나 혁명단체, 또는 정부 자신이 공포 상황을 조성하기 위해 암살이나 폭력행사를 사용하게 된다. 저격은 소수의 인간에 의해 효과적으로 테러의 목적을 실행시킬 수 있는 수단으로서 역사적으로 많은 테러 저격이 있어왔다.

＜파＞

■팩토리 탄약
Factory Ammo. 전문 탄약 업체에서 제작한 탄약을 말한다. 일정한 품질을 가진 탄약을 안정적으로 확보할 수 있는 점이 가장 큰 매력이다. 출처가 불확실한 탄약이나 신뢰할 수 없는 업체의 탄약은 명중도는 물론 저격총의 수명에도 악영향을 줄 수 있다.

■포어엔드
Forend. 저격총 총몸의 앞부분. 총열의 아래에 위치하는 부위로 사수는 방아쇠를 쥐지 않는 손으로 이 부분을 받쳐서 총기를 안정시킨다. 돌격소총의 경우 이 부분이 총몸과 분리된 별개 부품으로 구성된 경우가 있는데 이 부품은 핸드가드(Handguard) 등으로 부른다.

■폰초/판쵸
Poncho. 사각형 방수천 중앙에 구멍이 뚫려 있어 후드로 사용할 수 있는 의상. 원래는 남미의 전통의상이 스페인을 거쳐 1850년대 미군에서 군용 장비로 사용하면서 세계 각국의 군용품으로 전파되었다. 국내에서는 판쵸라는 명칭으로 통용된다.

■풀메탈재킷
총탄의 탄두를 구리나 구리 베이스의 합금으로 코팅한 탄약. 영어표기 Full Metal Jacket의 앞글자를 따서 FMJ라고도 부른다. 관통력이 높아지고 신뢰성이 높아 군용으로는 흔히 사용되지만 도심지에서 사용 시 건물을 관통하여 예상 외의 피해를 낼 수 있기 때문에 경찰 등 법집행기관에서는 상황에 따라 신중하게 사용하는 탄약이다.

■플린칭
Flinching. 사격 시의 반동으로 총이 들리는 것에 따라 무의식 중에 총구를 내리는 행위. 사격에 익숙하지 않거나 정신적으로 긴장된 상태에서 일어나는 현상.

＜하＞

■할로 포인트
Hollow Point. 인도의 덤덤에서 최초로 개발되었다. 따라서 덤덤(Dumdum)탄이라 불리기도 한다. 탄두 앞부분을 움푹하게 파내어 목표에 명중했을 때 압력에 의해 탄두의 형태가 찌그러져 버섯 모양으로 변한다. 관통력은 낮아지지만 목표가 인간이나 동물일 경우 살상력은 높아진다.

■핸드로드 탄약
Handload Ammo. 탄약을 직접 만드는 작업. 사수가 자신이 사용하는 총기에 적합한 탄약을 직접 만들기 때문에 탄약의 구경, 탄두의 크기, 화약의 종류와 양 등을 모두 고를 수 있다. 이 때문에 저격에 가장 적합한 방식이라 볼 수 있지만 직접 만든다고 해서 반드시 고품질의 탄약을 제조할 수 있으리라는 보장은 없다.

■헤드샷
Headshot. 사람의 머리를 겨냥하여 쏘는 행위. 머리는 몸통보다 작기 때문에 조준하기가 어렵지만 표적이 방탄조끼를 입었을 때라면 피해갈 수 없는 선택지이다. 인질극 등의 상황에서는 범인이 방탄조끼를 입고 있지 않는 것처럼 보여도 옷 안에 받쳐 입었을 가능성도 있기 때문에 경찰 저격수에게도 필수 기술이다.

■홀드오버
Hold Over. 영점을 잡은 거리보다 표적이 멀리 있거나 가까이 있을 때 탄도를 고려하여 조준을 수정하는 것. 탄약의 특성에 따라 비거리가 달라지므로 탄약 제조사의 탄약제원표를 참조해야 한다.

■홀드오프
Hold Off. 바람의 영향이나 탄환의 낙하를 고려하여 조준을 보정하는 것. 바람의 방향과 세기를 고려해야 하기 때문에 풍향계가 필요하지만 상황에 따라 저격수의 감과 경험에 의존해야 한다.

■화포류

화포란 보병용 총기보다 큰 구경의 탄약을 사용하여
장·중거리의 적을 공격할 수 있는 무기이다. 보병
이 사용하는 무반동포나 박격포도 여기에 포함되며
기본적으로 적의 위치를 파악하여 목표를 설정한 후
사용하는 무기이다. 저격병을 상대할 경우 위치를 확
인하지 못했더라도 저격병이 존재하리라 예측되는
위치에 포격을 퍼붓는 용도로 사용한다.

저격에 사용되는
주요탄약 사이즈 비교

5.56mmX45(223 레밍턴)

7.62mmX51(308 윈체스터)

30-06 스프링필드(7.62mmX63)

338 라푸아 매그넘

50BMG

색인

<영 · 숫자>

12.7mm 탄약 ································· 216
223 레밍턴 ·························· 216, 224
2단격발 방아쇠 ························· 130
300 윈체스터 매그넘 탄약 ·············· 216
30-06 스프링필드 탄약 ············ 216, 224
308 윈체스터 ······················ 216, 224
338 라푸아 매그넘 탄약 ················· 216
408 샤이택 탄약 ······················· 216
5.56mm 탄약 ·················· 52, 216, 224
50BMG ······················· 52, 216, 224
64식 소총 ···························· 216
7.62mm 탄약 ····················· 216, 224
97식 저격총 ·························· 216
AR7 ································· 80
ASD ································ 217
EXACTO ······························ 216
FMJ ································ 223
M.O.A. ······························· 32
M110 ································ 217
M14 ·························· 68, 216
M16 ································ 216
M16A2 ······························· 66
M21 ································ 217
M95 ································ 70
MSG90 ······························ 217
PSG-1 ·························· 74, 217
PTSD ································ 217
SMG ·························→기관단총
SR-25 ································ 217
UAV ································ 212
WA2000 ···················· 70, 74, 217

<가>

가라츠 ································ 74
가릴 ································· 74
간부 ································ 180
갈리폴리의 암살자 ··········→에드워드 싱
감시 ································ 20

<강선>

강선 ································ 217
강화 유리 ···························· 156
개머리판 ···························· 217
거치사격 ···························· 152
건 바이스 ···························· 147
검은9월사건 ··············→뮌헨올림픽사건
게릴라 ································ 217
겨울전쟁 ···························· 217
격발 교정 ···························· 129
경찰 저격수 ··························· 28
고르고13 ···························· 217
공기 저항 ···························· 134
공산권 ·······················→동구권
관측경 ································ 217
관측수 ································ 136
관측용 망원경, 관측경 ·········· 150, 217
군견병 ································ 181
군함 ································ 192
권총 ·························106, 217
그루핑 ································ 32
그린스폿탄 ···························· 218
기관단총 ······················ 106, 218
기관총 ······················ 188, 218
기능고장 ···························· 218
길리수트 ···························· 100
꼬질대 ································ 46

<나>

내열 유리 ···························· 156
냉전 ································ 218

<다>

다운 브레스 ··························· 127
다운워쉬 ···························· 161
단소탄 ································ 52
대 저격수 시스템 ······················ 213
대물렌즈 ···························· 84
대물 목표 ···························· 180
대물저격 ···························· 218
대물저격총 ······················82, 188
대인저격 ···························· 218
대조국전쟁 ···························· 218
대지공격기 ···························· 218
덤덤탄 ································ 223
데이터북 ···························· 219
도탄 사격 ···························· 154
독일식 ································ 152
돌격소총 ···························· 218
돌격소총 ················→어설트 라이플

돌입작전 ················· 204
동경 ······················ 90
드라구노프 ·········· 68, 74, 218
드래그 백 ················· 78
드론 ····················· 212
디테일 서치 ············· 170

〈라〉

라마디의 악마 ···········→크리스 카일
라이플맨 ·················· 11
락 타임 ··················· 130
레밍턴M700 ············· 218
레이저 거리 측정기 ······· 218
레이저 레인지 파인더 ····· 149, 218
레이저 보어사이터 ········· 219
레이저 사이트 ············· 219
레일 마운트 ··········· 86, 219
레전드 ···············→크리스 카일
레티클 ················ 84, 88
렌즈 ······················ 84
로그북 ··················· 219
로버트 펄롱 ··············· 56
로켓탄 ··················· 219
록타이트 ·················· 86
류드밀라 파블리첸코 ······· 56
륭맨 방식 ················· 66
리드 조준 ················· 158
리볼버 ··················· 218
리하비 오스왈드 ··········· 112

〈마〉

마운트 ····················· 86
마운트 레일 ··············· 219
마운트 링 ·················· 86
마운트 베이스 ············· 86
마크스맨 ·················· 219
마크스맨 라이플 ············ 68
마테우스 헤체나우어 ······· 56
망원조준기 ················ 84
망입 유리 ················ 156
매복법 ··················· 159
매치 그레이드 탄약 ········· 219
매치 탄약 ················· 219
머신건 ···············→기관총
머즐 브레이크 ············· 219
머즐 플래시 ··············· 219
명중률 ··················· 64
모신나강 M1891/30 ········· 219
무력화 ··················· 208

무릎앉아쏴 ··············· 120
무인항공기 ··············· 212
뮌헨올림픽사건 ··········· 219
미광증폭식 ··············· 98
미닛 오브 앵글 ············ 32
밀닷 ················· 34, 88
밀닷 마스터 ··············· 219
밀리터리 스나이퍼 ·········· 10

〈바〉

바레트 M82A1 ············· 71
바민트 라이플 ·········· 80, 219
바실리 자이체프 ··········· 56
박격포 ··················· 224
반자동사격 ··············· 220
발라크라바 ··············· 220
발사염 ··················· 219
발포염 ··················· 219
밥 리 스웨거 ··············· 162
방아쇠 조작 ··············· 128
방탄 유리 ················ 156
배율 ······················ 90
배틀라이플 ··············· 220
버틀러 커버 ··············· 96
범용 기관총 ··············· 188
베딩 ····················· 220
베오울프 ·················· 52
베트남전쟁 ··············· 220
보어사이팅 ··············· 146
보트테일 ················· 220
복면 ················→발라크라바
볼트액션 ·················· 60
부사관 ··················· 220
불 배럴 ··················· 220
불펍 ······················ 70
불활성 가스 ··············· 94
브라우닝M2 ··············· 220
빌리 싱 ···········→윌리엄 에드워드 싱
빔 병기 ··················· 220

〈사〉

사각 ····················· 40
사계 ····················· 40
사이트인 ················· 143
사일렌서 ·············→소음기
산탄총 ··················· 220
삼각대 ··················· 152
샤이택 ··················· 216
샤프슈터 ············· 68, 220

샷건 ································→산탄총
서멀비젼 ···································99
서브머신건 ······················→기관단총
서서쏴 ···································122
서프레서 ·································104
선셰이드 ··································96
세미오토매틱 ················→반자동사격
세토우치 해상납치 사건 ················112
센서 ····································220
소련 ·····························→동구권
소음기 ···································104
소이탄 ···································221
소프트 포인트 ···························221
솔벤트 ····································46
스나이퍼 ·································221
스나이퍼 라이플 ················→저격소총
스나이퍼 컨트롤 ·························72
스나이프 시스템 ·························72
스포팅 스코프 ··················→관측경
슬러그탄 ·································220
시계 ·····································40
시모 해위해 ················34, 106, 214
시차 ····································221

아델버트 월드론 ·························56
아드레날린 ······························221
아웃도어 ·································196
아이릴리프 ································38
안면위장 ·································221
앉아쏴 ···································124
암시장비 ··································98
약실 ····································221
약장탄 ······························52, 221
양각대 ···································152
양안조준 ··································36
엄폐물 ···································172
업 브레스 ································127
업사이드 포스트 ·························88
엎드려쏴 ·································118
에르빈 쾨니히 ···························162
엘리트 ····································16
엘살바도르의 런쳐 사용자 ·····→파인애플 아미
엠프티 케이스 ···························223
여성 스나이퍼 ····························19
역학 ·····································14
열감지식 ··································98
열감지장치 ·······························213
영점잡기 ·································142

영점조정 ························→영점잡기
예광탄 ···································218
오스왈드 ·································112
오스트레일리아 특수부대의 2명의 대원 ·········56
오인사격 ·································221
외과수술 ···································9
요제프 알러베르거 ······················56
워싱턴DC 연쇄저격사건 ·······8, 112, 162
원샷원킬 ·································221
원홀샷 ···································221
위장그물 ························→위장술
위장술 ······························174, 221
윌리엄 에드워드 빌리 싱 ················56
유탄 ····································221
유탄발사기 ······························221
유효 사거리 ······························168
이동 사격 ·······························161
이지스함 ·································192
인센디어리 어뮤니션 ················소이탄
일각대 ···································221
일렉터 튜브 ······························84
일렉트릭 트리거 ············→전기식 방아쇠
일본 쿠니마츠 경찰장관 저격사건 ·········8

자동권총 ·································217
자동권총 ·····················→오토 피스톨
자동소총 ··································62
장갑차 ···································190
장갑탄 ····································48
재밍 ·····························→기능고장
잭 루비 ··································112
쟈칼의 저격총 ····························81
저격대안 ·································210
저격병 ····································10
저격소총 ······························58, 222
저격수 ····································10
저격수 대응책 ····························212
저격수의 자질 ····························12
저먼 포스트 ······························88
저킹 ·································129, 222
적층 유리 ·······························156
전기식 방아쇠 ···························131
전쟁 포로 ·······························222
전쟁법 ···································222
전차 ····································190
전향력 ···································222
정찰 저격수 ······························222
제네바 회의 ······························222

제로인 ························· 142
제로잉 ························· 143
제조번호 ····················· 222
조준경 ················· 34, 84
중기관총 ····················· 188
중심 ·························· 146
지배안 ························ 36
지정사수 ················· 20, 68
지휘관 ······················· 180
진영 ·························· 218

\<차\>

찰스 휘트먼 ··················112
참호 ·························· 222
챔버 ······················→약실
철갑소이탄 ··················· 221
철갑유탄 ····················· 222
철갑탄 ·················· 48, 222
초속 ·························· 54
총열 수명 ····················· 222
최대 사거리 ··················· 168
최장기록 ····················· 56
추격법 ······················· 159
칙패드 ······················· 222

\<카\>

카를로스 헤스콕 ············198, 214
카운터 스나이퍼 ············ 22, 128
카트리지 케이스 ··············· 223
케네디 대통령 암살사건 ··········112
케이스 ······················· 223
코리올리 효과 ················· 222
콜드보어 데이터 ··············· 222
퀵 릴리즈 ···················· 86
퀵 서치 ······················ 170
크라운 ······················· 47
크레이그 해리슨 ··············· 56
크로스 헤어 ··················· 88
크리스 카일 ··················· 214
클립 ··················· 58, 108
킬플래시 ······················97

\<타\>

탄두 ·························· 51
탄착점 ······················· 135
탄피 ·························· 223
터릿 ·························· 32
테러리스트 ··················· 223
텍사스 타워 난사사건 ···········112

토머스 베켓 ··················· 162
트리거 컨트롤 ···········→방아쇠 조작
특기병 ······················· 182

\<파\>

파라랙스 ·················→시차
팜레스트 ····················· 19
팩토리 탄약 ··················· 223
포복 전진 ···················· 198
포스트 ······················· 88
포어엔드 ················· 44, 223
포즈 ························· 127
폰쵸 ························· 223
폴리스 스나이퍼 ················10
풀메탈재킷 ·············· 154, 223
프레드릭 포사이스 ·············· 162
프렌들리 파이어 ··········→오인사격
플린칭 ······················· 223
플로팅 배럴 ··················· 44
플린트락 ····················· 130
피스톨 ···············→오토 피스톨
피카티니 레일 ·············· 86, 219
핀홀샷 ······················· 221
필드 클라우드 ················· 197

\<하\>

하얀 깃털 ············→카를로스 헤스콕
하얀 사신 ············ 시모 해위해
하이 아이 포인트 ··············· 38
항공기 ······················· 194
핸드가드 ····················· 223
핸드로드 ····················· 223
핸드로드 탄약 ················· 223
허니컴 ······················· 96
헤드샷 ······················· 223
헤비배럴 ····················· 220
홀드오버 ····················· 223
홀드오프 ····················· 223
화포 ························· 224
회전식권총 ···············→리볼버
휠락 ························· 130
흑색화약 ····················· 220
히트맨 ······················· 10
힙레스트 ····················· 19

참고 문헌

『전장의 저격수(戦場の狙撃手)』 Mike Haskew 저, 코바야시 토모노리(小林朋則) 역, 하라쇼보(原書房)

『밀리터리 스나이퍼(ミリタリー・スナイパー)』 Martin Pegler 저, 오카자키 아츠코(岡崎淳子) 역, 대일본회화(大日本絵画)

『저격(狙撃手)』 Peter Brookesmith 저, 모리 마사토(森真人) 역, 하라쇼보(原書房)

『저격수 열전(狙撃手列伝)』 Charles Stronge 저, 이토 아야(伊藤綺) 역, 하라쇼보(原書房)

『도설 저격수 대전(図説 狙撃手大全)』 Pat Farey/Mark Spicer 저, 오츠키 아츠코(大槻敦子) 역, 하라쇼보(原書房)

『최신 스나이퍼 테크닉(最新スナイパーテクニック)』 Brandon Webb/Glen Doherty 저, 토모키요 히토시(友清仁) 역, 나미키쇼보(並木書房)

『SAS・특수부대 도해 실전 저격수 매뉴얼(SAS・特殊部隊 図解実戦狙撃手マニュアル)』 Martin J. Dougherty 저, 사카자키 료(坂崎竜) 역, 하라쇼보(原書房)

『네이비 씰 실전 저격수 훈련 프로그램(ネイビー・シールズ 実戦狙撃手訓練プログラム)』 미해군 편, 스미 아츠코(角敦子) 역, 하라쇼보(原書房)

『총과 전투의 역사 도감(銃と戦闘の歴史図鑑)』 Martin J. Dougherty / Michael E. Haskew 저, 스미 아츠코(角敦子) 역, 하라쇼보(原書房)

『올컬러 최신 군용 총기 사전(オールカラー最新軍用銃事典)』 토코이 마사미(床井雅美) 저, 나미키쇼보(並木書房)

『저격의 과학(狙撃の科学)』 카노요시노리(かのよしのり) 저, SB Creative

『하얀 사신(白い死神)』 Petri Sarjanen 저, 후루이치 마유미(古市真由美) 역, AlphaPolis

『COMBAT SKILLS』<1·2·3> HobbyJAPAN

『SURVIVAL SKILLS』<1·2·3> HobbyJAPAN

『컴뱃 바이블(コンバットバイブル)』<1·2> 우에다 신(上田信) 저, 일본(日本)출판사

『컴뱃 바이블(コンバットバイブル)』<3> 우에다 신(上田信) 저, 모리 모토사다(毛利元貞) 어드바이저, 일본(日本)출판사

『SWAT 공격 매뉴얼(SWAT攻撃マニュアル)』 Green Arrow출판사

『경찰 대테러부대 테크닉(警察対テロ部隊テクニック)』 모리 모토사다(毛利元貞) 저, 나미키쇼보(並木書房)

『21세기의 특수부대(21世紀の特殊部隊)』<상·하> 에바타 켄스케(江畑謙介) 저, 나미키쇼보(並木書房)

『특수부대(特殊部隊)』<비주얼 딕셔너리 11> DK / 도호샤(同朋舎)출판 편집부 편, 야가와 코시로(矢川甲子郎) 역, 도호샤(同朋舎)출판

『특수부대(特殊部隊)』 Hugh McManners 저, 무라카미 카즈히사(村上和久) 역, 아사히(朝日)신문사

『SAS대사전(SAS大事典)』 Barry Davies 저, 코바야시 토모노리(小林朋則) 역, 하라쇼보(原書房)

『대도해 특수부대의 장비(大図解 特殊部隊の装備)』 사카모토 아키라(坂本明) 저, Green Arrow출판사

『세계의 특수부대(世界の特殊部隊)』 Mike Ryan/Alexander Stilwell/Chris Mann 저, 코바야시 토모노리(小林朋則) 역, 하라쇼보(原書房)

『도설 최신 세계의 특수부대(図説 最新世界の特殊部隊)』 학습연구사(学習研究社)

『도설 세계의 특수부대(図説 世界の特殊作戦)』 학습연구사(学習研究社)

『범죄 수사 대백과(犯罪捜査大百科)』 하세가와 키미유키(長谷川公之) 저, 에이진샤(映人社)

『전쟁의 룰(戦争のルール)』 이노우에 다이스케(井上忠男) 저, 타카라지마샤(宝島社)

『전쟁・사변(戦争・事変)』 미조카와 토쿠시(溝川徳二) 편, 메이칸샤(名鑑社)

『월간 Gun』<각호> 국제(国際)출판

『Gun Magazine』<각호> 유니버설출판

『Gun Professionals』<각호> HobbyJAPAN

『월간 암즈 매거진(月刊アームズマガジン)』<각호> HobbyJAPAN

『컴뱃 매거진(コンバットマガジン)』<각호> WORLD PHOTO PRESS

『밀리터리 클래식스(ミリタリー・クラシックス)』<각호> 이카로스(イカロス)출판

『역사군상(歴史群像)』<각호> 학습연구사(学習研究社)

『주간 월드 웨폰(週間ワールド・ウェポン)』<각호> Deagostini

창작을 꿈꾸는 이들을 위한 안내서
AK 트리비아 시리즈

No. 01 도해 근접무기

오나미 아츠시 지음 | 이창협 옮김 | 228쪽 | 13,000원

근접무기, 서브 컬처적 지식을 고찰하다!

검, 도끼, 창, 곤봉, 활 등 현대적인 무기가 등장하기 전에 사용되던 냉병기에 대한 개설서. 각 무기의 형상과 기능, 유형부터 사용 방법은 물론 서브컬처의 세계에서 어떤 모습으로 그려지는가에 대해서도 상세히 해설하고 있다.

No. 02 도해 크툴루 신화

모리세 료 지음 | AK커뮤니케이션즈 편집부 옮김 | 240쪽 | 13,000원

우주적 공포, 현대의 신화를 파헤치다!

현대 환상 문학의 거장 H.P 러브크래프트의 손에 의해 창조된 암흑 신화인 크툴루 신화. 111가지의 키워드를 선정, 각종 도해와 일러스트를 통해 크툴루 신화의 과거와 현재를 해설한다.

No. 03 도해 메이드

이케가미 료타 지음 | 코트랜스 인터내셔널 옮김 | 238쪽 | 13,000원

메이드의 모든 것을 이 한 권에!

메이드에 대한 궁금증을 확실하게 해결해주는 책. 영국, 특히 빅토리아 시대의 사회를 중심으로, 실존했던 메이드의 삶을 보여주는 가이드북.

No. 04 도해 연금술

쿠사노 타쿠미 지음 | 코트랜스 인터내셔널 옮김 | 220쪽 | 13,000원

기적의 학문, 연금술을 짚어보다!

연금술사들의 발자취를 따라 연금술에 대해 자세하게 알아보는 책. 연금술에 대한 풍부한 지식을 쉽고 간결하게 정리하여, 체계적으로 해설하며, '진리'를 위해 모든 것을 바친 이들의 기록이 담겨있다.

No. 05 도해 핸드웨폰

오나미 아츠시 지음 | 이창협 옮김 | 228쪽 | 13,000원

모든 개인화기를 총망라!

권총, 소총, 기관총, 어설트 라이플, 샷건, 머신건 등, 개인 화기를 지칭하는 다양한 명칭들은 대체 무엇을 기준으로 하며 어떻게 붙여진 것일까? 개인 화기의 모든 것을 기초부터 해설한다.

No. 06 도해 전국무장

이케가미 료타 지음 | 이재경 옮김 | 256쪽 | 13,000원

전국시대를 더욱 재미있게 즐겨보자!

소설이나 만화, 게임 등을 통해 많이 접할 수 있는 일본 전국시대에 대한 입문서. 무장들의 활약상, 전국시대의 일상과 생활까지 상세히 서술, 전국시대에 쉽게 접근할 수 있도록 구성했다.

No. 07 도해 전투기

가와노 요시유키 지음 | 문우성 옮김 | 264쪽 | 13,000원

빠르고 강력한 병기, 전투기의 모든 것!

현대전의 정점인 전투기. 역사와 로망 속의 전투기에서 최신예 스텔스 전투기에 이르기까지, 인류의 전쟁사를 바꾸어놓은 전투기에 대하여 상세히 소개한다.

No. 08 도해 특수경찰

모리 모토사다 지음 | 이재경 옮김 | 220쪽 | 13,000원

실제 SWAT 교관 출신의 저자가 특수경찰의 모든 것을 소개!

특수경찰의 훈련부터 범죄 대처법, 최첨단 수사 시스템, 기밀 작전의 아슬아슬한 부분까지 특수경찰을 저자의 풍부한 지식으로 폭넓게 소개한다.

No. 09 도해 전차

오나미 아츠시 지음 | 문우성 옮김 | 232쪽 | 13,000원

지상전의 왕자, 전차의 모든 것!

지상전의 지배자이자 절대 강자 전차를 소개한다. 전차의 힘과 이를 이용한 다양한 전술, 그리고 그 독특한 모습까지. 알기 쉬운 해설과 상세한 일러스트로 전차의 매력을 전달한다.

No. 10 도해 헤비암즈

오나미 아츠시 지음 | 이재경 옮김 | 232쪽 | 13,000원

전장을 압도하는 강력한 화기, 총집합!

전장의 주역, 보병들의 든든한 버팀목인 강력한 화기를 소개하는 책. 대구경 기관총부터 유탄 발사기, 무반동총, 대전차 로켓 등, 압도적인 화력으로 전장을 지배하는 화기에 대하여 알아보자!

No. 11 도해 밀리터리 아이템

오나미 아츠시 지음 | 이재경 옮김 | 236쪽 | 13,000원

군대에서 쓰이는 군장 용품을 완벽 해설!

이제 밀리터리 세계에 발을 들이는 입문자들을 위해 '군장 용품'에 대해 최대한 알기 쉽게 다루는 책. 세부적인 사항에 얽매이지 않고, 상식적으로 갖추어야 할 기초지식을 중심으로 구성되어 있다.

No. 12 도해 악마학

쿠사노 타쿠미 지음 | 김문광 옮김 | 240쪽 | 13,000원

악마에 대한 모든 것을 담은 총집서!

악마학의 시작부터 현재까지의 그 연구 및 발전 과정을 한눈에 알아볼 수 있도록 구성한 책. 단순한 흥미를 뛰어넘어 영적이고 종교적인 지식의 깊이까지 더할 수 있는 내용으로 구성.

No. 13 도해 북유럽 신화

이케가미 료타 지음 | 김문광 옮김 | 228쪽 | 13,000원

세계의 탄생부터 라그나로크까지!

북유럽 신화의 세계관, 등장인물, 여러 신과 영웅들이 사용한 도구 및 마법에 대한 설명까지! 당시 북유럽 국가들의 생활상을 통해 북유럽 신화에 대한 이해도를 높일 수 있도록 심층적으로 해설한다.

No. 14 도해 군함

다카하라 나루미 외 1인 지음 | 문우성 옮김 | 224쪽 | 13,000원

20세기의 전함부터 항모, 전략 원잠까지!

군함에 대한 입문서. 종류와 개발사, 구조, 제원 등의 기본부터, 승무원의 일상, 정비 비용까지 어렵게 여겨질 만한 요소를 도표와 일러스트로 쉽게 해설한다.

No. 15 도해 제3제국

모리세 료 외 1인 지음 | 문우성 옮김 | 252쪽 | 13,000원

나치스 독일 제3제국의 역사를 파헤친다!

아돌프 히틀러 통치하의 독일 제3제국에 대한 개론서. 나치스가 권력을 장악한 과정부터 조직 구조, 조직을 이끈 핵심 인물과 상호 관계와 갈등, 대립 등, 제3제국의 역사에 대해 해설한다.

No. 16 도해 근대마술

하니 레이 지음 | AK커뮤니케이션즈 편집부 옮김 | 244쪽 | 13,000원

현대 마술의 개념과 원리를 철저 해부!

마술의 종류와 개념, 이름을 남긴 마술사와 마술 단체, 마술에 쓰이는 도구 등을 설명한다. 걸활기식의 설명이 아닌, 역사와 각종 매체 속에서 마술이 어떤 영향을 주었는지 심층적으로 해설하고 있다.

No. 17 도해 우주선

모리세 료 외 1인 지음 | 이재경 옮김 | 240쪽 | 13,000원

우주를 꿈꾸는 사람들을 위한 추천서!

우주공간의 과학적인 설명은 물론, 우주선의 태동에서 발전의 역사, 재질, 발사와 비행의 원리 등, 어떤 원리로 날아다니고 착륙할 수 있는지, 자세한 도표와 일러스트를 통해 해설한다.

No. 18 도해 고대병기

미즈노 히로키 지음 | 이재경 옮김 | 224쪽 | 13,000원

역사 속의 고대병기, 집중 조명!

지혜와 과학의 결정체, 병기. 그중에서도 고대의 병기를 집중적으로 조명, 단순한 병기의 나열이 아닌, 각 병기의 탄생 배경과 활약상, 계보, 작동 원리 등을 상세하게 다루고 있다.

No. 19 도해 UFO

사쿠라이 신타로 지음 | 서형주 옮김 | 224쪽 | 13,000원

UFO에 관한 모든 지식과, 그 허와 실.

첫 번째 공식 UFO 목격 사건부터 현재까지, 세계를 떠들썩하게 만든 모든 UFO 사건을 다룬다. 수많은 미스터리는 물론, 종류, 비행 패턴 등 UFO에 관한 모든 지식들을 알기 쉽게 정리했다.

No. 20 도해 식문화의 역사

다카하라 나루미 지음 | 채다인 옮김 | 244쪽 | 13,000원

유럽 식문화의 변천사를 조명한다!

중세 유럽을 중심으로, 음식문화의 변화를 설명한다. 최초의 조리 역사부터 식재료, 예절, 지역별 선호메뉴까지, 시대상황과 분위기, 사람들의 인식이 어떠한 영향을 끼쳤는지 흥미로운 사실을 다룬다.

No. 21 도해 문장

신노 케이 지음 | 기미정 옮김 | 224쪽 | 13,000원

역사와 문화의 시대적 상징물, 문장!
기나긴 역사 속에서 문장이 어떻게 만들어
졌고, 어떤 도안들이 이용되었는지, 발전 과
정과 유럽 역사 속 위인들의 문장이나 특징적인 문장의
인물에 대해 설명한다.

No. 22 도해 게임이론

와타나베 타카히로 지음 | 기미정 옮김 | 232쪽 |
13,000원

이론과 실용 지식을 동시에!
죄수의 딜레마, 도덕적 해이, 제로섬 게임
등 다양한 사례 분석과 알기 쉬운 해설을 통해, 누구나
쉽고 직관적으로 게임이론을 이해하고 현실에 적용할 수
있도록 도와주는 최고의 입문서.

No. 23 도해 단위의 사전

호시다 타다히코 지음 | 문우성 옮김 | 208쪽 | 13,000원

세계를 바라보고, 규정하는 기준이 되는 단
위를 풀어보자!
전 세계에서 사용되는 108개 단위의 역사
와 사용 방법 등을 해설하는 본격 단위 사전. 정의와 기
준, 유래, 측정 대상 등을 명쾌하게 해설한다.

No. 24 도해 켈트 신화

이케가미 료타 지음 | 곽형준 옮김 | 264쪽 | 13,000원

쿠 훌린과 핀 막 쿨의 세계!
켈트 신화의 세계관, 각 설화와 전설의 주요
등장인물들! 이야기에 따라 내용뿐만 아니
라 등장인물까지 뒤바뀌는 경우도 있는데, 그런 특별한
사항까지 다루어, 신화의 읽는 재미를 더한다.

No. 25 도해 항공모함

노가미 아키토 외 1인 지음 | 오광웅 옮김 | 240쪽 |
13,000원

군사기술의 결정체, 항공모함 철저 해부!
군사력의 상징이던 거대 전함을 과거의 유
물로 전락시킨 항공모함. 각 국가별 발달의 역사와 임무,
영향력에 대한 광범위한 자료를 한눈에 파악할 수 있다.

No. 26 도해 위스키

츠치야 마모루 지음 | 기미정 옮김 | 192쪽 | 13,000원

위스키, 이제는 제대로 알고 마시자!
다양한 음용법과 글라스의 차이, 바 또는 집
에서 분위기 있게 마실 수 있는 방법까지,
위스키의 맛을 한층 돋우주는 필수 지식이 가득! 세계적
인 위스키 평론가가 전하는 입문서의 결정판.

No. 27 도해 특수부대

오나미 아츠시 지음 | 오광웅 옮김 | 232쪽 | 13,000원

불가능이란 없다! 전장의 스페셜리스트!
특수부대의 탄생 배경, 종류, 규모, 각종 임
무, 그들만의 특수한 장비. 어떠한 상황에서
도 살아남기 위한 생존 기술까지 모든 것을 보여주는 책.
왜 그들이 스페셜리스트인지 알게 될 것이다.

No. 28 도해 서양화

다나카 쿠미코 지음 | 김상호 옮김 | 160쪽 | 13,000원

서양화의 변천사와 포인트를 한눈에!
르네상스부터 근대까지, 시대를 넘어 사랑
받는 명작 84점을 수록. 각 작품들의 배경
과 특징, 그림에 담겨있는 비유적 의미와 기법 등, 감상
포인트를 명쾌하게 해설하였으며, 더욱 깊은 이해를 위
한 역사와 종교 관련 지식까지 담겨있다.

No. 29 도해 갑자기 그림을 잘 그리게 되는 법

나카야마 시게노부 지음 | 이연희 옮김 | 204쪽 | 13,000원

멋진 일러스트의 초간단 스킬 공개!
투시도와 원근법만으로, 멋지고 입체적인
일러스트를 그릴 수 있는 방법! 그림에 대한 재능이 없다
생각 말고 읽어보자. 그림이 극적으로 바뀔 것이다.

No. 30 도해 사케

키지마 사토시 지음 | 기미정 옮김 | 208쪽 | 13,000원

사케를 더욱 즐겁게 마셔 보자!
선택 법, 온도, 명칭, 안주와의 궁합, 분위기
있게 마시는 법 등, 사케의 맛을 한층 더 즐
길 수 있는 모든 지식이 담겨 있다. 일본 요리의 거장이
전해주는 사케 입문서의 결정판.

No. 31 도해 흑마술

쿠사노 타쿠미 지음 | 곽형준 옮김 | 224쪽 | 13,000원

역사 속에 실존했던 흑마술을 총망라!
악령의 힘을 빌려 행하는 사악한 흑마술을
총망라한 책. 흑마술의 정의와 발전, 기본
법칙을 상세히 설명한다. 또한 여러 국가에서 행해졌던
흑마술 사건들과 관련 인물들을 소개한다.

No. 32 도해 현대 지상전

모리 모토사다 지음 | 정은택 옮김 | 220쪽 | 13,000원

아프간 이라크! 현대 지상전의 모든 것!!
저자가 직접, 실제 전장에서 활동하는 군인
은 물론 민간 군사기업 관계자들과도 폭넓
게 교류하면서 얻은 정보들을 아낌없이 공개한 책. 현대
전에 투입되는 지상전의 모든 것을 해설한다.

No. 33 도해 건파이트

오나미 아츠시 지음 | 송명규 옮김 | 232쪽 | 13,000원

총격전에서 일어나는 상황을 파헤친다!
영화, 소설, 애니메이션 등에서 볼 수 있는
총격전. 그 장면들은 진짜일까? 실전에서는
총기를 어떻게 다루고, 어디에 몸을 숨겨야 할까. 자동차
추격전에서의 대처법 등 건 액션의 핵심 지식.

No. 34 도해 마술의 역사

쿠사노 타쿠미 지음 | 김진아 옮김 | 224쪽 | 13,000원

마술의 탄생과 발전 과정을 알아보자!
고대에서 현대에 이르기까지 마술은 문화
의 발전과 함께 널리 퍼져나갔으며, 다른 마
술과 접촉하면서 그 깊이를 더해왔다. 마술의 발생시기
와 장소, 변모 등 역사와 개요를 상세히 소개한다

No. 35 도해 군용 차량

노가미 아키토 지음 | 오광웅 옮김 | 228쪽 | 13,000원

지상의 왕자, 전차부터 현대의 바퀴달린 사
역마까지!!
전투의 핵심인 전투 차량부터 눈에 띄지 않
는 무대에서 묵묵히 임무를 다하는 각종 지원 차량까지.
각자 맡은 임무에 충실하도록 설계되고 고안된 군용 차
량만의 다채로운 세계를 소개한다.

No. 36 도해 첩보·정찰 장비

사카모토 아키라 지음 | 문성호 옮김 | 228쪽 | 13,000원

승리의 열쇠 정보! 정보전의 모든 것!
소음총, 소형 폭탄, 소형 카메라 및 통신기
등 영화에서나 등장할 법한 첩보원들의 특
수장비부터 정찰 위성에 이르기까지 첩보 및 정찰 장비
들을 400점의 사진과 일러스트로 설명한다.

No. 37 도해 세계의 잠수함

사카모토 아키라 지음 | 류재욱 옮김 | 242쪽 | 13,000원

바다를 지배하는 침묵의 자객, 잠수함.
잠수함은 두 번의 세계대전과 냉전기를 거
쳐, 최첨단 기술로 최신 무장시스템을 갖추
어왔다. 원리와 구조, 승조원의 훈련과 임무, 생활과 전투
방법 등을 사진과 일러스트로 철저히 해부한다.

No. 38 도해 무녀

토키타 유스케 지음 | 송명규 옮김 | 236쪽 | 13,000원

무녀와 샤머니즘에 관한 모든 것!
무녀의 기원부터 시작하여 일본의 신사에
서 치르고 있는 각종 의식, 그리고 델포이의
무녀, 한국의 무당을 비롯한 세계의 샤머니즘과 각종 종
교를 106가지의 소주제로 분류하여 해설한다!

No. 39 도해 세계의 미사일 로켓 병기

사카모토 아키라 | 유병준·김성훈 옮김 | 240쪽 | 13,000원

ICBM부터 THAAD까지!
현대전의 진정한 주역이라 할 수 있는 미사
일. 보병이 휴대하는 대전차 로켓부터 공대공 미사일, 대
륙간 탄도탄, 그리고 근래 들어 언론의 주목을 받고 있는
ICBM과 THAAD까지 미사일의 모든 것을 해설한다!

No. 40 독과 약의 세계사

후나야마 신지 지음 | 진정숙 옮김 | 292쪽 | 13,000원

독과 약의 차이란 무엇인가?
화학물질을 어떻게 하면 유용하게 활용할
수 있는가 하는 것은 인류에 있어 중요한 과
제 가운데 하나라 할 수 있다. 독과 약의 역사, 그리고 우
리 생활과의 관계에 대하여 살펴보도록 하자.

No. 41 영국 메이드의 일상

무라카미 리코 지음 | 조아라 옮김 | 460쪽 | 13,000원

가사 노동자이며 직장 여성의 최대 다수를
차지했던 메이드의 일과 생활을 통해 영국
의 다른 면을 살펴본다. 『엠마 빅토리안 가
이드』의 저자 무라카미 리코의 빅토리안 시대 안내서.

No. 42 영국 집사의 일상

무라카미 리코 지음 | 기미정 옮김 | 292쪽 | 13,000원

집사, 남성 가사 사용인의 모든 것!
Butler, 즉 집사로 대표되는 남성 상급 사용
인. 그들은 어떠한 일을 했으며 어떤 식으로
하루를 보냈을까? 『엠마 빅토리안 가이드』의 저자 무라
카미 리코의 빅토리안 시대 안내서 제2탄.

No. 43 중세 유럽의 생활

가와하라 아쓰시 외 1인 지음 | 남지연 옮김 | 260쪽 | 13,000원

새롭게 조명하는 중세 유럽 생활사
철저히 분류되는 중세의 신분. 그 중 「일하
는 자」의 일상생활은 어떤 것이었을까? 각
종 도판과 사료를 통해, 중세 유럽에 대해 알아보자.

No. 44 세계의 군복

사카모토 아키라 지음 | 진정숙 옮김 | 130쪽 | 13,000원

세계 각국 군복의 어제와 오늘!!
형태와 기능미가 절묘하게 융합된 의복인
군복. 제2차 세계대전에서 현대에 이르기까
지, 각국의 전투복과 정복 그리고 각종 장구류와 계급장,
훈장 등, 군복만의 독특한 매력을 느껴보자!

No. 45 세계의 보병장비

사카모토 아키라 지음 | 이상언 옮김 | 234쪽 | 13,000원

현대 보병장비의 모든 것!

군에 있어 가장 기본이 되는 보병! 개인화기, 전투복, 군장, 전투식량, 그리고 미래의 장비까지. 제2차 세계대전 이후 눈부시게 발전한 보병 장비와 현대전에 있어 보병이 지닌 의미에 대하여 살펴보자.

No. 46 해적의 세계사

모모이 지로 지음 | 김효진 옮김 | 280쪽 | 13,000원

「영웅」인가, 「공적」인가?

지중해, 대서양, 카리브해, 인도양에서 활동했던 해적을 중심으로, 영웅이자 약탈자, 정복자, 야심가 등 여러 시대에 걸쳐 등장했던 다양한 해적들이 세계사에 남긴 발자취를 더듬어본다.

No. 47 닌자의 세계

야마키타 아츠시 지음 | 송명규 옮김 | 232쪽 | 13,000원

실제 닌자의 활약을 살펴본다!

어떠한 임무라도 완수할 수 있도록 닌자는 온갖 지혜를 짜내며 궁극의 도구와 인술을 만들어냈다. 과연 닌자는 역사 속에서 어떤 활약을 펼쳤을까.

환상 네이밍 사전
신키겐샤 편집부 지음 | 유진원 옮김 | 288쪽 | 14,800원
의미 없는 네이밍은 이제 그만!
운명은 프랑스어로 무엇이라고 할까? 독일어, 일본어로는? 중국어로는? 더 나아가 이탈리아어, 러시아어, 그리스어, 라틴어, 아랍어에 이르기까지, 1,200개 이상의 표제어와 11개국어, 13,000개 이상의 단어를 수록!!

중2병 대사전
노무라 마사타카 지음 | 이재경 옮김 | 200쪽 | 14,800원
이 책을 보는 순간, 당신은 이미 궁금해하고 있다!
사춘기 청소년이 행동할 법한, 손발이 오그라드는 행동이나 사고를 뜻하는 중2병. 서브컬쳐 작품에 자주 등장하는 중2병의 의미와 기원 등, 102개의 항목에 대해 해설과 칼럼을 곁들여 알기 쉽게 설명 한다.

크툴루 신화 대사전
고토 카츠 외 1인 지음 | 곽형준 옮김 | 192쪽 | 13,000원
신화의 또 다른 매력, 무한한 가능성!
H.P. 러브크래프트를 중심으로 여러 작가들의 설정이 거대한 세계관으로 자리잡은 크툴루 신화. 현대 서브 컬처에 지대한 영향을 끼치고 있다. 대중 문화 속에 알게 모르게 자리 잡은 크툴루 신화의 요소를 설명하는 본격 해설서.

문양박물관
H. 돌메치 지음 | 이지은 옮김 | 160쪽 | 8,000원
세계 문양과 장식의 정수를 담다!
19세기 독일에서 출간된 H.돌메치의 『장식의 보고』를 바탕으로 제작된 책이다. 세계 각지의 문양 장식을 소개한 이 책은 이론보다 실용에 초점을 맞춘 입문서. 화려하고 아름다운 전 세계의 문양을 수록한 실용적인 자료집으로 손꼽힌다.

고대 로마군 무기·방어구·전술 대전
노무라 마사타카 외 3인 지음 | 기미정 옮김 | 224쪽 | 13,000원
위대한 정복자, 고대 로마군의 모든 것!
부대의 편성부터 전술, 장비 등, 고대 최강의 군대라 할 수 있는 로마군이 어떤 집단이었는지 상세하게 분석하는 해설서. 압도적인 군사력으로 세계를 석권한 로마 제국. 그 힘의 전모를 철저하게 검증한다.

중세 유럽의 무술, 속 중세 유럽의 무술
오사다 류타 지음 | 남유리 옮김 | 각 권 672쪽~624쪽 | 각 권 29,000원
본격 중세 유럽 무술 소개서!
막연하게만 떠오르는 중세 유럽~르네상스 시대에 활약했던 검술과 격투술의 모든 것을 담은 책. 영화 등에서만 접할 수 있었던 유럽 중세시대 무술의 기본이념과 자세, 방어, 보법부터, 시대를 풍미한 각종 무술까지, 일러스트를 통해 알기 쉽게 설명한다.

도감 무기 갑옷 투구
이치카와 사다하루 외 3인 지음 | 남지연 옮김 | 448쪽 | 29,000원
역사를 망라한 궁극의 군장도감!
고대로부터 무기는 당시 최신 기술의 정수와 함께 철학과 문화, 신념이 어우러져 완성되었다. 이 책은 그러한 무기들의 기능, 원리, 목적 등과 더불어 그 기원과 발전 양상 등을 그림과 표를 통해 알기 쉽게 설명하고 있다. 역사상 실재한 무기와 갑옷, 투구들을 통사적으로 살펴보자!

최신 군용 총기 사전
토코이 마사미 지음 | 오광웅 옮김 | 564쪽 | 45,000원
세계 각국의 현용 군용 총기를 총망라!
주로 군용으로 개발되었거나 군대 또는 경찰의 대테러부대처럼 중무장한 조직에 배치되어 사용되고 있는 소화기가 중점적으로 수록되어 있으며, 이외에도 각 제작사에서 국제 군수시장에 수출할 목적으로 개발, 시제품만이 소수 제작되었던 총기류도 함께 실려 있다.

초패미컴, 초초패미컴
타네 키요시 외 2인 지음 | 문성호 외 1인 옮김 | 각 권 360, 296쪽 | 각 14,800원
게임은 아직도 패미컴을 넘지 못했다!
패미컴 탄생 30주년을 기념하여, 1983년 『동키콩』부터 시작하여, 1994년 『타카하시 명인의 모험도 IV』까지 총 100여 개의 작품에 대한 리뷰를 담은 영구 소장판. 패미컴과 함께했던 아련한 추억을 간직하고 있는 모든 이들을 위한 책이다.

초쿠소게 1,2

타네 키요시 외 2인 지음 | 문성호 옮김 |
각 권 224, 300쪽 | 각 권 14,800원

망작 게임들의 숨겨진 매력을 재조명!
『쿠소게クソゲ-』란 '똥-クソ'과 '게임-Game'의
합성어로, 어감 그대로 정말 못 만들고 재미
없는 게임을 지칭할 때 사용되는 조어이다.
우리말로 바꾸면 망작 게임 정도가 될 것이
다. 레트로 게임에서부터 플레이스테이션3
까지 게이머들의 기대를 보란듯이 저버렸던 수많은 쿠소
게들을 총망라하였다.

초에로게, 초에로게 하드코어

타네 키요시 외 2인 지음 | 이은수 옮김 |
각 권 276쪽 , 280쪽 | 각 권 14,800원

명작 18금 게임 총출동!
에로게란 '에로-エロ'와 '게임-Game'의 합성어
로, 말 그대로 성적인 표현이 담긴 게임을 지
칭한다. '에로게 헌터'라 자처하는 베테랑 저자
들의 엄격한 심사(?!)를 통해 선정된 '명작 에
로게'들에 대한 본격 리뷰집!!

세계의 전투식량을 먹어보다

키쿠즈키 토시유키 지음 | 오광웅 옮김 | 144쪽 |
13,000원

전투식량에 관련된 궁금증을 이 한권으로
해결!
전투식량이 전장에서 자리를 잡아가는 과정과, 미국의
독립전쟁부터 시작하여 역사 속 여러 전쟁의 전투식량
배급 양상을 살펴보는 책. 식품부터 식기까지, 수많은 전
쟁 속에서 전투식량이 어떠한 모습으로 등장하였고 병사
들은 이를 어떻게 취식하였는지, 흥미진진한 역사를 소
개하고 있다.

세계장식도 I , II

오귀스트 라시네 지음 | 이지은 옮김 | 각 권 160쪽 |
각 권 8,000원

공예 미술계 불후의 명작을 농축한 한 권!
19세기 프랑스에서 가장 유명한 디자이너
였던 오귀스트 라시네의 대표 저서 『세계장
식 도집성』에서 인상적인 부분을 뽑아내 콤
팩트하게 정리한 다이제스트판. 공예 미술
의 각 분야를 포괄하는 내용을 담은 책으로,
방대한 예시를 더욱 정교하게 소개한다.

서양 건축의 역사

사토 다쓰키 지음 | 조민경 옮김 | 264쪽 | 14,000원

서양 건축사의 결정판 가이드 북!
건축의 역사를 살펴보는 것은 당시 사람들
의 의식을 들여다보는 것과도 같다. 이 책
은 고대에서 중세, 르네상스기로 넘어가며 탄생한 다양
한 양식들을 당시의 사회, 문화, 기후, 토질 등을 바탕으
로 해설하고 있다.

세계의 건축

코우다 미노루 외 1인 지음 | 조민경 옮김 | 256쪽 |
14,000원

고품격 건축 일러스트 자료집!
시대를 망라하여, 건축물의 외관 및 내부의
장식을 정밀한 일러스트로 소개한다. 흔히 보이는 풍경
이나 딱딱한 도시의 건축물이 아닌, 고풍스러운 건물들
을 섬세하고 세밀한 선화로 표현하여 만화, 일러스트 자
료에 최적화된 형태로 수록하고 있다

지중해가 낳은 천재 건축가
-안토니오 가우디

이리에 마사유키 지음 | 김진아 옮김 | 232쪽 | 14,000원

천재 건축가 가우디의 인생, 그리고 작품
19세기 말~20세기 초의 카탈루냐 지역 및 그의 작품들
이 지어진 바르셀로나의 지역사, 그리고 카사 바트요, 구
엘 공원, 사그라다 파밀리아 성당 등의 작품들을 통해 안
토니오 가우디의 생애를 본격적으로 살펴본다.

민족의상 1,2

오귀스트 라시네 지음 | 이지은 옮김 |
각 권 160쪽 | 각 권 8,000원

화려하고 기품 있는 색감!!
디자이너 오귀스트 라시네의 『복식사』 전 6
권 중에서 민족의상을 다룬 부분을 바탕으
로 제작되었다. 당대에 정점에 올랐던 석판
인쇄 기술로 완성되어, 시대가 흘렀음에도
그 세세하고 풍부하고 아름다운 색감이 주
는 감동은 여전히 빛을 발한다.

중세 유럽의 복장

오귀스트 라시네 지음 | 이지은 옮김 | 160쪽 | 8,000원

고품격 유럽 민족의상 자료집!!

19세기 프랑스의 유명한 디자이너 오귀스트 라시네가 직접 당시의 민족의상을 그린 자료집. 유럽 각지에서 사람들이 실제로 입었던 민족의상의 모습을 그대로 풍부하게 수록하였다. 각 나라의 특색과 문화가 담겨 있는 민족의상을 감상할 수 있다.

그림과 사진으로 풀어보는 이상한 나라의 앨리스

구와바라 시게오 지음 | 조민경 옮김 | 248쪽 | 14,000원

매혹적인 원더랜드의 논리를 완전 해설!

산업 혁명을 통한 눈부신 문명의 발전과 그 그늘. 도덕주의와 엄숙주의, 위선과 허영이 병존하던 빅토리아 시대는 「원더랜드」의 탄생과 그 배경으로 어떻게 작용했을까? 순진 무구한 소녀 앨리스가 우연히 발을 들인 기묘한 세상의 완전 가이드북!!

그림과 사진으로 풀어보는 알프스 소녀 하이디

지바 가오리 외 지음 | 남지연 옮김 | 224쪽 | 14,000원

하이디를 통해 살펴보는 19세기 유럽사!

「하이디」라는 작품을 통해 19세기 말의 스위스를 알아본다. 또한 원작자 슈피리의 생애를 교차시켜 「하이디」의 세계를 깊이 파고든다. 「하이디」를 읽을 사람은 물론, 작품을 보다 깊이 감상하고 싶은 사람에게 있어 좋은 안내서가 되어줄 것이다.

영국 귀족의 생활

다나카 료조 지음 | 김상호 옮김 | 192쪽 | 14,000원

영국 귀족의 우아한 삶을 조명한다

현대에도 귀족제도가 남아있는 영국. 귀족이 영국 사회에서 어떠한 의미를 가지고 또 기능하는지, 상세한 설명과 사진자료를 통해 귀족 특유의 화려함과 고상함의 이면에 자리 잡은 책임과 무게, 귀족의 삶 깊숙한 곳까지 스며든 '노블레스 오블리주'의 진정한 의미를 알아보자.

요리 도감

오치 도요코 지음 | 김세원 옮김 | 384쪽 | 18,000원

요리는 힘! 삶의 저력을 키워보자!!

이 책은 부모가 자식에게 조곤조곤 알려주는 요리 조언집이다. 처음에는 요리가 서툴고 다소 귀찮게 느껴질지 모르지만, 약간의 요령과 습관만 익히면 스스로 요리를 완성한다는 보람과 매력, 그리고 요리라는 삶의 지혜에 눈을 뜨게 될 것이다.

사육 재배 도감

아라사와 시게오 지음 | 김민영 옮김 | 384쪽 | 18,000원

동물과 식물을 스스로 키워보자!

생명을 돌보는 것은 결코 쉬운 일이 아니다. 꾸준히 손이 가고, 인내심과 동시에 책임감을 요구하기 때문이다. 그럴 때 이 책과 함께 한다면 어떨까? 살아있는 생명과 함께하며 성숙해진 마음은 그 무엇과도 바꿀 수 없는 보물로 남을 것이다.

식물은 대단하다

다나카 오사무 지음 | 남지연 옮김 | 228쪽 | 9,800원

우리 주변의 식물들이 지닌 놀라운 힘!

오랜 세월에 걸쳐 거목을 말려 죽이는 교살자 무화과나무, 딱지를 만들어 몸을 지키는 바나나 등 식물이 자신을 보호하는 아이디어, 환경에 적응하여 살아가기 위한 구조의 대단함을 해설한다. 동물은 흉내 낼 수 없는 식물의 경이로운 능력을 알아보자.

그림과 사진으로 풀어보는 마녀의 약초상자

니시무라 유코 지음 | 김상호 옮김 | 220쪽 | 13,000원

「약초」라는 키워드로 마녀를 추적하다!

정체를 알 수 없는 약물을 제조하거나 저주와 마술을 사용했다고 알려진 「마녀」란 과연 어떤 존재였을까? 그들이 제조해온 마법약의 재료와 제조법, 마녀들이 특히 많이 사용했던 여러 종의 약초와 그에 얽힌 이야기들을 통해 마녀의 비밀을 알아보자.

초콜릿 세계사-근대 유럽에서 완성된 갈색의 보석

다케다 나오코 지음 | 이지은 옮김 | 240쪽 | 13,000원

신비의 약이 연인 사이의 선물로 자리 잡기까지의 역사!

원산지에서 「신의 음료」라고 불렸던 카카오. 유럽 탐험가들에 의해 서구 세계에 알려진 이래, 19세기에 이르러 오늘날의 형태와 같은 초콜릿이 탄생했다. 전 세계로 널리 퍼질 수 있었던 초콜릿의 흥미진진한 역사를 살펴보자.

초콜릿어 사전

Dolcerica 가가와 리카코 지음 | 이지은 옮김 | 260쪽 | 13,000원

사랑스러운 일러스트로 보는 초콜릿의 매력!

나른해지는 오후, 기력 보충 또는 기분 전환 삼아 한 조각 먹게 되는 초콜릿. 「초콜릿어 사전」은 초콜릿의 역사와 종류, 제조법 등 기본 정보와 관련 용어 그리고 그 해설을 유머러스하면서도 사랑스러운 일러스트와 함께 싣고 있는 그림 사전이다.

판타지세계 용어사전

고타니 마리 감수 | 전홍식 옮김 | 248쪽 | 18,000원

판타지의 세계를 즐기는 가이드북!

온갖 신비로 가득한 판타지의 세계. 『판타지
세계 용어사전』은 판타지의 세계에 대한 이
해를 돕고 보다 깊이 즐길 수 있도록, 세계 각국의 신화,
전설, 역사적 사건 속의 용어들을 뽑아 해설하고 있으며,
한국어판 특전으로 역자가 엄선한 한국 판타지 용어 해
설집을 수록하고 있다.

세계사 만물사전

헤이본사 편집부 지음 | 남지연 옮김 | 444쪽 | 25,000원

우리 주변의 교통 수단을 시작으로, 의복,
각종 악기와 음악, 문자, 농업, 신화, 건축물
과 유적 등, 고대부터 제2차 세계대전 종전
이후까지의 각종 사물 약 3000점의 유래와 그 역사를 상
세한 그림으로 해설한다.

스나이퍼

초판 1쇄 인쇄 2018년 9월 10일
초판 1쇄 발행 2018년 9월 15일

저자 : 오나미 아츠시
번역 : 이상언

펴낸이 : 이동섭
편집 : 이민규, 서찬웅, 탁승규
디자인 : 조세연, 백승주, 김현승
영업·마케팅 : 송정환
e-BOOK : 홍인표, 김영빈, 유재학, 최정수
관리 : 이윤미

㈜에이케이커뮤니케이션즈
등록 1996년 7월 9일(제302-1996-00026호)
주소 : 04002 서울 마포구 동교로 17안길 28, 2층
TEL : 02-702-7963~5 FAX : 02-702-7988
http://www.amusementkorea.co.kr

ISBN 979-11-274-1828-1 03390

"ZUKAI SNIPER" by Atsushi Ohnami
Copyright © Atsushi Ohnami 2016
All rights reserved.
Illustrations by Takako Fukuchi
Originally published in Japan by Shinkigensha Co Ltd, Tokyo.

This Korean edition published by arrangement with Shinkigensha Co Ltd, Tokyo
in care of Tuttle-Mori Agency, Inc., Tokyo

이 도서의 국립중앙도서관 출판예정도서목록(CIP)은 서지정보유통지원시스템 홈페이지(http://seoji.
nl.go.kr)와 국가자료공동목록시스템(http://www.nl.go.kr/kolisnet)에서 이용하실 수 있습니다.(CIP제
어번호: CIP2018026319)

*잘못된 책은 구입한 곳에서 무료로 바꿔드립니다.